U0348301

苦瓜栽培育种与贮藏加工

● 张伟光 张玉灿 张少平 编著

中国农业科学技术出版社

图书在版编目（CIP）数据

苦瓜栽培育种与贮藏加工／张伟光，张玉灿，张少平编著. —北京：中国
农业科学技术出版社，2013. 10
ISBN 978 – 7 – 5116 – 1393 – 6

Ⅰ.①苦…　Ⅱ.①张…②张…③张…　Ⅲ.①苦瓜 – 蔬菜园艺②苦瓜 – 育种
③苦瓜 – 贮藏④苦瓜 – 加工　Ⅳ.①S642. 5

中国版本图书馆 CIP 数据核字（2013）第 236047 号

责任编辑　　史咏竹　李　雪
责任校对　　贾晓红

出　版　者　中国农业科学技术出版社
　　　　　　北京市中关村南大街 12 号　邮编：100081
电　　　话　(010) 82106626　(010) 82109707（编辑室）
　　　　　　(010) 82109702（发行部）
　　　　　　(010) 82109709（读者服务部）
传　　　真　(010) 82106626
网　　　址　http：//www. castp. cn
经　销　者　各地新华书店
印　刷　者　北京富泰印刷有限责任公司
开　　　本　787mm ×1092mm　1/16
印　　　张　13. 75　彩插　8（页）
字　　　数　277 千字
版　　　次　2014 年 1 月第 1 版　2014 年 3 月第 2 次印刷
定　　　价　39. 00 元

序

苦瓜是中国长江以南地区的重要蔬菜品种，其营养丰富，是典型的"药食同源"蔬菜。现代医学认为，苦瓜具有增进食欲、清心明目、消炎退热、降低血糖和减肥等功效。近年来，中国苦瓜生产发展迅速，栽培面积逐年扩大，苦瓜生产已成为广大农民增收致富的重要途径。

优良品种是保证农业增产和农民增收的重要基础。多年来，中国很多科技工作者加大了苦瓜新品种的引进及选育工作力度，现在生产上苦瓜新品种推陈出新的速度很快，一般 4~8 年就会更新一次，主栽期为 5 年左右。福建省农业科学院拥有一支稳定的苦瓜育种领域科研与技术推广队伍，苦瓜育种选育走在福建省乃至全国前列。他们通过持续不懈的努力选育出了新翠、翠玉、如玉 5 号、如玉 11 号、迷你 1 号、如玉 33 号等多个市场畅销的优良苦瓜新品种不但在省内生产上大面积推广，还畅销于浙江省、江西省、重庆市、湖北省、海南省等地。目前，福建省农业科学院正在提纯的苦瓜优良种质资源有 200 份，每年还在根据市场的变化及需求配制苦瓜新组合，已有如玉 8 号、如玉 38 号、如玉 39 号和如玉 41 号等鲜食型苦瓜优良新品种在福建省内外示范推广并即将通过认定。此外，该院科技工作者在苦瓜高产优质采种技术、商品苦瓜配套栽培及生理生化等方面的研究也取得显著成绩。

本书根据多年来从事苦瓜育—繁—推的实践经验，在总结前人的经验与成果基础上，较全面地阐述了苦瓜的发展概况及生物学特性与分类。书中侧重介绍了苦瓜育苗技术、苦瓜栽培技术、苦瓜的逆境生理及其病虫害防治，同时还较系统地介绍了苦瓜保护地设施建设、苦瓜遗传与育种、苦瓜高产优质采种技术、种子发芽生理与保存、苦瓜加工与保鲜等方面技术。本书内容丰富，针对性和实用性较强，文字通俗易懂，技术便于操作，适合广大农民、基层农业技术人员和农业院校相关专业师生等阅读。

中科院院士：谢华安

2013 年 5 月

前　　言

《苦瓜栽培育种与贮藏加工》包括绪论、苦瓜的生物学特性及分类、苦瓜育苗技术、苦瓜栽培技术、保护地设施建设、苦瓜的逆境生理及其防治、苦瓜遗传与育种，以及苦瓜加工与保鲜等内容。

本书主要根据福建省农业科学院苦瓜课题组多年来从事苦瓜育—繁—推一体化的实践经验，同时借鉴前人的经验与成果编著而成。全书由张伟光、张玉灿和张少平拟订撰写纲目和内容，并负责统稿，林永胜、李祖亮、陈阳和赖正锋等参与部分内容的编写和材料组织等工作。本书较全面地阐述了苦瓜的发展概况及生物学特性与分类，侧重介绍了苦瓜育苗技术、苦瓜栽培技术、苦瓜的逆境生理及其防治，同时还较系统地介绍了苦瓜保护地设施建设、苦瓜遗传与育种、苦瓜高产优质采种、种子发芽生理与种子保存、苦瓜加工与保鲜等方面技术。

本书的编写得到福建省农业科学院农业生物资源研究所、闽台园艺研究中心和福建省种业工程项目的大力扶持，在此深表谢意。

由于编者水平有限，本书内容有不足之处，敬请读者批评指正。

编　者
2013 年 4 月

目　录

第一章 绪 论

第一节 苦瓜的原产地及传播

苦瓜（*Momordica charantia* L.）是一种特殊的果菜，由于果实表面具有奇特的瘤皱，果实内含有苦瓜皂甙，具有一种特殊的苦味而得名。苦瓜又名癞瓜、锦（金）荔枝、癞葡萄、癞蛤蟆、红姑娘、凉瓜、君子菜等，是葫芦科苦瓜属一年生蔓性植物，喜温怕寒，在中国南方栽培历史悠久。苦瓜茎、叶、花和果实都显奇特，可作为观赏植物栽培，但由于它的营养价值和药用价值较高，一般作为蔬菜栽培。近年来，苦瓜还成为美化庭院立体栽培的品种，发挥了它的观赏与食用相结合的价值。

苦瓜起源于印度—缅甸中心，南宋时传入中国，历经几百年的栽培后，已形成了丰富的品种和类型。20世纪50年代以来，中国大部分省、区、市陆续编写出版了地方品种志，其中，介绍了各地苦瓜品种的特征特性。目前，中国入库保存的苦瓜资源较多，主要分布在广东、广西壮族自治区（全书称广西）、福建、湖南、江西、四川、贵州等省区，北方地区则极少。苦瓜依采收期果实果皮颜色的深浅分为墨绿、深绿、绿色、绿白、浅绿和白色6种类型。一般来说，绿色和深绿色果皮的苦瓜以华南栽培较多，较有名的有玉溪苦瓜、江门大顶、湛油等；绿白色及白色果皮的苦瓜以长江流域及中国台湾省栽培较多，如蓝山大白、扬子洲和月华等。可见，苦瓜的品种类型分布按种植和消费习惯有明显的地域性。

第二节 苦瓜的食用及药用价值

苦瓜以嫩果和成熟果实供食用，嫩果果肉柔嫩、清脆，味稍苦而清甘可口，这种特殊的口感风味，有刺激食欲的作用。苦瓜的成熟果实，苦味减轻，含糖量增加，但肉质变软发绵，风味稍差。另外，成熟果实内的血红色瓜瓤味甜清香，营养丰富，也可食用。苦瓜做菜肴的方法多种多样，一般以炒食为主，先将鲜瓜洗净后，纵向切开剔去瓜瓤和种子，再切成薄片或细丝，加入适量的肉片、肉丝、香菇或鸡蛋等配菜，并按不同口味要求，选加酱油、盐、酒、醋、糖、味精、辣椒等调料，放入油锅内煸炒。初食者大多不喜欢太浓的苦味，可先将切好的瓜片（丝）放入开水锅中氽一下，或放在无油的热锅中干煸片刻，或用盐腌一下，可减去苦味而风味犹存。苦瓜除炒食外，也可煮食、焖食、凉拌食，还可加工成泡菜、渍菜，脱水加工成苦瓜干，以长期贮藏供应冬春淡季。

苦瓜的营养丰富，抗坏血酸、维生素、烟酸、蛋白质、脂肪、碳水化合物、钙质、磷、铁和粗纤维等含量都极为丰富。苦瓜不仅营养丰富，还有较高的药用价值。据有关资料，苦瓜的根、茎、叶、花、果实和种子均可供药用，性寒味苦，入心脾胃清暑解热，明目解毒，果实中富含苦瓜甙、苦瓜素，并含有谷氨酸、丙氨酸、苯丙氨酸、脯氨酸、瓜氨酸，半乳糖醛酸及果胶等。苦瓜果实和种子中含有大量的苦瓜素和苦瓜甙，不同品种苦瓜果实中的苦瓜素和苦瓜甙的含量相差很大，例如，新翠苦瓜干片中的苦瓜素含量为如玉 11 号苦瓜的 2.14 倍，是如玉 45 苦瓜的 1.98 倍；而如玉 45 苦瓜干片中的总皂甙的含量是新翠苦瓜的4.72 倍，是如玉 11 号的 2.08 倍。中国人自古就知道苦瓜的药用价值。据《随息居饮食谱》记载，苦瓜"青则苦寒涤热，明目清心，熟则养血滋肝，润脾补肾"。《养生编》记载，苦瓜能"除邪热，解劳乏，清心明目，益气解热"。据近代药理试验，发现苦瓜有降低血糖的作用，认为这是由于苦瓜中含有一种类似胰岛素物质的缘故，其效果比用降血糖药"甲苯磺丁脲"还强，所以苦瓜是糖尿病患者理想的保健食品。另外，用苦瓜加粳米、糖，煮成苦瓜粥，有清暑涤热，清心明目以及解毒作用，可治热痛烦渴、中暑发热、流感、痢疾、目赤疼痛等症；用苦瓜加瘦肉煮成苦瓜汤有清热解暑、明目去毒的作用，适用于暑热烦渴、痱子过多、眼结膜炎等症；用苦瓜焖鸡翅，加黄酒、姜汁、酱油、糖、盐调味，有清肝明目、补肾润脾、解热除烦等功效。苦瓜还可制成保健饮料，用青苦瓜冲泡或煎汤成凉茶，饮后可清暑怡神，除烦止渴。用青苦瓜制成糖汁，饮后可清热解毒，补肾润脾。苦瓜的茎、叶经捣烂作外敷药，能治疗水烫伤、湿疹皮炎、热毒疮肿、毒蛇咬伤等。将苦瓜种子炒熟研末，用黄酒送服，能益气壮阳。

第三节 中国苦瓜栽培分布

苦瓜作为蔬菜，对栽培季节要求较为严格。露地栽培只能在无霜季节进行。北方无霜期短，苦瓜多作春、夏季栽培，南方特别是华南地区，可作春、夏、秋季播种栽培。全国各地主要以春播为主，市场供应时间大部分集中在夏、秋两季。冬春季市场苦瓜上市量少、缺口大。棚室栽培，主要把上市时间安排在缺口大的冬春季节里，以达到周年供应的目的。棚室和日光温室一般可安排越冬茬、早春茬和秋冬茬栽培。

中国地域辽阔，各地气候条件各异，因此，不同地区苦瓜栽培茬口差异较大。由北向南可划为 4 个气候区，不同气候区设施栽培茬口大致如下。

一、东北、内蒙古、新疆、甘肃、陕北和青藏蔬菜单主作区

本区包括黑龙江、吉林、辽宁北部、内蒙古自治区（全书称内蒙古）、新疆维吾尔自治区（全书称新疆）、甘肃、陕西北部、青海和西藏自治区（全书称西藏）等省、自治区。本区无霜期约 3 ~ 5 个月，一年内只能在露地栽培 1 茬作物，苦瓜设施栽培主要茬口类型如下。

（1）日光温室秋冬茬

一般在 7 月下旬至 8 月上旬播种育苗，9 月初定植，10 月中旬至 11 月上旬开始收获，新年前后拉秧。

（2）日光温室早春茬

一般在 12 月中旬至翌年 1 月中旬于日光温室内利用电热温床播种育苗，2 月中旬至 3 月上旬定植，一直到 7 月中下旬拉秧。

（3）塑料大棚春夏秋一大茬栽培

该茬口 2 月底至 3 月中旬在日光温室或加温温室内播种育苗，4 月下旬至 5 月上旬大棚内定植，6 月下旬开始采收。夏季棚顶膜一般不揭，只去除四周裙膜，以防植株早衰；秋末早霜来临前将棚膜全部盖好保温，使采收期后延 30 天左右。

二、华北温带气候区

本区包括河北省、江苏省、北京市、天津市、山东省、山西省、陕西省、甘肃省南部、辽宁省南部及安徽省淮河以北地区。本区全年无霜期 200 ~ 240 天，冬季晴日多，苦瓜设施生产结合露地栽培，基本实现了周年生产，春、夏、秋供应。

1. 设施栽培的茬次安排

（1）日光温室栽培的茬次安排

在北纬 40 度左右以南地区，日光温室可以全年生产。根据播种和定植时间，苦瓜栽培可分为冬春茬、秋冬茬、特早春茬和全年一大茬。

冬春茬：日光温室冬春茬栽培苦瓜是指 9 月下旬至 10 月上旬播种育苗，11 月下旬至 12 月上旬定植，春节前后上市，翌年 6 ~ 7 月拉秧，整个生育期达 7 ~ 8 个月。该茬次对设施栽培技术等的要求较高，所承担的风险较大，但经济效益

最好。

秋冬茬：秋冬茬苦瓜生产的原则是应当根据当地气候条件和市场情况，既要与冬春茬相衔接，又要避开大棚、中棚秋延后的产量高峰，填补冬季市场空白。该茬的播种、育苗适期多为7月中下旬至8月上旬，定植期为8月上中旬至9月上旬，供应深秋、初冬、元旦、春节市场。该茬次所选用的温室若采光合理，保温性能好，再加上科学的栽培管理技术，可延迟至翌年7月拉秧，进行全年一大茬栽培；若温室保温差、采光不合理，多在春节前后拉秧，进行下茬生产。

早春茬：早春茬苦瓜栽培多在北纬40度以北地区，该地区冬季温度低、光照弱，苦瓜不能正常生长，只能利用温床育苗，待早春外界温度回升、光照条件好转时再定植。另外，在北纬40度以南地区如果温室结构不合理、采光不科学、保温措施不利，不能进行苦瓜冬春茬生产的，冬季多生产耐寒的叶菜类，早春时栽培苦瓜。该茬次外界环境条件好转，温光条件容易满足，栽培苦瓜容易成功，经济效益也较好。

（2）大、中、小棚春提早栽培

利用大、中、小棚的保温性能，在日光温室内育苗，于3月下旬至4月上旬定植于大、中、小棚内。其采收高峰在日光温室早春茬之后，可比露地提早60～80天上市。

（3）大、中棚秋延后栽培

秋延后栽培有两种方式，一种是利用春提早栽培的苦瓜经过越夏栽培，在秋季早霜来临前扣上棚膜，向后延迟一段时间的栽培方式；另一种是利用露地栽培的苦瓜进行秋延后生产。

2. 露地栽培的茬次安排

露地简易覆盖苦瓜早熟栽培利用地膜小拱棚无纺布等进行简易覆盖，以达到提早上市的目的。露地苦瓜栽培目前主要有两种方式：一种是利用大、中棚育苗，晚霜后定植；另一种是露地直播的方式，近年生产上基本不再使用了。

三、长江流域亚热带气候区

本区包括四川省、重庆市、贵州省、湖南省、湖北省、陕西省汉中盆地、江西省、安徽省、江苏省淮河以南、浙江省、上海市，以及广东省、广西壮族自治区、福建省三地的北部。本区无霜区为240～340天，年降水量为1 000～1 500毫米且夏季雨量最多。本地区适宜苦瓜生长的季节很长，一年内可以在露地栽培有3茬，即春茬、秋茬、越冬茬。这一地区设施栽培方式冬季多以大棚为主，夏季则以遮阳网、防虫网覆盖或高海拔冷凉地越夏栽培为主。苦瓜设施栽培茬口主要如下。

（1）大棚春提前栽培

一般是初冬播种育苗，翌年 2 月中下旬至 3 月上旬定植，4 月中下旬始收，6 月下旬至 7 月上旬拉秧。

（2）大棚秋延迟栽培

此茬口类型一般采用遮阳网加防雨棚育苗，定植前后进行防雨栽培，采收期延迟到 12 月至翌年 1 月。

（3）大棚多层覆盖越冬栽培

一般在 9 月下旬至 10 月上旬播种育苗，11 月定植，翌年 2 月下旬至 3 月上旬开始上市，持续到 4 ~ 5 月结束。

四、华南热带气候区

本区主要包括广东、广西、福建、中国台湾、海南等省（自治区），月均温在 12℃ 以上，全年无霜。由于生长季节长，苦瓜可在一年内栽培多次，还可在冬季栽培，但夏季高温，多台风暴雨，形成蔬菜生产与供应上的秋淡季。这一地区设施栽培主要以防雨、防虫、降温为主，故遮阳网、防雨棚和防虫网栽培在这一地区面积较大。

此外，在上述 4 个栽培区域均可利用大型连栋温室进行苦瓜一年一大茬生产。一般均于 7 月下旬至 8 月上旬播种育苗，8 月中旬至下旬定值，10 月中下旬始收，翌年 6 月底拉秧。在生产中要充分降低冬季加温和夏季降温的能耗成本，在温室选型、温室结构及栽培品种上均应严格选择，以求得低投入、高产出。

第二章　苦瓜的生物学特性

第一节　苦瓜形态特性

一、根

苦瓜的根系比较发达，侧根很多，主要分布在 30 ~ 50 厘米的耕作层内，根系最深分布达 2.5 ~ 3.0 米，横向伸展最宽 1.0 ~ 1.3 米。根系喜潮湿疏松肥沃的土壤环境，在栽培上应选择适宜的栽培地并注意加强水分管理，同时根系又怕涝，田间积水易造成根系窒息而死亡，所以，栽培上还要注意雨后排水。

二、茎

植株生长较旺，茎蔓具 5 棱，浓绿色，着生茸毛，茎节上着生叶片、卷须、花芽、侧枝、卷须单生。苦瓜的茎蔓生长分枝能力很强，几乎所有叶腋间都能发生侧枝而成为子蔓，在子蔓上的叶腋间又能发生第 2 次分枝而成为孙蔓，同样孙蔓上也能发生侧枝。所以，在栽培上必须及时进行整枝打杈，否则枝蔓横生，会严重影响到正常花的开花、坐果及果实膨大。

三、叶

子叶出土，一般不进行光合作用。初生真叶两片对生，盾形，灰绿色或绿色。以后的真叶为互生，掌状深裂或浅裂，叶脉放射状，一般具 5 条放射状叶脉。叶色有浅绿、绿色和深绿 3 大类型。叶的大小依品种和环境条件而异，在福建春季栽培的多数苦瓜品种，主蔓 15 ~ 20 节的平均叶长 16 ~ 21 厘米，宽 18 ~ 25 厘米，叶柄长 8 ~ 11 厘米，柄有沟，节间长 8 ~ 10.5 厘米，而小果观赏型苦瓜往往有叶片小、节间短、叶柄短等特点。例如，BAL-5 苦瓜主蔓 15 ~ 20 节之间的平均叶长 10 厘米，宽 14 厘米，节间长 6.1 厘米，叶柄长 7.1 厘米。

四、花

苦瓜花雌雄同株，异花，单生，着生于从叶腋处伸长出细长的花柄顶端。植株一般先发生雄花，后发生雌花，雄花花萼钟形，萼片5片，绿色；花瓣5片，卵圆形，直径约2厘米，黄色；具长花柄，长10~14厘米，横径0.1~0.2厘米，柄上着生盾形苞叶，长2.4~4.5厘米，宽2.5~3.5厘米，绿色；雄蕊3枚，分离，具5个花药，各弯曲近S形，互相联合。上午开花，以6~9时为多。雌花几乎单性，偶有弱两性花的类型，具5瓣，黄色，子房下位，花柄长8~14厘米，横径0.2~0.3厘米，花柱上也有一苞叶，雌蕊柱头5~6裂。苦瓜花为虫媒花，在反季节设施栽培中，要进行人工辅助授粉。早熟品种主蔓6~10节出现第一雌花，中晚熟品种主蔓15~20节出现第一雌花。

五、果

果实为浆果，表面有大量瘤状突起，在现有的栽培品种中，果实的瘤状、果形、皮色、长短等依品种而异，且多种多样。瘤状有纵条、圆瘤、尖瘤、纵条间圆瘤或尖瘤、瘤状带短纵条等；果形有近球形（苹果形）、圆锥形、纺锤形、椭圆形、长棒形等；商品瓜的皮色有墨绿色、绿色、淡绿色、乳白色、黄白色、白色等，但熟透的果实为橙黄色或红色，瓜瓤鲜红色，有甜味；果长最短5厘米左右，最长60厘米左右，多数品种介于两者之间；果横径从3~4厘米至12~14厘米不等。

六、种子

苦瓜种子较大、盾形、扁平，种皮较厚两端有锯齿，表面有雕纹，为淡黄色、棕褐色和黑色，每果实含种子10~40粒，以每果实20~30粒的品种居多，千粒重140~270克，以150~220克常见，但野生种的千粒重只有50克左右。多数苦瓜种子的大小为：长12~16毫米，宽7.5~9毫米，厚3.5~4.5毫米。

第二节　苦瓜生长发育规律

一、苦瓜的生理生化

1. 种子的发芽生理

（1）品种与发芽的关系

苦瓜种子收获后半年之内的种子发芽率与品种间关系密切，在相同浸种时间8小时（一般为8~10小时）、相同的温度条件下（30℃）保湿催芽，不同品种间的种子露白所需的时间相差非常明显。发芽快的品种如 2A 自交系苦瓜和多数黑籽类苦瓜种子，经 8 小时浸种，40 小时 30℃的保湿催芽就可大量露白，而发芽慢的品种如莆田苦瓜（地方品种），经过 72 小时的保湿催芽才开始少量露白。

（2）发芽温度

苦瓜种子发芽适温为 28～32℃，20℃以下发芽缓慢，刚采收的苦瓜种子在 35℃左右也能快速正常发芽，37℃以上发芽明显受抑制，发芽率明显降低；而放置 2 年左右的陈籽，适宜的发芽温度为 26～30℃，超过 33℃，发芽率明显降低，胚根发黄。苦瓜属高温类品种，新陈种子的发芽温度与中、低温类品种（如茼蒿、葱等）相反，即新种子发芽温度需要较高，陈旧种子的发芽温度需要较低。所以收获后 0.5～1 年内的苦瓜种子经 8～12 小时的浸种，在 30～32℃的恒温条件下，经 36 小时左右的保湿催芽，发芽快的苦瓜品种就可大量露白。

2. 种子的贮藏生理

（1）种子的休眠性

从熟透的苦瓜果实上收获的种子经晾晒变干后，种子在适宜的发芽条件下均能发芽，但新种发芽慢，且不整齐，说明苦瓜种子采收后，还要经过一段时间的生理后熟过程。保存良好的苦瓜种子一般在采收后 1 年左右发芽快且整齐。

（2）种子的贮藏温度与寿命

不同品种间的苦瓜种子贮藏能力相差较大，且种子含水量越低贮藏时间越长。充分完熟的饱满种子在干燥防潮条件下常温贮藏，发芽率 50%以上的保存年限为 5～10 年，在普通种子仓库里放置用塑料袋和编织袋包装的苦瓜种子，发芽保存年限为 3～5 年，生产上大量种子的使用年限为 2 年左右。苦瓜种子能耐低于 5%含水量的超干贮藏，但种子贮藏温度低于 2℃时，有些苦瓜品种的发芽率下降特别快。据张文海等人的研究，英引苦瓜新种子，发芽率为 98%，含水量 9%～10%，铝薄真空包装置于 2℃的贮库中，放置 5 个月，发芽率从 98%降至 46%，而室温放置的为 82%，室温超干贮藏 25 个月，发芽率为 80%。笔者采用 2005 年 10 月采收的发芽率高、发芽快的黑籽苦瓜 213 种子，自然晾晒干，贮存前发芽率为 97%，2006 年 2 月 17 日放入 2℃左右的冰柜，自封袋两层包装贮存，2006 年 8 月 7 日（5 天）发芽率为 98%；而种子带菌，发芽较慢，发芽率较低（88%）的 207 棕色籽，在相同的存贮条件下，2006 年 8 月 12 日（10 天）的发芽率为 30.5%，估计与种子带菌霉变有关；之后重新用 2006 年 7 月收的 207 棕色籽替换，贮存前的发芽率为 88%，2008 年 3 月 6 日（10 天）的发芽率为 90%，见下表。

表　黑籽 213 苦瓜与棕籽 207 苦瓜处理前后发芽率对照

品　种	收获时间	入冰柜时间	入前发芽率（%）	入前处理	取样时间及发芽率（%）	
					2006 年 8 月 2 日	2008 年 2 月 25 日
黑籽 213	2005 年 10 月	2006 年 2 月 17 日	97	粉衣	98	98
				对照	98	98
棕籽 207	2005 年 10 月	2006 年 2 月 17 日	88	粉衣	64	/
				对照	30.5 *	/
	2006 年 7 月	2006 年 8 月 2 日	88	粉衣	/	90
				对照	/	90

注：①＊表示种子带菌；

②冰柜温度为 2℃左右；

③粉衣剂为秋兰姆；

④种子自然晾晒干，双层自封袋包装

苦瓜低温冷藏（2℃）发芽率迅速下降的原因估计与种子含水量偏高（9% ~10%）有直接的关系，其次是种子带菌也会加速种子发芽率的下降，其三是不同品种间种子的贮藏能力不同。据笔者多年的观察测定，苦瓜种子应属长命种子，在保存较良好的种子仓库里，苦瓜种子正常使用贮藏时间为 2 年左右，而且完全成熟、籽粒饱满的种子发芽率高，贮藏寿命长，在一定的范围内种子含水量越低贮藏寿命越长，越容易发芽的种子贮藏寿命似乎也越长。

（3）种子贮藏时间与发芽率的关系

经充分干燥，在良好的种子仓库里放置 0.5 ~1 年的苦瓜种子发芽快且整齐，发芽率有时会比新种还高。放置 2 年以上的种子发芽速度虽然较快，但发芽率开始下降，特别是新种发芽率在 90% 以下，且发芽慢的品种，发芽率下降尤为明显。

（4）氧气

多数瓜菜种子在低温干燥条件下贮藏，种子的呼吸作用很弱，可在密闭条件下长期贮藏，而苦瓜种子不同，需要换气贮藏，密闭贮藏会由于氧气不足而降低种子的发芽率。

二、苦瓜的生长发育过程

1. 种子发芽期

苦瓜种皮虽然坚硬，但吸水能力还是比较强的，在 30℃ 条件下，一般浸种 6 ~12 小时，多数苦瓜品种都能达到适宜发芽的种子含水量，不同种子发芽快慢与品种特性和种膜对氧气的通透性有关。曾有文章报道苦瓜种子表皮厚而坚硬、吸水慢是一个误区。对发芽慢的品种，在浸种前应将胚端的种壳嗑开，可增加种子的通透性，浸种后可活化种子酶活性，加快种子萌发。

自种子萌动至第一对真叶展开为种子发芽期，时间需 5 ~ 10 天。苦瓜种皮较厚，还有蜡质，在瓜类作物中是发芽较为困难的品种之一，但随着苦瓜育种者的努力，苦瓜难发芽的现象将成为历史，目前，笔者研发的 10 余个苦瓜新品种，其种子经温汤浸种 6 ~ 10 小时后，在 28 ~ 32℃的温度条件下保湿催芽，经 5 ~ 8 天，发芽率可达 95%左右，种子露白后分批拣出播种育苗。

2. 幼苗期

第一对真叶展开至第五个真叶展开，开始抽出卷须为幼苗期，时间约需 15 ~ 20 天，这时腋芽开始活动。

3. 抽蔓期

开始抽出卷须至植株现蕾为抽蔓期。苦瓜的抽蔓期较短，如环境条件适宜，幼苗期结束前后现蕾，便没有抽蔓期。

4. 开花结果期

植株雌花开放至苦瓜采摘结束，由于苦瓜是连续开花结果的作物，所以这一过程相当长，一般为 60 ~ 180 天。其中，雌花开放至初收约 15 天左右；初收至末收依品种、栽培季节和环境差异很大，多数为 40 ~ 150 天。苦瓜整个生长发育过程的长短，随品种和气候条件的不同而异，一般为 100 ~ 150 天，其中，春—夏—秋越夏栽培和海南的冬春季栽培稍长，约 150 ~ 210 天；而在夏秋季栽培则较短，约为 100 天左右。

在苦瓜的生长发育中，自始至终茎蔓不断生长。抽蔓期以前生长缓慢，占整个茎蔓生长量的 0.5% ~ 1%；绝大部分茎蔓在开花结果期形成。在茎蔓生长中，随着主蔓生长，各节自下而上发生子蔓，子蔓生长至一定的程度，又可以发生孙蔓，如任其生长，茎蔓生长比较繁茂。随着茎蔓的生长，不断增加叶片数和叶面积。据关佩聪观察，夏苦瓜单株叶面积约有 5 600 平方厘米；据笔者观察目前平架式和拱架式稀植栽培，苦瓜单株叶面积大于 75 000 平方厘米。发芽期一对真叶的面积约 35 平方厘米，占总叶面积 1%以下，幼苗期约占 3%，抽蔓期约占 2%，开花结果期约占 95%（其中，开花结果初期约占 10%，中期约占 60%，后期约占 25%）。可见，同化器官主要在开花结果期，特别是开花结果中后期形成。早中熟苦瓜品种一般主蔓在 3 ~ 6 节发生第一雄花，而在第 8 ~ 14 节发生第一雌花。中晚熟品种多在 15 节后发生第一雌花。发生第一雌花后，每个节都能发生雄花或雌花，一般间隔 4 ~ 8 节发生 1 朵雌花，或者连续发生 2 朵或多朵，然后相隔多节再发生雌花；但主蔓 50 节以前，一般具有 6 ~ 10 朵雌花者居多。主蔓上每个茎节基本上都可以发生侧蔓，而以基部和中部发生的较早较壮。侧蔓第1节就开始生花，多数侧蔓连续发生多节雄花后，才发生雌花，早熟品种第1~2节发生雌花的侧蔓较多，而中晚熟品种侧蔓第1~2节发生雌花的很少（低于20%）。观察夏秋苦瓜发现，主蔓雌花的结果率有随着节位上升而有降低的倾向。产量主要靠第1~5朵雌花结果，而第5朵雌花以后的结果率很低。从调整植株的营养来看，摘除侧蔓，有利于集中养分提供主蔓的雌花坐果。在苗期2~4片真叶时，用50~100毫克/升萘乙酸处理叶片1~2次，可使第一雌花节位降低，并可显著地提高雌雄花的比率。

第三节　苦瓜对环境的要求

一、温度

苦瓜喜温，较耐热，不耐寒。种子发芽适温为28~32℃，温度在20℃以下时，发芽较慢，13℃以下发芽困难。幼苗生长适宜温度为20~25℃，在25℃左右，约15天便可育成具有4~5片真叶的幼苗；如在15℃左右，则需要20~30天；在10~15℃时苦瓜植株生长缓慢；低于10℃苦瓜生长不良；当温度在5℃以下时，植株显著受害。但温度稍低和短日照，发生第一雌花的节位提早。开花结果期适温要求20℃以上，以25℃左右为适宜；15~25℃范围内温度越高，越有利于苦瓜的生长——结果早，产量高，品质也好；30℃以上和15℃以下对苦瓜的生长结果都不利。

二、光照

苦瓜属于短日照植物，喜阳光而不耐阴。经过长期的栽培和选择，现在苦瓜对光照长短的要求已不太严格，可是若苗期光照不足，会降低对低温的抵抗能力。海南北部冬春苦瓜遇低温阴雨天气影响，幼苗生长纤弱，抗逆性差，常易受冻害就是这个道理。苦瓜开花结果期需要较强光照，光照充足有利于光合作用，提高坐果率，否则，易引起落花、落果。

三、水分

苦瓜喜湿怕涝。生长期间需要85%的空气相对湿度和湿润的土壤环境。天气干旱，水分不足，植株生长受阻，果实品质下降。但也不宜积水，积水容易沤根，叶片黄化，轻则影响结果，重则植株萎凋致死。

四、土壤养分

苦瓜对土壤的适应性较广，从砂壤土到轻黏质土壤均可。一般在肥沃疏松、保水保肥力强的壤土上生长良好，产量高。苦瓜对肥料的要求较高，如果有机肥充足，植株生长粗壮，茎叶繁茂，开花结果就多，瓜也肥大、品质好。特别是生长后期，若肥水不足，则植株衰弱，花果就少，果实也小，苦味增浓，品质下降。苦瓜需要较多的氮肥，但也不能偏施氮肥，否则，抗逆性降低，从而使植株易受病菌浸染和冷害。在肥沃疏松的壤土里，增施磷钾肥，能使植株生长健壮，结瓜可以时间延长。

五、气体条件

土壤中氧的含量因土质、施肥（特别是有机肥数量）、含水量的多少而不同。浅层含氧多，所以大量根系分布在浅土层中。二氧化碳含量与氧相反，浅层比深层少。空气中二氧化碳含量为 0.03%，远远满足不了苦瓜的光合作用的需要。露地栽培由于空气不断流动，二氧化碳可以源源不断补充到叶片周围。温室冬季生产，密闭时间较长，二氧化碳得不到补充，往往低于大气中的含量，影响光合作用。传统的做法是靠增施有机肥，微生物分解有机物产生二氧化碳，但是受有机肥数量的限制，以及覆盖地膜等措施的影响，传统做法很难满足要求，所以人工施用二氧化碳气肥就成了非常重要的增产措施。

第四节　苦瓜的类型

一、按果皮颜色分类

按瓜皮颜色来分，有墨绿、深绿、绿、浅绿、黄绿、黄白、白绿、白等多种类型。

二、按果实形状分类

按果实形状来分，有短圆锥、长圆锥、长纺锤、短纺锤、短棒、长棒和近球形7类。

三、按果实大小分类

按果实大小分，有大型苦瓜和小型苦瓜两大类型。

现在中国各地栽培的苦瓜，大都属于大型苦瓜，一般长 16 ~ 50 厘米，横径 5 ~ 10 厘米。种子在果实中下部位，果实成熟时，极易开裂掉出种子。果实表面有条瘤、粒瘤、粒条瘤相间、尖刺瘤等，果皮的颜色随着发育程度不断变化，幼果期瓜色一般比商品瓜稍深；到了生理成熟期，均为红黄色。

四、按品种的熟性分类

在一定环境条件下，苦瓜种质商品瓜成熟的早晚不同。按照播种期到始收期的不同天数，可将苦瓜种质的熟性分为 5 级，即极早熟、早熟、中熟、晚熟、极晚熟。

第五节 苦瓜主要栽培品种

一、苦瓜地方优良品种

1. 扬子洲苦瓜

江西省南昌市地方品种，南昌市郊区有栽培。植株攀缘生长，分枝力强，叶掌状深裂。单性花，雌雄同株。主蔓第 20 叶节左右着生第一雌花。瓜长棒形，长 53 ~ 57 厘米，横径 7 ~ 9 厘米；外皮绿白色，具大而稀疏的瘤状突起；肉厚 1.3 ~ 1.9 厘米，质脆嫩，苦味淡，品质优良。单瓜重 750 克左右。中熟，生长期 110 天左右。适于春夏季栽培，每 667 平方米产量 2 000 ~ 2 500 千克。

2. 雅安大白苦瓜

四川省雅安市地方品种，雅安市郊区及四川省部分地区有栽培。植株攀缘生长，分枝力强，叶掌状深裂。第一雌花着生于主蔓第 14 ~ 17 叶节，此后每隔 2 ~ 4 叶节着生 1 雌花，瓜长棍棒形，长 48 ~ 53 厘米，横径 4 ~ 6 厘米；外皮白色，密布瘤状突起；肉厚 0.5 ~ 0.8 厘米，白色，质脆，味微苦。单瓜重 350 克左右。耐涝、抗病。适于春夏季露地栽培。每 667 平方米产量约 2 000 千克。

3. 大顶苦瓜

广东省广州市地方品种，广州市郊区有栽培，广东省的南北各地也有种植。植株攀缘生长，分枝力强，叶掌状深裂。单性花，雌雄同株，主蔓第 8 ~ 14 叶节着生第一雌花，此后每隔 3 ~ 6 叶节着生 1 雌花。瓜短圆锥形，长约 20 厘米，肩宽 11 厘米左右；外皮青绿色，具不规则的瘤状突起，瘤粒较粗；肉厚 1.3 厘米左右，较少苦味，品质优良。单瓜重 250 ~ 600 克，较耐寒、耐瘠薄，具较强抗逆性，耐贮运。适于春季露地栽培。每 667 平方米产量 1 500 千克左右。

4. 滑身苦瓜

广东省广州市地方品种，广州市郊区有栽培。植株攀缘生长，分枝力强。叶近圆形，掌状 5~7 裂。花单性，雌雄同株。主蔓第 6~12 叶节着生第一雌花，此后每隔 3~6 叶节着生 1 雌花。瓜长圆锥形，有整齐的纵沟条纹和相间的瘤状突起，长约 24 厘米，肩宽 7 厘米左右；外皮青绿色，有光泽；肉厚 1.2 厘米左右，味微苦，品质好。单瓜重 250~300 克。较耐热，适应性强。果实较硬、耐运输。春、夏、秋三季均可栽培，每 667 平方米产量 1 000~1 500 千克。

5. 长身苦瓜

广东省广州市地方品种，广州市郊区有栽培。植株攀缘生长，分枝力强，叶近圆形，掌状 5~7 深裂。单性花，雌雄同株。主蔓第 16~22 叶节着生第一雌花，此后每隔 1~2 叶节着生 1 雌花。瓜长筒形，有纵沟纹与瘤状突起，长约 30 厘米，横径 5 厘米左右；外皮绿色；肉厚约 0.8 厘米，肉质较硬，味甘苦，品质好。单瓜重 250~600 克。较耐寒、耐瘠薄，具较强抗逆性，耐贮运。适于春季露地栽培。每 667 平方米产量 1 500 千克左右。

6. 北京白苦瓜

北京市地方品种。植株生长势旺盛，茎粗叶大，分枝力强，侧枝多，株高 2~3 米。叶为掌状，7 裂，裂刻深，叶色深绿。果实为长纺锤形，一般长 30~40 厘米。表皮有棱及不规则的瘤状突起，外皮白绿色，有光泽，老熟时皮转为红黄色。果肉较厚，呈白色或白绿色，肉质脆嫩，苦味适中，清香爽口，品质优良。单瓜重为 250~300 克，中熟，耐热，耐寒，适应性强。

7. 黑龙江白苦瓜

黑龙江省哈尔滨市地方品种。植株攀缘生长，生长势强，叶掌状，5 裂，裂刻较深，叶色深绿。主蔓上第 17 叶节着生第一雌花，以后每隔 3~5 叶节又出现雌花。果实为长纺锤形，外皮绿色或白绿色，有光泽，表面有不规则的瘤状突起，果肉较厚，白色，肉质脆嫩，苦味轻，品质好。单瓜重 200~300 克。中熟，耐热、耐寒，抗病，坐果多，产量较高，适宜于春季、夏季栽培。

8. 小苦瓜

山西省夏县农家品种。植株攀缘生长，生长势较弱，分枝力很强，侧枝多。叶掌状，5 裂，裂刻较深。第 1 朵雌花着生在第 10~15 节处，雌花的坐果率很高，果实为短圆锥形，外皮绿色，成熟后变成红黄色，表面有不规则的尖瘤状突起，果肉薄，种子发达，成熟时瓜瓤为血红色，品质一般。单果重 50~100 克。中熟，耐热，抗病，适应性强，产量不高。

9. 独山白苦瓜

贵州省独山县地方品种。植株蔓生，生长旺，分枝力强。叶掌状 5 裂，深绿色，主蔓上第13节前后着生第一朵雌花，此后每隔3~5叶节又出现雌花。果实为长纺锤形，外皮在商品成熟时为浅白绿色，老熟时为乳白色，有光泽，表面有瘤状突起。果肉较厚，肉质致密，苦味淡，品质好。单果重为300克左右。耐热、晚熟，适宜在夏季、秋季栽培。

10. 云南大白苦瓜

云南省地方品种茎蔓生，5棱，浓绿色，被茸毛，果实长形，表面有棱状突起，表皮洁白似玉；果实长约40厘米，横径约4厘米，单瓜重250~400克，成熟期中等，抗病力较强，抗热性强，质地脆嫩，味清甜略苦，品质好。

11. 南屿苦瓜

福建省福州市闽侯县南屿镇地方品种。植株攀缘生长，长势强，分枝力旺盛，较抗白粉病，主蔓第一雌花着生于第15节左右。果实呈纺锤形，从开花到商品瓜成熟约18天，瓜长28厘米左右，横径6厘米左右，肉厚1~1.5厘米。瓜皮为淡绿色、尖瘤，单瓜质量350克左右。肉质脆嫩，苦味中等，回味甘甜，品质优良。种子呈盾形，浅黄褐色，表面具盾形花纹。种子千粒重180克左右。产量较高，平均每667平方米产量2 000千克以上，适宜于春夏季、夏秋季栽培。

12. 莆田苦瓜

福建省莆田市地方品种。植株攀缘生长，长势强，分枝力旺盛，叶绿色，掌状深裂，主蔓第一雌花节位平均着生于第14节左右。果实呈长棒形，果肩较突，瓜长35~40厘米，横径6~7厘米，肉厚1.1厘米。瓜皮为淡绿色、短纵条间粒瘤，单瓜重600克左右。肉质脆嫩，苦味中等，品质较好。产量较高，平均每667平方米产量2 500千克以上，适宜于春季栽培。

二、新育成的苦瓜优良品种

1. 长白苦瓜

又名株洲1号苦瓜，由湖南省株洲市农业科学研究所育成，湖南省各地均有栽培。植株攀缘生长，生长势强，分枝性强，叶掌状5裂。第一雌花着生于第17叶节左右，此后连续2~3叶节或每隔3~4叶节出现1雌花。瓜长筒形，长70~80厘米，横径5.4~6.5厘米，外皮绿白色，密布瘤状突起，肉厚0.8厘米左右，质脆嫩，味微苦，品质好。单瓜重300~650克，最大1 500克。中熟。耐热、耐肥，抗病性强，较稳定、高产。适于春夏季露地栽培。每667平方米产3 000~3 500千克。

2. 大白苦瓜

由湖南省农业科学院园艺研究所育成，南方各地均有栽培，北方也有引种。植株攀缘生长，生长势强。瓜长筒形，长60~66厘米；外皮白色，肉厚；种子少，品质优良。大白苦瓜中熟，耐热，丰产，适于春季、夏季栽培。

3. 蓝山大白苦瓜

由湖南省蓝山县蔬菜研究所育成，蓝山县郊区有栽培。植株攀缘生长，分枝性强，叶掌状5裂，主蔓第10~12叶节着生第一雌花，此后可连续或隔一叶节着生1雌花。瓜长圆筒形，长50~70厘米，最长90厘米，横径7~8厘米，最大10厘米，外皮乳白色，有光泽，并具大而密的瘤状突起；品质优良。单瓜重0.75~1.75千克，最大2.5千克以上。抗病力极强，适应性很广，丰产。适于春季、夏季露地栽培。

4. 夏丰苦瓜

由广东省农业科学院经济作物研究所育成，广州市郊区有栽培，广东省各地也有种植。植株攀缘生长，生长强，分枝力中等。主蔓第一雌花着生节位较低，主侧蔓着生雌花较多，连续结果能力强。瓜圆筒形，长21.5厘米左右，肩宽约5.4厘米；外皮浅绿色，具条纹和相间的瘤状突起；肉厚约0.81厘米，品质中等。单瓜重200~220克，早熟。具有较强的耐热性和耐霜霉病、白粉病能力，但对枯萎病和叶斑病抗性稍差。春、夏、秋三季均有种植，但在夏季、秋季高温多雨季节生长优势更明显。每667平方米产量1 800~2 200千克。

5. 夏雷苦瓜

由华南农业大学园艺系育成，广州市郊区有栽培，植株攀缘生长，生长势强，夏季栽培主蔓长达4~5米，分力强，主侧蔓均能结瓜。瓜长锥形，长16~19厘米，横径4.2~5.4厘米；外皮翠绿色，有光泽，具粗大的瘤状突起；厚0.5~0.76厘米，品质中等，较少畸形瓜。单瓜重150~250克，最大超过250克，中熟。耐热、耐雨涝，并具有较强的抗枯萎病能力。适于夏季、秋季栽培。每667平方米产量950~1 350千克。

6. 穗新一号

由广东省广州市蔬菜科学研究所育成，广州市郊区有栽培，广东省及南方各地也有引种。植株攀缘生长，生长势强，分枝多，主侧蔓均能结瓜，雌花有连续着生的习性，主蔓第7~15叶节着生第一雌花。瓜长圆锥形，长16~25厘米，果肩较平，宽5.5~6厘米外皮深绿色，有光泽，具有较粗大的纵条纹和相间的瘤状突起，外形美观；肉厚，苦味中等，品质佳。单果重300~500克。早中熟，丰产。适应性强，但耐炭疽病能力较弱。适于春季、秋季露地栽培。每667平方米产量1 500~2 000千克。

三、苦瓜的杂交一代品种

1. 新翠苦瓜

由福建省农业科学院农业生物资源研究所以 10A-1.2×9208A 组配而成的早熟杂交一代品种。植株生长势强，分枝力旺盛。主蔓第一雌花着生于第 9～13 节，商品瓜果肩较平，棒状，尾部稍尖，从开花到商品瓜成熟 15～18 天，瓜长 28～34 厘米，横径 6.0 厘米，肉厚 1.1 厘米。瓜皮为淡绿色、尖瘤，单瓜重 400～500 克。肉质脆嫩，苦味中等，口感好。该品种种性表现稳定，春季栽培一般每 667 平方米产量 2 800 千克以上，早期产量高。适宜福建省、浙江省、重庆市等地的早春或冷凉地的越夏种植，栽培上应注意轮作及防治枯萎病、白粉病、霜霉病、瓜实蝇等病虫害。

2. 翠玉苦瓜

由福建省农业科学院农业生物资源研究所以 10B96×9208A 组配而成的杂交一代品种。该品种植株生长势强，分枝力旺盛。主蔓第一雌花着生于第 11～15 节，从开花到商品瓜成熟 14～16 天，商品瓜呈平蒂棒状，尾部稍尖，瓜长 28～33 厘米，横径 6.0 厘米，肉厚 1.1 厘米。瓜皮为淡绿色、尖瘤，单瓜重 400 克左右。肉质脆嫩，苦味中等，回味甘甜，适口性好，一般每 667 平方米产量为 2 500 千克左右。

3. 如玉 5 号苦瓜

由福建省农业科学院农业生物资源研究所以马 D×南屿 10A 组配而成的杂交一代早熟品种。该品种植株生长势强，分枝力旺盛。主蔓第一雌花着生于第 12 节左右，从开花到商品瓜成熟 15～18 天，商品瓜呈平蒂棒状，尾部稍尖；瓜长 26～32 厘米，横径 6.0 厘米，肉厚 1.1 厘米。瓜皮为青绿色、纵条间圆瘤，单瓜重 500 克左右，早期产量非常高，肉质脆嫩，苦味中等，回味甘甜。一般每 667 平方米产量为 3 000 千克左右。适宜福建省、浙江省等地的早春或冷凉地的越夏种植或作为冬季大棚甜辣椒的套种品种。

4. 如玉 11 号苦瓜

由福建省农业科学院农业生物资源研究所以 BAL-22-31×9209B 组配而成的杂交一代早熟品种。该品种植株生长势强，分枝力旺盛；连续挂果能力强，主蔓第一雌花着生于第 11 节左右，瓜棒状，尾部稍尖；从开花到商品瓜成熟 15～18 天，瓜长 25～28 厘米，横径 6.0～7.0 厘米，肉厚 1.1 厘米；瓜皮墨绿色，短纵条间玉米瘤，单瓜重 350～450 克，肉质脆嫩，苦味中等，回味甘甜。该品种春季栽培一般每 667 平方米产量 3 000 千克以上。

5. 如玉 33 号苦瓜

由福建省农业科学院农业生物资源研究所以 10A-1-2 自交系为母本, 2A-3-8 自交系为父本配制而成的杂交一代中早熟新品种。植株生长旺盛, 分枝力强; 连续挂果能力强, 春植主蔓第一雌花节位 15 节左右, 商品瓜近平顶棒状, 尾部稍尖; 从开花到商品瓜成熟 15~18 天, 瓜长 32~38 厘米, 横径 6.0~7.0 厘米, 肉厚 1.1 厘米; 瓜皮绿色有光泽, 纵瘤间圆瘤, 单瓜重 400~500 克, 质脆, 苦味中等。一般每 667 平方米产量 3 500 千克以上。

6. 如玉 45 苦瓜

由福建省农业科学院甘蔗研究所以 BAL-22-31×山苦瓜-45 组配而成的中熟杂交一代新品种。该品种长势较旺, 抗病性强, 低温生长性好, 较耐高温, 第一雌花节位平均 17 节左右, 结瓜多, 瓜皮为深绿色、尖瘤, 商品瓜长 6 厘米左右, 横径 3 厘米左右, 商品瓜重 50 克左右, 老熟瓜可达 200 克左右, 果形两头较尖, 橄榄状, 有纵棱尖瘤, 果形美观, 以侧蔓结果为主, 产量高, 采收期长达 6 个月, 每 667 平方米产量 4 000 千克以上。适合煲汤和深加工开发用品种。该品种烘干率为 8%~10%, 苦瓜中总皂甙含量 6.73%, 是新翠苦瓜的 4.7 倍。

7. 湘苦瓜 1 号

湘苦瓜 1 号 (湘丰 1 号) 是由湖南省蔬菜研究所以 8901-1-4 为母本, 003-2-3 为父本组配的优良白苦瓜一代杂种, 该组合具有早熟、丰产、耐寒、抗病、品质优良等特点。植株生长旺盛, 主蔓第一雌花节位低, 一般在第 5~9 节, 雌花率高, 易坐果。果实长纺锤形, 长 35~40 厘米, 横径 4.5~5.5 厘米, 单果重 300~400 克, 果肉厚 1.15 厘米, 纵条瘤间有少量细瘤突起, 商品成熟果为浅绿白色, 生物学成熟果顶部橙红色时裂开。早熟, 从定植到采收 45 天, 前期果实从开花到采收 17 天, 坐果率高, 果实生长速度快, 耐寒, 较耐热, 耐肥力强, 丰产稳产, 长沙地区 5 月中下旬可采收。也可夏秋季种植。抗病性强, 高抗枯萎病和病毒病, 中抗霜霉病和白粉病。品质好, 果肉厚, 质脆, 苦味较淡, 瓜形美。

8. 湘苦瓜 3 号

是长沙市蔬菜研究所以 C85-1-8 自交系为母本, H84-1-6 为父本组配而成的杂交种。该品种植株分枝性强, 主蔓长 5.5 米, 茎粗 1.0 厘米, 节间长 7.2 厘米。叶绿色, 掌状深裂, 长 18.2 厘米。第一雌花着生节位为第 10 节, 雌花节率为 45%~55%。果实浅绿白色, 炮弹形, 果面肉瘤突起, 瓜长 30 厘米, 横径 5.0 厘米, 肉厚 0.8 厘米, 单瓜重 300~400 克, 鲜瓜产量 3 500~4 500 千克。肉质脆嫩、微苦、风味佳, 每 100 克瓜含糖量为 3.235 克, 维生素 C 含量为 84.64 毫克。5 月中旬始收, 6 月中旬至 8 月中旬盛收, 9 月下旬罢园。田间表现抗枯萎病和病毒病。种子黄褐色，千粒重 170 克。

9. 翠绿 1 号大顶苦瓜

是广东省农业科学院经济作物研究所以强雌系 19 为母本，江选 105 为父本组配而成的杂交种。该品种植株生势旺盛，茎蔓长 2.5～3.0 米，叶色深绿，单株雌花数多，第一雌花节位在主蔓第 10 节，结果力强，平均单株坐果 5～7 个。果实圆锥形，整齐美观，果长 14～16 厘米，肩宽 8～10 厘米，蒂平，顶部钝，条瘤和圆瘤相间，条瘤粗直，果肉厚 1.1 厘米，深绿色，单果重 400 克，品质优，适宜市销及出口。早熟，比江门大顶早熟 10～15 天，春植由播种至初收 60～70 天，连续采收约 40 天。丰产性好。一般栽培每 667 平方米产量 2 000 千克。

第三章 苦瓜育苗

第一节 育苗基本常识

一、壮苗的概念

对于生产者来说，首先应能从外表特征上区别出壮苗、徒长苗和老化苗。一般地说，壮苗的共同特征是：生长健壮，高度适中，茎粗节短；叶片较大，生长舒展，叶色正常或稍深有光泽；子叶大而肥厚，子叶和真叶都不过早脱落或变黄；根系发达，尤其是侧根多，定植时短白根密布育苗基质块的周围；秧苗生长整齐，既不徒长，也不老化；无病虫害。苦瓜壮苗形态特征：在南方，苗龄在20~30天达到3叶1心或4叶1心；在北方，苗龄在30~40天左右达到4叶1心或5叶1心，同时子叶小而厚，叶色绿，子叶完好；整株生长健壮，茎粗，节间短，根系多而密。壮苗一般抗逆性强，定植后发根快，缓苗快，生长旺盛，开花结果早，产量高，是理想的幼苗。

徒长苗的特征是：茎蔓细长，叶薄色淡，叶柄较长，真叶多在5片以上进入抽蔓期，往往是由于天气原因，致使苗床水分较足，无法及时定植造成的，徒长苗抗逆性和抗病性相对较差，定植后缓苗慢，生长慢，比壮苗开花结果推迟。

老化苗茎细弱发硬，叶小发黄，根少色暗。老化苗定植后返苗慢，尤其是大株老化苗，定植后返苗非常慢，雌花分化迟且少，开花结果迟，结果期短，产量低。生产上最好不使用苦瓜老化苗。

二、苦瓜幼苗的特点

1. 根系发达，容易木栓化

瓜类作物的共同特点是根系比较发达，但容易木栓化，受伤后恢复得慢，所以育苗过程中要注意以下几点。一是苗龄不宜太长，一般控制在30~45天，尤其是秋冬茬栽培用苗，育苗期地温高，根系更容易木栓化，苗龄更须严格控制，在福建苗龄一般控制在15~18天；二是采用有容器的护根育苗，个别的还需要采用纸袋育苗，定植时可以减少伤根。

2. 茎蔓生，容易发生徒长

由于瓜类的茎为蔓生，木质化程度差，叶片硕大，极易发生徒长，所以育苗时，一是要保证足够的营养面积，二是夜间温度不能高，三是苗龄不要太长。

3. 瓜苗娇嫩，抗逆性差

瓜类蔬菜的幼苗对不良环境条件的适应能力差，尤其是苦瓜苗更容易受到低温、高湿、有害气体（如酒糟气味等）的为害和病害侵染，在管理过程中要格外小心。此外，瓜类蔬菜营养生长和生殖生长同时进行。瓜类喜温，育苗要有足够的温度保证。

三、苦瓜育苗关键技术

1. 适宜苗龄

苦瓜定植的适宜生理叶龄低温季为 4 叶 1 心，高温季为 2～3 叶 1 心。其日历苗龄会因育苗期的温度条件而异：秋冬茬一般是 15～25 天，越冬一大茬一般是 30～40 天，冬春茬多为 40～50 天。

2. 适宜播期

日光温室苦瓜的适宜定植期要根据上市期、上茬作物腾茬时间和所创造温度条件允许的定植期等确定。有了适宜定植期，就可以根据需要的具体苗龄来确定育苗的适宜播种期。日光温室各茬重点供应期是：秋冬茬主要解决露地秋延后和大棚秋延晚结束之后的市场供应，时间主要是 11～12 月份；越冬一大茬主要是解决冬季和早春（春节前后）的供应，时间 1～3 月份；冬春茬重点是解决越冬一大茬之后到大棚春茬提早上市前的市场供应，时间是 3～4 月份。

3. 秋冬茬育苗的关键

秋冬茬一般是在露地搭高棚遮雨避露育苗。时值夏末秋初，温度条件好，浸种催芽一般没有问题，关键是要避开鼠害。育苗成败主要取决于 4 个方面：一是要有效地防治好苦瓜霜霉病；二是要搞好病毒病的预防；三是保证足够的光照和水分供应；四是严格控制生理苗龄不超过 3 叶 1 心。从防病和提高植株的耐低温能力出发，秋冬茬的苦瓜目前已经开始采用嫁接育苗。

4. 越冬一大茬育苗的关键

越冬一大茬目前都是采用嫁接育苗。育苗通常在温室内进行，温度条件没有问题，成功率极高。主要把握住砧木苗和接穗苗的播期和嫁接适期。嫁接失败通常是因为砧木苗超过了嫁接适期，茎中出现了空腔。嫁接和嫁接后的管理必须严格按照技术要求进行。

5. 冬春茬育苗的关键

冬春茬育苗是日光温室苦瓜栽培中技术难度最大的。难就难在温度低，或出苗不好，或出苗后受到低温连续阴天的影响，而难以培育出健壮的秧苗，甚至失败。故在技术上要把握住以下 5 个关键：一是床土要严格按照技术要求配制，确保质量；二是苗床要有可靠的温度保证，必要时可以增加灯泡、热水管、热水瓶等辅助补温设备；三是播种一定要选在晴天，并能保证在播后有一个较长时间的晴好天气；四是温度管理要严格按照苦瓜幼苗生长的需要进行；五是搞好苗病防治。

冬春茬目前采用嫁接育苗的还比较少。原因是一般的育苗设施很难保证满足嫁接愈合期的温度，偶遇连续阴天只能前功尽弃。在福建南部、海南连作地土传病害较严重的地区，这茬苦瓜目前多采用嫁接栽培，主要是依靠设施条件好的大型育苗场进行。

6. 秧苗形态和生育诊断

发芽期外界条件适宜，生长发育好，幼苗下胚轴距地 3 ~ 4 厘米，播后 4 天两片子叶呈 75 度角张开，经 5 ~ 6 天展为水平状。两子叶肥大，色浓绿，叶缘稍上卷，呈匙形。此期可能出现的生育异常有如下 10 种情况。

一是长相异常。播后胚根不下扎且变粗；或苗子叶小而扭曲，子叶下垂，根发锈色，叶缘呈黄色暗线；或从子叶开始，叶片由下而上逐渐干枯脱落，直至只剩下顶部少数新生小叶（生理性枯干）。上述症状多由地温低引起。

二是植株生长缓慢，子叶小，叶缘下卷，呈反转匙形。这往往是由于气温低引起的。迅速降温造成冻害时，可能出现子叶叶缘上卷、变白枯干的现象。

三是揭苫后苗子打蔫，回苫后很快恢复。这往往是在连阴骤晴或雪后骤晴时发生。由于连阴天土壤热量散失过多，地温低或引起寒根、沤根或引起植物体生理活动紊乱，或因缺光使植株饥寒交迫，或因揭苫后气温升得快，地温升得慢，地温与气温不协调。植株主动吸水能力低下，蒸腾失掉的水分得不到及时补充。若揭苫后处理不及时，很可能造成大批幼苗猝倒或凋萎死亡。

四是苗子上午打蔫，叶片呈焦枯状，可能是阳光过强引起的灼烧，或地温低且土壤湿度大引起的沤根所致。

五是苗茎长而细弱，叶片薄而色淡，手握有柔软感，多是因夜温高引起的。

六是幼苗萎缩不长，叶片老化僵硬，叶色墨绿，可能是因为土壤水分不足造成的。

七是叶片与叶脉夹角小，叶脉间叶肉隆起，叶片发皱，叶色墨绿，叶面积小，多为夜温过低所致。

八是茎与叶柄夹角小，叶柄呈直立状，而叶片与叶柄夹角大，叶柄长，叶片大而薄，叶缘缺刻小，几乎呈圆形叶，此为夜温高造成的。

九是叶柄与茎夹角大，节间短，茎和叶片生长均受到一定抑制，从而使叶面积变小。肥料过多或连阴天光照不足都可能出现上述长相。

十是主茎笔直伸长，茎和叶柄夹角小，叶柄稍直立，但叶柄并不长，叶色发淡。这是由于水分多而肥料不足，植株单靠水分维持生长。其叶柄短是与夜温过高引起相类似长相的最主要区别点。

通常壮苗的植株呈长方形，节间长度适中，叶面积大，叶缘缺刻少而浅。而徒长苗的植株呈倒三角形，节间长，叶面积大。老化苗的植株为正方形，节间短，叶面积小。

第二节　常规育苗

常规育苗也称普通育苗，也就是一般的土床育苗。

一、营养土的配制及床土消毒

1. 营养土的配制

育苗营养土是幼苗生长的基质，也是幼苗所需无机盐的来源。营养土配制的好坏，直接影响到幼苗生长的质量。配制营养土的要求：一是疏松，通透性好；二是肥沃，营养齐全；三是酸碱度适宜，一般要求中性到微酸性，其中，不含对秧苗有害的物质；四是不含或少含有可能危及秧苗的病原菌和害虫（包括卵）。

除有特殊要求外，一般配制营养土采取如下原料和配比：配制播种床用的营养土时，主料是肥沃园土6份，充分腐熟的骡马粪、圈肥或堆肥4份。配制分苗床用的营养土时，主料是肥沃园土7份，腐熟的骡马粪或圈堆肥3份；辅料是每立方米主料里加腐熟的大粪干或鸡禽粪20千克左右，过磷酸钙0.5~1千克，草木灰5~10千克，也可用氮磷钾复合肥0.5~1千克代替草木灰和过磷酸钙。所用原料都要充分捣碎、捣细、过筛后充分混匀。必要时，在搅拌混合的同时，喷入杀菌和杀虫的农药进行消毒。

2. 床土消毒

为了防治苗期病虫害，除了注意选用少病虫的床土配料外，还应进行床土消毒。常用的消毒方法有以下几种。

（1）甲醛消毒

用甲醛溶液的150~300倍液浇在营养土上，混拌均匀后，用塑料薄膜覆盖5~7天，揭膜后即可装营养杯待用。该消毒法主要用于防治猝倒病及菌核病。

（2）溴甲烷消毒

先将床土堆成30厘米高的长条土堆，整平表面，其宽度以能扣上塑料薄膜小拱棚为宜。在土堆中间位置放 1 个盆，盆中放 1 个小钵，向小钵里放入溴甲烷，用药量为 100 ~ 150 克/平方米，而后用带孔的盖子盖上小钵。以后在小拱棚上盖塑料薄膜封闭，防止药气外逸。封闭处理 10 天后撤掉薄膜，充分翻床土，再经 2 ~ 3 天，药气扩散完毕即可装杯使用。此法能防治土壤传播的病害，对杂草种子发芽也有抑制作用。不过，溴甲烷是一种消耗臭氧层的物质，中国将于 2015 年禁止使用溴甲烷。

（3）多菌灵等农药消毒

多菌灵能防治多种真菌病害，对子囊菌和半知菌引起的病害防治效果很好。用 50% 的可湿性粉剂，每平方米苗床药量为 1.5 克，按 1∶20 的药土比例配制成毒土撒在苗床上，可有效防治根腐病、茎腐病等苗期病害。

3. 营养土的铺设

配制好的营养土，有的是直接铺到苗床上，有的需要装营养钵（筒、袋）。直接铺床的，播种床一般铺 8 ~ 10 厘米厚的营养土，每平方米苗床约需 100 千克；分苗床或一次播种育成苗床，床土厚度要达到 12 厘米左右，每平方米苗床约需营养土 120 千克。营养土里不准掺入菜地土、未经腐熟的粪肥、饼肥，以及带氯根的化肥、碳酸氢铵、尿素等。为了增加床土的疏松通透性，也可掺入过筛的炉渣。将培养食用菌后废弃的培养料经过夏季高温发酵后（称菌糠）用来配制营养土，效果更好。

二、育苗场地选择

进行常规育苗时，选择育苗场所应满足下列要求。

一是春季育苗应选择背风、向阳、平坦的地块，最好是北侧有建筑物、树林等自然屏障，南侧地势开阔，以避免早晚冷风侵袭，并能充分利用太阳光，提高地温和气温。

二是选择地下水位低、排水良好、3 年内未种过瓜类作物的地块，以避免由于土壤水分过多造成地温低，致使秧苗烂根以及苗期土传病害的发生。

三是育苗场所附近应有水源和电源，以便于苗期浇水，铺设电热温床和人工补充光照等。育苗场所应距栽培田较近，并且交通方便，以便于苗期管理和运苗。

四是土壤应疏松、肥沃、透气性良好，保水保肥能力强，增温快，土壤酸碱度以 pH 值 6 ~ 6.8 为宜。

三、播种前的种子处理

1. 种子消毒

苦瓜种子表皮上常附有多种病原菌，带菌的种子播种后，会导致幼苗或成株发生病害。因此，播种前必须进行种子消毒。常用的方法有以下几种。

（1）干热消毒

该方法具有良好的消毒作用，尤其对侵入种子内部的病菌和病毒有独特的消毒效果，多在大型种子公司进行。其具体方法是：将干燥的种子放入精度很高的种子风干柜里，经多级升温干燥后，种子含水量一般不高于5%之后，将温度调至70℃的干热条件下处理72小时。该方法对带病毒等的种子处理效果非常好，但对许多蔬菜种子会明显降低发芽率。目前，主要在甜瓜、西瓜、南瓜类种子上应用较多，在苦瓜上还未见有实用性报道，苦瓜对温度反应比较敏感，一般不建议采用该方法处理种子，若非要使用，一定要事先做好试验，否则会影响种子的生活力。

（2）种子粉衣处理

使用此方法进行种子消毒，注意用药量不能过大，药粉用量过多会影响种子发芽，过少则效果差，所以要严格掌握用药量，一般用药量为干种子重量的0.1%～0.4%，多数为0.3%，并使药粉充分附着在种子上。常用的药剂有70%敌克松粉剂、50%福美双、多菌灵等。拌过药粉的种子一般是直接播种，不宜放置过久。

（3）药液浸种

将种子放入配制好的药液中，以达到杀菌消毒的目的。其方法很多，常用的有25%苯来特可湿性粉剂或者50%多菌灵可湿性粉剂500倍液浸种1小时，如预防黄萎病、炭疽病、黄瓜疫病、枯萎病、黑星病、蔓枯病，用40%甲醛100倍液浸种30分钟。药液浸种要求严格掌握药液浓度和浸种时间，药液浸种后，立即用清水冲洗去种子上的药液，催芽播种或晾干备用。

2. 浸种处理

苦瓜的种子表皮厚而坚硬，通透性差，如果直接将种子播到大田，发芽缓慢，幼苗出土参差不齐，缺苗率比较高。因此，播种前应进行浸种催芽。

（1）温汤浸种

将种子浸入55～60℃的温水中，边浸边搅动，并随时补充温水，保持55℃水温10分钟后，再倒入少许冷水使水温降至30℃左右进行浸种，浸种时间为8～10小时。苦瓜种皮虽然坚硬，但吸水能力还是比较强的，在30℃条件下，一般浸种6～12小时，多数苦瓜品种都能达到适宜发芽的种子含水量，不同种子发芽快慢与品种特性和种膜对氧气的通透性有关，曾有文章中报道因苦瓜种子表皮厚而坚硬造成其吸水慢是一个误区，对发芽慢的品种，在浸种前应将胚端的种壳嗑开，可增加种子的通透性，浸种后可活化种子酶活性，加快种子萌发。

（2）低温或变温处理

为增强发芽种子和幼苗的抗寒性，可将浸种后刚刚开始萌动（裂嘴）但尚未出芽的种子连同布包或容器先放在 8～10℃ 的环境下 12 小时，再放到 20～25℃ 下 12 小时，在这样的高低温环境下交替放置 3～5 天。经低温或变温处理的种子，发芽粗壮，幼苗抗寒力增强，并能促进早熟和提高早期产量。另外，催好芽的种子，如果因天气等原因不能立即播种时，可放在 15℃ 的低温条件下抑制芽的伸长，等待播种。

3. 催芽

种子经浸泡后，放置在适宜的温度下使其发芽。催芽过程主要是满足种子萌发所需要的温度、湿度和氧气条件。目前，苦瓜催芽常采用恒温催芽法和变温催芽法。

（1）恒温催芽法

将浸过的苦瓜种子捞起，稍晾一下即可用多层潮湿的纱布或毛巾等包起，放入 28～32℃ 的恒温箱中催芽。如果没有恒温箱，则可把苦瓜种子放入一个瓦缸或铁桶内，上挂一盏 40～60 瓦的电灯，日夜加温，缸口要加盖，以保持恒温环境。将一温度计放入瓦缸或铁桶内，使温度保持在 28～32℃。催芽时应每天早晚检查，如果缸内温度低则增加灯泡，如果温度偏高就改用低瓦数的灯泡（有条件的可用控温仪来控温，效果会更好）。种子干燥时应喷水，使种子保持湿润。苦瓜种子经过浸种和适温催芽，30 小时即开始发芽，3～5 天多数品种可发芽完全。催芽过程中要每天勤检查，把已发芽的种子挑选出来，进行播种。如果未发芽的种子表面有黏液或已长出真菌，则应及时用温水洗净后再催芽，直至完全出芽为止。

（2）变温催芽法

由于苦瓜种子壳厚而坚硬，尤其是新采收的种子，需要较高的发芽温度，恒温催芽时往往会表现出芽缓慢，发芽势低，发芽时间长。用变温催芽法，可使种子出芽加快，发芽率及发芽势提高。其具体做法：先将浸种好的种子稍晾一下，装入拧干的小纱布袋中，然后放入备好的塑料袋中，把袋口扎好密封，再将塑料袋放置在 33～35℃ 的环境条件下催芽 10～12 小时后，松开袋口换气 1 次，将温度降至 25℃ 左右催芽 12～14 小时，交替进行。

四、播种

播种的技术环节包括做床、浇底水、播种、覆土和盖膜等。

1. 做床

在温室里做畦，畦宽 1～1.5 米，装入 12 厘米厚配制好的床土。床土应充分暴晒，以提高土温，防止苗期病害。播种前耙平，稍加镇压，再用刮板刮平。

2. 浇底水

床面整平后浇底水，一定要浇透，以湿透床土 12 厘米为宜。浇足底水的目的是保证出苗前不缺水、不浇水，否则会影响正常出苗。底水过少易"吊干芽子"。在浇水过程中如果发现床面有不平处，应当用预备床土填平。浇完水后在床面上撒一层床土或药土。

3. 播种

苦瓜采用点播，在浇底水后按方形营养面积纵横画线，把种子点播到纵横线的各个交叉点上。播种时，要把种子平放于畦面上，千万不要立播种子，防止"戴帽"出苗。

4. 覆土

播种后多用床土覆盖种子，而且要立即覆盖，防止晒干芽子和底水过多蒸发。盖土厚度一般为种子厚度的 3～5 倍，苦瓜覆土厚度 1～1.5 厘米。如果盖土过薄，床土易干，种皮易粘连，易"戴帽"出苗。盖土过厚，出苗延迟甚至造成种子窒息死亡。若盖药土，宜先撒药土，后盖床土。

5. 盖膜

盖土后应当立即用地膜覆盖床面，保温保湿，拱土时及时撤掉薄膜，防止瓜苗徒长和阳光灼苗。

五、苗期管理

育苗期不仅要长成一定大小的营养体，同时要分化和形成花芽。育苗期管理的好坏，直接影响到秧苗的质量，也会影响到以后的营养生长和产量。整个苗期可分为发芽期、子苗期、移植期和成苗期 4 个生育期阶段。各个阶段都有各自的生长发育中心，应采取相应的管理措施才能收到良好的育苗效果。

1. 发芽期的管理

从苦瓜种子萌动到第一对真叶展开为发芽期。主要是保证幼苗出土所需的较高的温、湿度。白天温度为 30～35℃，夜间为 20～22℃，待 3～4 天幼苗出土时，及时去除覆盖的薄膜。齐苗后，应及时降温，白天为 25～30℃，夜间为 15℃，以防止幼苗徒长。这一时期可根据以下容易出现的问题采取相应措施。

（1）干播湿出出苗慢而不整齐

其原因大体上有如下情况：种子陈旧或受冻；种子吸水不足或过量；床土过干或过湿；覆土过深或过浅；床温过低等。所以，在苦瓜种子发芽过程中应创造种子发芽适宜的土壤水分、温度和氧气。冬春育苗时最大限度地提高床温，而秋冬茬播种时需要浇大水和遮光降温，这是实现一次播种保全苗的关键技术环节。

（2）苗子"戴帽"

子叶是秧苗早期主要的养分制造器官。如果"戴帽"不能及时地解除，将影响子叶展开时间或引起子叶损伤、畸形，影响秧苗前期养分的制造。如果覆土太浅导致挤压力不够，床温低导致秧苗出土时间太长，种子秕瘦导致拱土乏力，都有可能造成种子出土戴帽。补救方法是向秧苗上喷水，使种壳湿润，创造子叶自行"脱帽"的条件。必要时要趁种壳湿润的时候，人工帮助摘帽。

（3）苗子病弱

多是床温低、苗子出土时间过长、消耗养分多、被病菌侵染等原因造成。苗床消毒可能减少被感染的机会，但却解决不了苗子出土时间长造成的苗子瘦弱的问题。

（4）烂种或沤根

种子活力低下；浸烫种时温度过高，种子被烫伤；种子浸泡时间过长，有害物质的积累造成种子已经中毒；苗床里施入了未经腐熟的粪肥、饼肥或过量的化肥，化肥与土混合不均匀或种子沾上了饼肥；病菌侵入；床土过湿且温度低，种子较长时间处于无氧或少氧条件等，均可能造成烂种。

沤根是一种生理病害。床温低、湿度大、床土中掺有未经腐熟的粪肥等，可能导致沤根。发生沤根的植株一般表现为根少，锈色，难见发生新根；茎叶无病症，但幼苗却萎蔫，很容易拔起；根的外皮黄褐色，腐烂，叶片发生焦边、干枯或脱落，直至植株死亡。首先，要针对发生原因采取相应措施加以避免；其次，要早发现，通过灌施萘乙酸促发新根。

（5）秧苗死亡或徒长

不良的环境条件有时会造成不明原因的死苗。高湿、弱光、高温，特别是高夜温，会造成苗子徒长；高湿又会使得比较脆弱的幼苗发生病害。这一时期创造优良的环境条件，对培育壮苗至关重要。主要的管理措施如下：一是逐渐加大放风。80%的幼苗出土时开始通风，逐渐加大通风量，降低温度，特别是夜温。二是使秧苗尽量多见光。即使阴天，只要温度允许，也要揭开温室的草苫或苗床上的塑料薄膜，争取使幼苗多见一些光。三是搞好"片土"。在苗床上定期撒一层潮湿细土，不仅有利于苗床保墒，降低温度，而且有利于促进不定根的发生。这是培育壮苗的一项有效措施。"片土"要等到植株上的水珠干后再进行，一次"片土"厚1厘米左右，一般进行2~3次。四是发现病株，要及时用药防治。

2. 幼苗期的管理

从第一对真叶显露到5叶真叶展开为幼苗期。这一时期幼苗生长表现为茎秆伸长，叶片增加，根系不断扩大，苗顶主茎叶原基全部形成，花芽分化已经完成。这一时期管理的目标是：适当控制茎叶生长，促进花芽的分化形成和根系的发展。管理工作包括以下 3 项。

（1）分苗

分苗对幼苗生育的影响有两个方面：一方面是分苗后，必然会在不同程度上产生因不能适应水分大量蒸发的需要，发生短时间的生理干旱，从而抑制幼苗的正常生长和花芽分化，在移植不当的情况下，这种破坏作用将会表现得更加显著以至造成减产；另一方面，由于分苗切断主根，能促进侧根的发生，分苗后秧苗的总根数增加，根系分布比较集中，可减轻定植时对根系的伤害，对定植后的成活、缓苗有一定的良好作用。此外，由于分苗扩大了秧苗的营养面积，发育良好，秧苗质量也能得到提高。分苗要抓好以下 3 个方面的工作：一是分苗时期。瓜类苗植株比较大，花芽开始分化的时间相对较早，分苗要早些，宜在秧苗幼小时（子叶期）移植。二是分苗技术。分苗前要准备好分苗苗床，铺好床土，分苗床的床土厚度要求达 10 厘米，分苗前要降低原苗床的温度，减少湿度，给以充足的光照，以增强原苗的抗逆性，以利于缓苗。移苗前对原苗要做好预防病虫害和叶面施肥。起苗时应手握秧苗的子叶，以免捏伤幼嫩的胚茎，起苗时尽量少伤根系，并要注意选苗，淘汰病苗、畸形苗以及无生长点的“老公苗”。如果幼苗生长不整齐，应将幼苗按大小分别移植，便于管理。挖出的苗应立即移栽到分苗床中，不应长期暴露在空气中受风吹日晒而引起失水萎蔫，造成大缓苗；不能立即移栽时，应用湿布覆盖好。栽苗一般采用贴苗法进行，即按预定距离开沟或开穴，浇足量的底水、摆苗、覆土即成。栽苗要注意深浅，一般以子叶露出土面 1~2 厘米为宜。移苗的距离一般为 8~10 厘米见方。三是分苗后的管理。分苗后的管理工作，应该围绕创造一个适当高温、高湿、减少叶面蒸腾保证发根的环境条件来进行，其目的在于保证秧苗的迅速缓苗生长。操作重点应该是密闭保温，争取光照以提高床温，特别是提高土壤温度尤为重要。

缓苗初期秧苗叶色正常，遇午间的高温会出现萎蔫甚至倒伏，应适当遮阴，不宜放风。

缓苗中期叶色变淡，但新根已开始发生，遇高温时，可适当小放风，如移植时底水过少，此时可补小水 1 次。

缓苗后期秧苗叶色转绿，心叶展开，根系大量发生，可进行正常管理。一般从移植到缓苗生长需要 4~7 天。缓苗后，浇 1 次缓苗水。土壤稍干后，中耕、覆土保墒。

（2）成苗期的管理

成苗期要抓好以下 3 个方面的工作。

一是温度管理。白天温度控制在 25~28℃，夜间 13~15℃，地温保持在 15℃以上。这样，一方面可促进根系生长，另一方面可促进花芽分化和防止幼苗徒长。

调节温度主要通过通风与保温防寒来进行。外温低时，采取小通风、断续通风、晚通风、早落风。外温高时要提前通风，通风量也可加大，特别在晴天中午，如通风量过小，育苗场所的温度骤增，秧苗叶片由于蒸腾过大遭受热害而成片倒伏，这时用遮盖帘使其逐渐恢复，如采取加大通风或浇凉水降温等措施反而会使秧苗因根系吸收能力减弱、叶面蒸腾增大而加速死亡。如通风过早，风量过大，会引起幼苗叶片很快卷缩或皱缩，严重时出现白边，这时可先喷上些温水，立即密闭保温，使其慢慢恢复。育苗期间连续降雪，应注意防寒保温，争取光照不可通风。如连续降雨，气温较高，必须于下雨间隙适当通风，防止幼苗徒长。另外，久雨初晴时，也不应大揭大通风，因为床内幼苗由于长期不见光照，气温又低，根系吸收能力弱，如一时蒸腾量加大，就会引起萎蔫以致死亡，这时应随时注意秧苗的表现，见有萎蔫现象时，就在透明覆盖物上暂时遮阴，萎蔫状态消失后，除去覆盖物，如此，2~3 天后，秧苗因床温升高，根系吸收能力得到恢复而解除萎蔫，之后可逐渐加大通风量。总之，通风原则是外温高时大通，外温低时小通，一天内从早到晚的通风量是由小到大，由大到小，切不可突然揭开又骤然闭上。

定植前 5~7 天，逐渐加强通风，进行炼苗。夏秋季育苗，苗期温度管理的关键是遮阴、降温和防蚜虫与粉虱，以防止发生病毒病。

二是光照管理。要千方百计地增加苗床光照。

三是水肥管理。苗床缺水要及时补充，严冬季节最好使用在温室里经过预热的温水。浇水不要过量，同时要避免地皮湿、地下干（特别是用营养钵或袋育苗）的假象出现。床土按要求配制时，育苗期一般不需要进行土壤追肥。但为克服低温寡日照带来的营养不良，一般多采取叶面喷肥加激素的方法补充营养，刺激生长。

（3）定植前的秧苗锻炼

在定植田地与育苗场地的环境条件不相同时，为使秧苗定植后适应栽培场地的环境条件，定植前 1 周应进行低温炼苗。其具体做法：逐渐加大通风，白天苗床温度控制在 20~25℃，夜间在不遭受霜冻的前提下，保持夜温 10℃左右。如采用育苗盘或营养钵（袋）自育自用的，宜把苗分散到温室前坡下或两山墙处。如用营养土块育苗的，要割坨晒坨，定植前 1 天浇透水。

第三节　保护地育苗

苦瓜栽培现多采用育苗移栽的方式，需要利用保护设施进行育苗，一般冬春季育苗，需要保温防寒设施（如大棚、温室），而夏秋育苗需要防雨、防虫等设施。

一、冬春季育苗

冬春季育苗一般都是在严冬和早春进行的，光照差，温度低，育苗场所局限性很大，必须因地制宜选用不同的育苗方式。常见冬春季育苗有以下几种方式。

1. 架床育苗

在正在生产中的温室为下一茬栽培同室培养用苗时，为了适应条件，节约土地，一般采取架床的方法。架床育苗曾是塑料日光温室最传统的育苗方法。架床分两种情况：一是前茬种植的低秆作物（如韭菜），在温室中部中柱前离地60厘米高，或1.2米高的位置，用木杆绑架一个床样的木架。在木架上铺垫保温物，而后铺放营养土，或摆放育苗盘。再支架小拱棚，覆盖塑料薄膜及棉被、纸被等进行保温。整个育苗过程都是在架床上进行的。二是在前茬种植高秆作物（如黄瓜），一般是先在温室中部将2行作物分开，在其间架床先育子苗，而后分苗到地面畦里育成苗。这样做，一方面节约了架床用材，另一方面可使在育成苗时拔掉的植株多采收一段时间。

架床育苗的好处是基本不影响上茬作物的生产，充分利用了温室里温光条件比较好的地方来育苗；其缺点主要是苗床地温直接受气温的影响，而日光温室的最低气温往往比最低地温要低2～3℃（连阴天），或5～6℃（连续晴好天气）。这样，架床如果保温不好，其床土温度始终要比地面苗床的温度低，如果遇有连阴天，就会严重影响秧苗生长。

2. 冷床育苗

在温室里（一般是在中部靠近中柱的部位）构筑阳畦，在阳畦里铺放营养土进行育苗，同样需要覆盖薄膜和不透明覆盖物进行保温。北纬40度以南的平原区，在设计和建造都比较合理的高效节能型塑料日光温室里，采用冷床育苗一般都没有问题，即使遇到连阴天，只要采取一定的补救措施就可以了。

冷床可以是地上式、地下式或半地上式，一般采用半地上式或地下式。采用地上式时，将冷床四周围土覆草更为有利。但在高纬度和高海拔地区，采用温床育苗更有把握。

3. 酿热物温床育苗

酿热物温床育苗是利用秸秆、马粪在一定水分和通气条件下发酵产生的热量进行加温的冷床。先按构筑冷床的要求挖阳畦，但比阳畦要深20～25厘米，同时把畦底做成四面低、靠北畦边1/3处最高的"驴脊梁背"形。将铡细碎的玉米秸、谷草等在水中泡过之后捞出，与新鲜的骡、马、驴粪混匀。先堆在挖好的苗畦内，盖上塑料薄膜。待发酵开始，温度开始升起来时，将其在苗畦内摊平，踏实,而后撒上 1~2 厘米厚的土,搂平,再铺上配好的营养土,踏实。浇水湿透床土(但不能过多地把水渗漏到酿热物里,以免降低温度和影响透气而抑制酿热物发酵),温度升起后即可播种。

酿热温床的好处是不受非再生能源的限制,一般农村都可以搞;其缺点是温度难遂人愿,遇到好天气,往往需要降低温度时降不下去,造成秧苗徒长,难以控制。如果采取营养钵(袋)育苗,温度降不下去时,将苗从苗床中提出,即可脱离高温床的影响。

4. 火道加温育苗

在温室与栽培中的作物同室育苗,需要单独对苗床加温时,可在苗床下设立火道,从温室外烧火加热。火道的设置可参考当地育红薯苗床的做法,或采用倒卷帘式火炕,或采用改良式火炕等。火道温床的温度可灵活掌握,使用起来比较主动。

5. 电热温床育苗

电热温床是在苗床下铺设一种专用的农用电热线。在日光温室里使用电热线温床有以下好处:一是可以直接做成地上式苗畦,省去了挖筑畦和架床的麻烦,操作也比较简单;二是温度适宜,好掌握,加上电刺激,一般培育出的苗子健壮,根系发达;三是电热线与控温仪配套使用,实现温度自控,方便管理。其缺点是必须有稳定的电源保证,每平方米耗电 0.2~0.5 千瓦/时,通常从播种到达分苗标准,每千株苗需耗电 1 千瓦/时左右,需要有一定的开支。电热线一般既可用于播种床,也可以用在分苗床上。

二、夏秋季育苗

夏秋季育苗一般采取露地育苗。此时育苗所遇到的条件是强光、高温、多雨或露水大、病虫害多。对秧苗容易产生的问题是:气温高地温也高,苗子根系发育不好,易徒长;高温、强光、干旱加上虫害严重,易发生病毒病,秧苗遭雨淋或叶面结露易发生霜霉病等多种病害;高温长日照不利于苦瓜的花芽分化。所以,育苗地宜选在排水良好的高处,通风要好,一定要避免窝风。苗畦上要搭高0.8 米以上的拱棚,遮光、避雨、防露水。营养土一般不必像冬春季育苗那样单独严格配制,只在苗畦施入少量细碎的有机肥和化肥即可。临播种一定要浇大水,以降低地温。常见夏秋季设施育苗有以下几种。

1. 遮阳网覆盖育苗

用遮阳网覆盖后能够减弱光强,降低温度,增加湿度,创造适合苦瓜秧苗生长的环境条件。遮阳网主要用于夏秋蔬菜育苗,常用的有黑色、银灰色两种。遮阳网育苗技术要点如下。

第一，遮阳网应牢固固定在遮阴棚架上，使苗床形成"花阴"。

第二，育苗床应选在通风干燥、排水良好处，避免暴雨为害。

第三，遮阳苗床在高温季节，可在保护设施的顶部喷井水，使其形成水膜，既可降低遮阳苗床的温度，又可提高空气相对湿度。

第四，一般在定植前3~5天，进行变光炼苗。先浇1次大水，将遮阳网撤去，使秧苗适应定植地的环境条件。

2. 尼龙纱覆盖育苗

当前，夏秋季育苗常常应用尼龙纱覆盖。尼龙纱的种类较多，寒冷纱是生产上常用的一种。寒冷纱常用的有白色、黑色两种，在高温季节，通常使用黑色的寒冷纱，以遮阴降温、防风和减轻暴雨的袭击，还可以避蚜和预防病毒病。尼龙纱覆盖技术要点如下。

第一，在苗床上设小拱棚，上面用尼龙纱覆盖，用压膜线加以固定。

第二，在播种出苗期间，将尼龙纱盖住整个小拱棚。出苗后，随着幼苗的生长，小拱棚两侧基部的尼龙纱要揭开，或在夜间适当揭除尼龙纱，以利于通风降温，防止发生病害。

第三，以避蚜为目的的覆盖育苗，则应紧密覆盖。播种时应扩大苗间距，避免徒长。

第四，在育苗后期加强通风，锻炼秧苗，使其逐渐适应外界环境条件。

3. 银灰色反光塑料薄膜覆盖育苗

苦瓜易遭受病毒病为害，主要由蚜虫、粉虱等传播病毒，且苗期最易感病。利用蚜虫忌银灰色的习性，在苗期利用银灰色反光塑料薄膜覆盖，不仅可以遮阴降温，而且可有效地预防病毒病的发生。

4. 利用纬度或地貌垂直分布差育苗

中国幅员辽阔，利用纬度差进行育苗，既适用于非生长季节育苗，也适用于生长季节育苗。夏秋高温季节，在高纬度冷凉地区育苗，通过运输，定植到低纬度地区，可省去保护地设施费用，能有效地防止高温、病毒病的为害。随着中国运输业的发展和蔬菜价格的提高，纬度差育苗将会兴起，并不断发展和逐步完善。在地貌起伏大的地区可充分利用当地海拔高度的不同，利用高海拔地区育苗，培育壮苗，在低海拔地区种植，可起到事半功倍的效果。

第四节　嫁接育苗

苦瓜的嫁接苗栽培在瓜类中比黄瓜、西瓜和甜瓜等起步晚。由于黑籽南瓜是耐低温作物,在5℃的低温条件下能正常生长,能满足苦瓜在10℃左右的低温条件下正常生长,所以山东省、河南省、陕西省、福建省等地于20世纪90年代的中后期,利用黑籽南瓜作为砧木嫁接苦瓜取得成功,对解决温室大棚前期低温,提早上市起到积极的作用;1997年江西省陈相波等于根结线虫为害比较严重的地块,利用宜春肉丝瓜作砧木,用78-2苦瓜作接穗进行嫁接栽培,试验结果表明丝瓜砧木抗根结线虫能力比对照强,嫁接栽培增产显著;进入21世纪初,随着商品苦瓜的大面积集中种植和规模化经营,连作障碍和土传病害引起的苦瓜枯萎病越来越重,严重影响苦瓜的可持续发展。福建省的南部漳州地区、四川省、海南省等地的苦瓜商品基地首先开始大面积采用嫁接栽培,有效地解决了重茬地连作障碍和土传病害枯萎病为害等问题。

目前,中国南方、北方地区均已开始采用抗病性强、嫁接亲和力高的黑籽南瓜、杂交一代白籽南瓜、常规和杂交一代等专用肉丝瓜品种作砧木,进行嫁接栽培。南瓜是耐低温作物,在5℃的低温条件下能正常生长,用南瓜做砧木,在相同的环境条件下,根系生长比丝瓜快、根毛多,接穗的生长也较快,能满足苦瓜在10℃左右的低温条件下正常生长,多在早春设施栽培中应用,但水分较多时接穗苦瓜叶片往往偏大、叶肉较薄、叶色偏黄,抗病性下降,易徒长,所以在南方雨水多的露地栽培主要是使用丝瓜专用砧木。通过嫁接达到防止或降低土传病害(枯萎病、根结线虫病)、增强耐低温能力、强化生长势的目的,进而实现苦瓜的早熟、高产、稳产。

一、嫁接育苗需要的设施

1. 嫁接场所

嫁接场所要求温度适宜,温度宜控制在20~35℃,南瓜砧木最好在20~25℃,而丝瓜砧木以25~30℃为宜,极端不能低于16℃或高于40℃。因为温度过高,苦瓜接穗容易发生萎蔫枯死,温度过低,嫁接苗接合面愈合不良,成活率降低,即使成活,定植后进入开花结果期,有些植株也会因嫁接处愈合不良影响养分的输送,植株生长不良,降低产量。嫁接后3~5天要求空气相对湿度为80%~90%并适度遮阴。冬春季育苗多以温室为嫁接场所。嫁接前几天,适当浇水,密闭温室不通风,以提高其空气相对湿度。夏季育苗、嫁接时应搭设遮阴降温防雨棚。

2. 嫁接工具的准备

(1) 刀具和竹签

切削工具多用刮胡须的双面刀片或小刀,为便于操作,将双面刀片沿中线纵向折成两半。于嫁接前准备两根长8厘米,宽0.5厘米、厚0.25厘米的小竹签作为顶插接用的竹签，并将竹签一端削成长约 1～1.5 厘米的细小斜面。

（2）蔬菜嫁接专用固定管套

蔬菜嫁接专用固定管套在日本已经普遍应用。它是将砧木斜切断面与接穗斜切断面连接固定在一起，使其切口与切口间紧密结合。由于套管能很好地保持接口周围水分，又能阻止病原菌的侵入，有利于伤口愈合，能提高嫁接成活率，并且会在嫁接愈合后，在田间自然风化、脱落，不用人工去除。使用套管嫁接法的优点是消除了原来使用嫁接夹带来的不方便，速度快，效率高，操作简便，目前福建省的茄子、西红柿生产几乎是使用套管接法。

3. 嫁接机

目前，中国主要有两种蔬菜嫁接机。一种是由东北农业大学研制的插接式半自动嫁接机。该嫁接机采用人工上砧木和接穗苗，通过机械式凸轮传递动力，可完成砧木夹持、砧木生长点切除、砧木打孔、接穗夹持、接穗切削以及接穗和砧木对接动作。该机结构简单、成本低，操作方便，生产率为 500 株/小时。由于采用插接法进行机械嫁接，不需嫁接夹等夹持物，适用黄瓜、西瓜和苦瓜的嫁接作业，嫁接成功率达93%。另一种是由中国农业大学张铁中研制的智能全自动蔬菜嫁接机。嫁接机采用单子叶贴接法，实现了砧木和接穗的取苗、切削、接合、嫁接夹固定、排苗作业的自动化。该机嫁接作业时砧木可直接带土团进行嫁接，生产率为 600 株/小时，嫁接成功率高达95%，可进行黄瓜、西瓜和苦瓜等瓜菜苗的自动化嫁接作业。

二、嫁接育苗的技术要点

1. 主要砧木种类及品种

（1）双依

该品种是中国台湾农友种苗公司专为苦瓜嫁接而育成的杂交一代丝瓜根砧品种。该品种与苦瓜嫁接亲和性良好，抗苦瓜枯萎病，在低温期育苗，胚轴容易伸长，便于靠接和劈接等，苦瓜嫁接后生长旺盛，结果早而多，是苦瓜理想的根砧。

（2）宜春肉丝瓜

该品种是江西省宜春市地方品种。根据宜春市农业科学研究所报道，该品种根系具有较强的吸水吸肥能力，较耐湿耐旱，对根结线虫病有较强的抗性，植株生长势旺盛，可防止苦瓜早衰，提高产量。

（3）银砧 1 号肉丝瓜

该品种系福建省农业科学院农业生物资源研究所选育的杂交一代白籽丝瓜根砧品种。该品种与苦瓜嫁接亲和性良好，室内接菌和田间表现均抗苦瓜枯萎病，根系吸水吸肥能力强，耐湿耐旱，对根结线虫有较强的抗性，植株生长势旺盛，可防止苦瓜早衰，增产显著。同时会明显提高接穗苦瓜果肉总氨基酸和人体必需氨基酸的含量。

（4）银砧2号肉丝瓜

该品种系福建省农业科学院农业生物资源研究所选育的杂交一代黑籽丝瓜根砧品种。该品种与苦瓜嫁接亲和性良好，室内接菌和田间表现均抗苦瓜枯萎病，根系吸水吸肥能力强，耐湿耐旱，耐高温，延收期较长，对根结线虫有较强的抗性，植株生长势旺盛，可防止苦瓜早衰，增产显著。同时会明显提高接穗苦瓜果肉总氨基酸和人体必需氨基酸的含量。

（5）白籽类南瓜

该品种属印度南瓜与中国南瓜的杂交一代品种。该类砧木品种较多，基本上具有抗枯萎病、与苦瓜嫁接亲和力强、适于作苦瓜根砧的特点。南瓜作根砧吸肥、吸水力强，在低温条件下根系的伸长性能胜于丝瓜砧，故可使嫁接植株提早结果。该类品种适宜温室或早春大棚栽培，不适宜在南方雨水多的春夏或夏秋栽培，另外，温度高时南瓜播种后的适宜嫁接期短，成活率明显下降。

（6）黑籽南瓜

经试验表明，黑籽南瓜与苦瓜嫁接亲和力强，嫁接成活率高。利用黑籽南瓜耐低温的特性，提高苦瓜耐低温能力，其在10℃的温度条件下能正常生长，可解决苦瓜喜温、不耐低温、上市偏晚、采收期短和产量低等难点，达到提早上市、增加产量，提高经济效益的目的。嫁接苦瓜苗用于大棚或日光温室早熟高效栽培，经济效益可观。

2. 嫁接方法

苦瓜嫁接方法有靠接法、顶插接法、顶劈接法、贴接法和套管接法。而目前生产上常用的有靠接法、顶劈接法和顶插接法。

（1）靠接法

要求技术比较简单，非常适合初学者。在无控温的环境条件下，如日气温在16～35℃之间的嫁接，其成苗率特别高。嫁接前一天对育苗床适当浇水，之后喷一次如甲基托布津、百菌清等广谱性防病农药。砧木为南瓜时，砧木要比苦瓜迟播1～2天，南瓜出现第一片真叶，苦瓜出现2叶1心时为嫁接适期。嫁接过早，幼苗太小操作不方便；嫁接过晚，成活率低。砧木和接穗下胚轴长度为5～6厘米时有利于操作。靠接法虽然较费工，但成活率高，在生产上被广泛采用。但此法嫁接速度慢，接口需要固定物，并且增加了成活后断茎去根工序；若接口位置低，易受接触土壤影响诱发不定根；幼苗搬运和田间管理时接口部位易脱离。采用靠接要注意两点：一是南瓜幼苗下胚轴是一中空管状体，髓腔上部小、下部大，所以南瓜苗龄不宜太大，切口部位应靠近胚轴上部，砧穗切口深度、长度要合适。切口太浅，砧木与接穗结合面小，砧穗结合不牢固，养分输送不畅，易形成僵化幼苗，成活困难；切口太深，砧木茎部易折断。二是接口和断根部位不能太低，以防止栽植时被基质或土壤掩埋再生不定根或者髓腔中产生不定根入土，失去嫁接意义，嫁接操作方法同丝瓜砧木；砧木为丝瓜嫁接时，选出粗细、高低比较一致的苦瓜、丝瓜苗，将带根的砧木削去生长点和 1 片子叶，在子叶下 0.5 厘米处自上向下斜切一刀，角度为 50～60 度，深至下胚轴粗度的 3/5～2/3。接穗从子叶下的 1～1.5 厘米处，由下向上斜切一刀，角度和深度与砧木相似，接口长度和砧木相等，将两苗的两个刀口互相嵌合对好，夹上嫁接夹，立即定植于营养钵中，注意砧木和接穗的根部要适当分开，便于接穗断根时不伤及砧木的胚轴。定植后马上移入事先准备好的育苗棚内。

（2）顶插接法

顶插接法成活率高，速度快，砧木直播育苗盘，不用移植、操作简单。砧木使用丝瓜时要求提前 5～7 天播种，并适时抹去砧木的真叶，促进砧木胚轴增粗，便于嫁接操作。接穗一般以子叶微开到子叶平展真叶显露时进行嫁接。嫁接时用薄刀片将砧木的幼叶和生长点切除。用竹签在砧木的 2 片子叶中间，向下胚轴的另一片子叶下方斜插，深度为 0.5～0.8 厘米，竹签尖端在子叶节下 0.3～0.5 厘米出现，竹签暂不拔出。然后接穗于子叶下 1.2～1.5 厘米处切断，在子叶节以下 0.5 厘米处呈 30 度角向前斜切，切口长度 0.5～0.8 厘米，接着从背面再切一刀，角度小于前者，以划破胚轴表皮为目的，使下胚轴呈不对称楔形，拔出竹签后迅速将接穗插入。

（3）顶劈接法

也是断根嫁接的一种，砧木和接穗分别播种。当丝瓜真叶长出 1 片真叶后，苦瓜子叶微开至真叶开始展开之间进行嫁接，嫁接时先将砧木生长点去掉，用薄刀片在两片子叶中间向下劈开，切口深约 0.6～0.8 厘米，然后将接穗从子叶下胚轴 1.5 厘米处切断，并在两侧各削一刀，削成双面楔，垂直插入砧木劈口处，使接穗与砧木表面平整，用嫁接夹固定。

三、嫁接后管理

嫁接苗的成活关键是砧木和接穗的切面上要形成完好的愈伤组织。如果嫁接适期掌握得好，嫁接技术熟练，切口平整，没有污染的嫁接苗在嫁接后 24～30 小时愈伤组织便能形成。愈伤组织形成后，在砧木和接穗的切口上发生一种类似根状物，称为假导管。假导管不断伸长，各自穿过愈伤组织，使其先端互相接触形成互相连接的网状组织，砧木吸收的养分便开始流入接穗，不久就形成了真正的导管组织。通常嫁接后 3~4 天假导管便可发生，4~5 天双方形成的假导管先端互相接触，5~6 天假导管连接形成网状组织，6~7 天砧木吸收的水分和养分流入接穗，接穗颜色开始转绿，10~15 天网状组织形成健全导管组织，嫁接苗就完全成活。嫁接后成活的优劣主要是看湿度和温度，因此要注意抓好以下 3 个方面工作。

第一，创造一个潮湿的环境。嫁接愈合期的头 3 天一般要保持白天的空气相对湿度达到 90% 左右。为此，嫁接后的苗子一定要用小拱棚密闭起来，人为地创造一个有利于保湿的条件。要防止棚膜直接滴水到嫁接苗上，因此，小棚要做成圆拱形，使棚膜上的水滴顺势流到畦边的地面。还要及时补充水分。靠接双苗嫁接移栽的，假植时要浇好水，一方面是保证苗子吸水，另一方面是向空气中散发水分；单苗移栽嫁接的，在放置营养钵的床面上要洒上水，以保证空气湿度。

第二，按要求进行温度调节。头 3 天小拱棚外要用 1~2 层遮阳网覆盖并保持比较高的适宜温度，砧木不同要求的适温稍有差异。但期间一般白天达到 25~30℃，夜间 18~20℃，土温 25℃ 左右。3 天后逐渐降低温度。早晚要逐渐增加光照的时间，温度高时一般可采用遮光和换气相结合的办法来加以调节，白天掌握在 23~26℃，夜间在 17~20℃，空气相对湿度为 70%~80%。6 天后可把小拱棚两侧的薄膜掀开一部分，逐渐扩大，8 天后去掉小拱棚，转入正常管理。

第三，靠接法要适时断根。对于靠接苗，都要在嫁接成活后断掉接穗苗的根，使秧苗真正成为一个具有砧木根、接穗头的独立植株。断根既不能太晚，也不能太早，一般是在嫁接 7~10 天后，苗子已经成活时进行。开始时先断根几株，若断根后的嫁接苗不萎蔫或轻微萎蔫即可逐渐断根。

1. 靠接后的管理

嫁接后的前 2~3 天覆盖 1~2 层遮阳网，并使棚内湿度控制在 80% 以上，以后只需上午 10 点到下午 3 点遮阳，6 天后可揭去遮阳网，7~8 天成活后断根，断根之后的 1~2 天应避免强光照射，断根后 5~7 天可移入大田定植。

2. 劈接和顶插接后的管理

（1）水

嫁接前 1 天对接穗苗床浇一次水，便于起苗，并浇透砧木育苗盘的营养土，嫁接后头 3 天，苗床内空气湿度保持在 90% 左右，小拱棚密封，两侧压紧，第 4 天使苗床内的空气湿度下降到 75%~85%，早晚小拱棚两头适当掀开透气，注意防止长时间湿度过大引起嫁接苗发病。

（2）光

嫁接后马上放入用无滴膜密封的小拱棚内，上面覆盖 2~3 层遮阳网，前 3 天全遮光，防止直射阳光，3 天后早晚可适当去掉部分遮阳网，逐渐增加光照

（散射光），1 周后植株基本成活，可以揭去遮阳网，但仍应防止强光照射，尤其是夏季的接后管理。

（3）温度

温度宜控制在 20～35℃，南瓜砧木最好在 20～25℃，而丝瓜砧木以 25～30℃为宜，极端温度不能低于 16℃或高于 40℃。因为温度过高，苦瓜接穗容易发生萎蔫枯死，温度过低，嫁接苗接合面愈合不良，成活率降低。

（4）防病管理

嫁接前 1～2 天或嫁接后第 4 天可喷一次防病农药，如甲基托布津、多菌灵、百菌清或甲基托布津 800 倍＋代森锰锌 600 倍等，防止病害发生，提高成活率。嫁接后 8～10 天后可按实生苗管理，但砧木子叶基部会发生丝瓜新芽，应及时抹去，保证苦瓜接穗的营养供应。

第五节　营养基质育苗

泥炭营养块育苗是近几年推广的育苗新方法，营养块的制作选用东北地区优质草本泥炭为主要原料，采用先进科学技术压制而成。它适用于蔬菜、瓜果、花卉、林木、药用植物等各种作物栽培育苗，集基质、营养、控病、调酸、容器于一体，尤其对苗龄较短的瓜果类蔬菜品种最为适宜，具有无菌、无毒、营养齐全、透气、保壮苗及改良土壤等多种功效。

一、产品特点

一是使用方便。一人即可全程操作，无须筛土装钵，无须施肥喷药，且可带基质定植，补苗少，整个苗期只需把握水分和温度。二是保壮苗、绿色环保幼苗健壮、茎粗叶肥、抗逆能力强；幼苗发芽快、带基定植、移栽成活率高；微量元素齐全、生产出的瓜菜产品维生素 C 含量高、硝酸盐含量低；不污染环境，达到无公害标准。

二、产品种类

1. 圆形小孔 40 克/块
适宜小粒作物种子使用，如西红柿、茄子等。
2. 圆形大孔 40 克/块
适宜大粒作物种子使用，如西瓜、黄瓜、苦瓜等。

3. 圆形单孔 50 克/块

适宜大、小粒作物种子使用尤其适合苗龄较长的作物。

4. 圆形双孔 60 克/块

适宜瓜类靠接用，如黄瓜、西瓜嫁接等。

三、使用方法

1. 苗床建造

提前将种子催芽露白，催芽时间视不同作物而定，但芽不要过长。苗床底部平整压实后，铺一层聚乙烯薄膜，按间距 1 厘米把营养块摆放在苗床上。

2. 喷水胀块

用喷壶或喷头由上而下向营养块喷水。薄膜有积水后停喷，积水吸干后再喷，反复喷 5~6 次（约 30 分钟）直到营养块完全膨胀。完全膨胀标准是用牙签扎透基体无硬心。营养块完全膨胀后，放置 4~5 小时后即可播种。

3. 浸种催芽

播种前温汤浸种、适温下保湿催芽，种子露白后播种。播种时种子平放穴内，上覆 1 厘米厚的蛭石或用多菌灵消毒过的细沙土，切忌使用重茬土覆盖。

4. 播后管理

只需保持营养块水分充足，定植前停水炼苗，定植时带基质移栽，定植后的管理和普通营养钵育苗管理基本一致。

四、注意事项

喷水时不能大水浸泡，但可以在薄膜上保持适量存水，喷水时间和次数根据棚温灵活掌握。吸水膨胀后的营养块比较松软，暂时不要移动或按压。由于营养块营养面积较小，定植时间要比营养钵适当提前，只要根系布满营养块、白嫩根尖稍外露时即应及时定植，防止根系老化。

第六节　工厂化穴盘育苗

一、优点

1. 节省能源与资源

工厂化育苗又称为穴盘育苗，与传统的营养钵育苗相比较，苦瓜育苗效率由 100 株/平方米提高到 300 株/平方米，冬季利用塑料大棚或温室加温育苗，有效利用育苗车间的空间，有效提高育苗设施的利用率，进行连续的高密度育苗，能大幅度提高单位面积的种苗产量，节省电能 2/3 以上，可显著降低育苗成本。

2. 提高秧苗素质

工厂化育苗能实现种苗的标准化生产，育苗基质、营养液、生长调节剂等采用科学配方，实现肥水管理和环境控制的机械化和自动化，能严格保证种苗质量和供苗时间。

3. 提高种苗生产效率

工厂化育苗采用精量播种技术，每穴 1 粒种子，大大提高了播种效率，节省种子用量，提高成苗率；与营养钵育苗相比较，基质种苗的单株苗重由营养土种苗的 500~700 克降低为 50 克左右。

4. 商品种苗适于长距离运输

种子播种在上大下小的穴盘的孔穴中一次成苗，幼苗根系发达并与基质紧密缠绕，不易散落不伤根系，容易成活，缓苗快，有利于长途运输、成批出售，对发展集约化生产、规模化经营十分有利。

二、设施设备

1. 场地设施

场地设施由播种车间、催芽室、育苗温室和包装车间及附属用房等组成。

（1）播种车间

占地面积视育苗数量和播种机的体积而定，一般面积为 100 平方米，主要放置精量播种流水线和一部分的基质、育苗车、育苗盘等。播种车间要求有足够的空间，便于播种操作，使操作人员和育苗车的出入快速顺畅，不发生拥堵；同时要求车间内的水、电、暖设备完备，不出故障。

（2）催芽室

设有加热、增湿和空气交换等自动控制和显示系统，室内温度在 20~35℃ 范围内可以调节，空气相对湿度可保持在 85%~90%，催芽室内外、上下温湿度在误差允许范围内相对均匀一致。

（3）育苗温室

大规模的工厂化育苗企业要求建设现代化的连栋温室作为育苗温室。温室要求南北走向，透明屋面东西朝向，保证光照均匀。

（4）加温系统

育苗温室内的温度控制要求冬季白天温度晴天达 25℃，阴雨天达 20℃，夜间温度能保持 14~16℃，以配备若干台 627.9 千焦/时燃油热风炉为宜（水暖加温往往不利于出苗前后的温度升降控制）。育苗床架内埋设电加热线可以保证秧苗根部温度在 10～30℃ 范围内任意设置，以便在同一温室内培育不同种类的园艺作物秧苗时满足局部加温的需要。

(5) 保温系统

温室内设置遮阳保温帘，四周有侧卷帘，入冬前四周加装薄膜保温。

(6) 微灌系统

苗床上部设置灌溉与施肥兼用的自走式微灌设备，保证苗盘内每个育苗孔中的秧苗接受的肥水量相对均匀。

(7) 降温排湿系统

育苗温室上部可设置外遮阳网，在夏秋季有效地阻挡部分直射光的照射，在基本满足秧苗光合作用的前提下，通过遮光降低温室内的温度。温室一侧配置大功率排风扇，夏秋高温季节育苗时可显著降低温室内的温度和湿度。通过温室的天窗和侧墙的开启或关闭，也能实现对温湿度的有效调节。

(8) 补光系统

苗床上部配置光通量 1.6 万勒克斯、光谱波长 550～600 纳米的高压钠灯，在自然光照不足时，开启补光系统可增加光照强度，以满足各种作物对光照的要求。

(9) 控制系统

工厂化育苗的控制系统对环境的温度、光照、空气相对湿度和水分、营养液灌溉实行有效的监控和调节。由传感器、计算机、电源、监视和控制软件等组成，对加温、保湿、降温排湿、补光和微灌系统实施准确而有效的控制。

2. 主要设备

(1) 穴盘精量播种设备和生产流水线

穴盘精量播种设备是工厂化育苗的核心设备，它包括以每小时 40～300 盘的播种速度完成拌料、育苗基质装盘，刮平、打洞、精量播种、覆盖、喷淋全过程的生产流水线。20 世纪 80 年代初，北京引进了中国第一套美国蔬菜种苗工厂化生产的设施设备，多年来政府有关部门组织多行业的专家和研究人员对该设备进行消化吸收，使之国产化，目前已进入中试阶段。穴盘精量播种技术包括种子精选、种子包衣、种子丸粒化和各类蔬菜种子的自动化播种技术。精量播种技术的应用可节省育苗劳动力，降低育苗成本，提高育苗效益。

(2) 育苗环境自动控制系统

主要指育苗过程中的温度、湿度、光照等的环境控制系统。中国多数地区的蔬菜育苗是在冬季和早春低温季节（平均温度5℃、极端低温5℃以下）或夏季高温季节（平均温度30℃，极端高温35℃以上）进行，而蔬菜种子发芽、幼苗生长的适宜温度较高，且不同蔬菜种类的育苗适宜温度不同，因此建立催芽室、育苗车间的温度控制系统，选择低成本的节能加温方法和保温措施，提高热转换效率，以及夏季降低育苗车间的温度等措施，是获得优质蔬菜种苗的技术关键。

育苗基质的含水量和育苗车间内的空气相对湿度不仅直接影响幼苗的生长，而且与温度变化相关。因此，必须根据不同蔬菜作物在不同生长阶段、不同生产季节的需水规律，育苗温室内的湿度变化与温度变化的相互影响，建立基质含水量的测定和监控、报警系统。

中国长江中下游地区冬季和早春低温阴雨天气较多，因此补充光照不仅能提高所栽培作物的光合效率，改善温室内部的光照条件，提高温度，而且对促进幼苗的花芽分化有良好的效果。不同的蔬菜种类对补充光照也有不同的要求。因此，育苗补充光照装置和自动控制系统是工厂化种苗生产中的重要设备。

（3）灌溉和营养液补充设备

种苗工厂化生产必须有高精度的喷灌设备，要求供水量和喷淋时间可以调节，并能兼顾营养液的补充和喷施农药。对于灌溉控制系统，最理想的是能根据水的张力或基质含水量、温度变化控制调节灌水时间和灌水量。应根据种苗的生长速度、生长量、叶片大小以及环境的温度、湿度状况决定育苗过程中的灌溉时间和灌溉量。

（4）运苗车与育苗床架

运苗车包括穴盘转移车和成苗转移车。穴盘转移车把搬运播种结束后的穴盘运往催芽室，高度及宽度根据穴盘的尺寸、催芽室的空间和育苗的数量来确定；成苗转移车采用多层结构，根据商品苗的高度确定放置架的高度，车体可设计成分体组合式，以利于不同种类园艺作物种苗的搬运和装卸。

育苗床架的设置以能经济有效利用空间、提高单位面积的种苗产出率、便于机械化操作为目标，选材以坚固、耐用、低耗为原则。可选用固定床架和育苗框组合结构或移动式育苗床架。固定育苗床架可根据温室的宽度和长度来设计，育苗床上铺设电加热线、珍珠岩填料和无纺布，以保证育苗时根部的温度，每行育苗床的电加温由独立的组合式控温仪控制。育苗框组合结构或移动式育苗床架的苗床设计通过苗床的滚轴扩大苗床的面积，使育苗温室的空间利用率由60%提高到80%以上。

三、操作规程

1. 播种催芽

播种前对使用的器具（如育苗盆钵等）进行消毒。常用工具的消毒方法为：用多菌灵400倍液，或甲醛100倍液，或漂白粉10倍液浸泡育苗工具。育苗室内可以用消毒液喷雾消毒或使用硫黄熏蒸消毒。

使用专用基质材料，不必进行消毒；但使用合成基质时，对泥炭、珍珠岩、蛭石等均应严格消毒，可采用蒸汽热力灭菌方法进行消毒。苦瓜的工厂化育苗常采用 72 孔或 50 孔穴盘，使用苦瓜育苗专用基质，播种后盘重 1.2 ~ 1.3 千克，浇水后盘重 1.4 ~ 1.5 千克。催芽室温度 28 ~ 32℃，5 ~ 6 天后开始出苗，在幼苗顶土时离开催芽室进入育苗室。育苗室温度保持在 22 ~ 26℃，齐苗后晴天时白天温度可以设置为 22 ~ 28℃，夜间为 15℃。

2. 种苗培育

（1）温度控制

苦瓜幼苗生长期间的温度应控制在白天 22 ~ 28℃、夜间 15℃。如果天气连续阴雨，夜间温度应适当降低 2℃。

（2）穴盘位置调整

在育苗管理操作过程中，由于灌溉微喷系统各个喷头之间出水量的微小差异，使育苗时间较长的秧苗产生带状生长不均衡，发现后应及时调整穴盘位置，促使幼苗生长均匀。

（3）边际补充

灌溉各苗床的四周边际与中间相比，水分蒸发速度比较快，尤其在晴天、高温情况下蒸发量要大 1 倍左右。因此，在每次灌溉完毕后，均应对苗床四周 10 ~ 15 厘米处的秧苗进行补充灌溉。

（4）苗期病害防治

苦瓜幼苗因子叶内的贮存营养大部分消耗，而新根尚未发育完全、吸收能力很弱，故自养能力较弱、抵抗力低，易感染猝倒病、立枯病、菌核病、疫病等各种病害。对此，可在齐苗后 5 ~ 7 天用霜霉威和甲基硫菌灵各 800 倍液防治猝倒病等真菌性病害。宜控制育苗温室环境，及时调整并杜绝各种传染途径，做好穴盘、器具、基质、种子以及进出人员和温室环境的消毒工作，并辅以经常检查，尽早发现病害症状，及时进行对症药剂防治。在化学防治过程中，注意秧苗的大小和天气的变化，小苗用较低的浓度，大苗用较高的浓度。一次用药后如连续晴天，则可以间隔 10 天左右再用 1 次，如连续阴雨天则间隔 5 ~ 7 天再用 1 次；用药时必须将药液直接喷洒到发病部位；为降低育苗温室空间及基质湿度，以上午用药为宜。对于环境因素引起的病害，关键是去除致病因子。病害防治的关键是加强温、湿、光、水、肥的管理，严格检查，以防为主，保证各项管理措施到位。

（5）定植前期炼苗

秧苗在移入大田之前必须炼苗，以适应定植地点的环境。如果幼苗定植于有加热设施的温室，需保持运输过程中的环境温度。对于大多数幼苗而言，在定植于没有加热设施的塑料大棚内，应提前 3～5 天降温、通风和炼苗；定植于露地无保护设施的秧苗，更要严格地做好炼苗工作，定植前 5～7 天逐渐降温，使温室内的温度逐渐与露地相近，防止幼苗定植时遭遇冷害。另外，幼苗移出育苗温室前 2～3 天应施 1 次肥水，并喷洒杀菌剂、杀虫剂，做到带肥、带药出室。

3. 包装运输

种苗的包装技术包括包装材料、包装设计、包装装潢、包装技术标准等。苦瓜种苗的包装材料可选择硬质塑料；包装设计应根据穴盘的大小、运输距离的长短、运输条件等，来确定包装规格尺寸、包装装潢、包装技术说明等。

种苗的运输技术包括配置种苗专用运输设备，如封闭式运输车辆、种苗搬运车辆、运输防护架等；根据运输距离的长短、运输条件确定运输方式，核算运输成本，建立运输标准。

4. 种苗定植

工厂化培育的苦瓜种苗冬春以 4 叶 1 心为最佳定植时间，苗龄为 28～35 天。在夏秋高温季节，应尽量采用小苗定植，选择 72 孔的穴盘，3 叶 1 心定植，苗龄为 12～15 天。冬春季定植之前要求种植苦瓜的塑料大棚做好施肥、整地、覆地膜等工作，封棚 3 天，宜在膜内 15 厘米处地温 12℃ 以上时定植，准备好盖苗的细土，定植后的定根水温度保持 12℃ 以上。定植后 3 天以保温为主，大棚和小拱棚不通风，3 天以后根据天气和温度逐渐揭开小拱棚通风。

第七节　苗期常见病虫鼠害防治

一、虫害鼠害防治

1. 蛴螬

又称白地蚕，是金龟子的幼虫。金龟子成虫对未腐熟的有机质有极强的趋向性。塑料日光温室夏季休闲期在地面大量撒施麦糠、稻壳及柴草秸秆时，会招引大量的金龟子产卵。孵化后幼虫大量钻入地下，待育苗时就可能咬食种子或根茎（咬断处伤口比较整齐），造成缺苗或死秧。

在配制育苗床土时，用 90% 敌百虫晶体 1 000 倍液，或用 50% 辛硫磷乳油 1 500 倍液喷洒床土，边喷边翻倒，尽量喷匀。发生虫害时，用敌百虫晶体药液灌根。

2. 蝼蛄

是一种杂食性害虫，可为害各种菜苗。温室不论室内还是室外育苗，都容易遭受蝼蛄为害。蝼蛄在苗床土下潜行，咬食萌动的种子或咬断幼苗的根茎。蝼蛄咬断处往往呈丝麻状，这是与蛴螬为害的最大差别。有蝼蛄活动时，常可在地面见到被窜成弯弯曲曲的隧道。

利用药剂防治时，可用毒饵毒杀。用90%敌百虫晶体50克加0.5升热水溶化，拌炒出香味的麦麸或棉籽饼1.5千克，于傍晚撒到床面，每平方米用10克左右。也可用毒谷毒杀，将干谷煮熟至半熟，捞出晾至半干，再喷上敌百虫晶体药液，晾至七八成干将毒谷撒到苗床。对一些对敌敌畏不敏感的菜苗床，在傍晚时用80%敌敌畏乳油800~1 000倍液喷洒床面，也有较好的诱杀效果。

3. 金针虫

又称铁丝虫。它可在土中咬食种子、嫩芽和钻蛀取食地下根茎，使幼苗枯死。其防治方法可参照蛴螬或蝼蛄。

4. 种蝇

又叫根蛆。以幼虫在土中蛀食种子、幼苗或幼嫩根茎。苗床里施用未经腐熟的圈肥、粪稀、饼肥、鸡禽粪等，其腐臭味会招致成虫产卵，孵化后进入温室为害。

防治种蝇时，首先要避免施用未经腐熟的有机肥料，同时对施入腐熟的有机肥用90%敌百虫晶体1 000倍液，或2.5%溴氰菊酯乳油2 000倍液翻捣喷施，加以毒杀。露地的苗床在翻地时，可用敌百虫药土撒到地面，翻入土中。发生种蝇为害时，可用90%敌百虫晶体1 000倍液或50%乐果乳油1 000倍液灌根。

5. 鼠害

一般情况下，老鼠对刚播下的瓜类种子为害甚大，几乎一夜间可以把大部分播入土壤当中的种子吃完。利用鼠药诱杀是提前预防的办法，但播种后突然袭击的老鼠会造成意想不到的为害。为此，必须搞好播后的驱避工作，主要方法有：用50%福美双可湿性粉剂撒到苗床四周；提前将死老鼠发酵，播后将发酵液对水喷洒到苗床上；用带有恶臭气味的农药对水后喷到苗床四周，或将农药拌糠、锯末撒施。

6. 蚜虫

以成虫或若虫在植株幼嫩部分吸食汁液，造成幼叶卷曲，同时分泌蜜露，使叶片发生杂菌污染，严重影响光合作用。蚜虫中瓜蚜是一种抗药性极强，一般农药较难杀尽的顽固性害虫。有些普通农药的防治效果不错，如氧化乐果，但蔬菜上已禁止使用。目前，防治效果比较好的农药有2.5%天王星乳油3 000倍液，2.5%三氟氯氰菊酯乳油4 000倍液，20%甲氰菊酯乳油2 000倍液，70%的吡虫啉、啶虫脒。除大型育苗车间或育苗温室可用熏蚜烟剂熏蒸之外，小型苗床一般不宜使用烟雾剂熏蒸，以防止产生烟害。

7. 温室白粉虱

（1）为害症状

若虫群栖于叶背，刺吸叶片汁液，使叶片褪绿变黄，影响秧苗发育。此外，尚能分泌大量蜜露污染叶面，引起煤污病。白粉虱还可传播病毒病。

（2）发生规律

白粉虱秋末从露地转入温室，无滞育和休眠现象。在温室条件下，大约1个月完成1个世代，每头雌虫平均产卵150粒左右。在平均气温为24℃时，卵期为7天，1龄若虫为5天，2龄若虫为2天，3龄若虫为3天，伪蛹为8天。在秧苗上，白粉虱随着秧苗的生长追逐顶部嫩叶，在一株秧苗上白粉虱的各种虫态都有存在，故一次用药特别是单独用药不可能杀灭各种虫态的虫源，须多次或混配用药。

（3）防治方法

在一些白粉虱严重发生的地区，由于治重于防和频繁用药，已使白粉虱对某些拟除虫菊酯类农药产生很强的抗性，致使增加用药浓度和次数也难以控制其发生和蔓延。防治时应注意以下两点。

一是在白粉虱为数还少时，用10%扑虱灵乳油1 000倍液喷洒。如虫量太多时，在1 000倍液中加入少量拟除虫菊酯类（三氟氯氰菊酯、甲氰菊酯、溴氰菊酯等）杀虫剂，一般喷用2~3次即可有效地控制其为害。

二是还可用于喷雾的农药有25%灭螨猛乳油1 000倍液、50%爱乐散乳油1 000倍液、2.5%天王星乳油2 000倍液和25%灭螨猛可湿性粉剂1 500倍液。目前，认为比较好的杀灭白粉虱的农药是：露地期间用20%灭多威乳剂＋70%吡虫啉水分散性粉剂十消抗液。在日光温室里，用杜邦万灵（灭多威）与吡虫啉混合，利用灭多威的速杀性弥补吡虫啉的迟效性，用吡虫啉药效维持时间长来弥补灭多威药效维持时间短的不足，取长补短，从而获得满意的防治效果。

在育苗车间和专用温室，使用河北省临西灌溉试验站农药厂生产的蚜虱螨烟雾剂，辽宁省海城市农药总厂生产的熏蚜1号（绿袋包装为白粉虱专用）的效果比较好。

8. 食叶虫害

菜蛾等食叶虫多在秋冬茬育苗期开始发生，有时带入温室继续为害。初生幼虫多在叶背面钻蛀咬食叶肉使被害部只留下一层表皮。幼虫长到3龄后即可将叶肉食成孔洞。

防治食叶害虫要谨慎，使用某些可以使某些作物产生药害的农药，如辛硫磷、氰戊菊酯等。由于菜蛾等食叶害虫目前都有较强的抗药性，因此，选用齐螨素防效更好（见美洲斑潜蝇部分）。

9. 美洲斑潜蝇

在秋冬茬露地育苗期间，美洲斑潜蝇就可能进入苗床为害。幼虫在叶片的中间蛀食叶肉，造成弯弯曲曲的隧道，并将粪便排泄其中，呈黑色。隧道交叉成片，导致叶片干枯。受害叶由下向上蔓延，是一种非常顽固的虫害。在中国北方，美洲斑潜蝇只能在温室大棚中越冬。

美洲斑潜蝇用一般药剂防治效果均不理想，目前，较好的防治用药是阿维菌素这种全新的抗生素类生物杀螨杀虫剂，具有触杀和胃毒作用，对作物有一定的渗透作用。其含量有 1.8%、0.9% 和 0.3% 等多种，使用的浓度相应是 3 000 倍液、1 500 倍液和 500 倍液，最好同时加入 500 倍的消抗液或效力增，再加入适量白酒。在施药前将下部受害严重的叶片摘除，带出苗床外销毁。

二、病害防治

在苗期病害中有一类是非侵染性病害，如冻害、烧根、沤根、药害等，这些病害的症状已在生育诊断中做了介绍。另一类病害由真菌、细菌、病毒、线虫等侵染而引起，这类病害常见的有猝倒病、霜霉病、灰霉病、细菌性角斑病、炭疽病、疫病、枯萎病等。

1. 蔬菜苗期侵染病害的主要症状表现

（1）猝倒病

刚出土的幼苗，地上并无明显病状，幼苗突然倒地青枯死亡。发病往往从棚膜水滴落成的点片开始，随之迅速扩展，俗称"鬼剃头"。掘取病苗可见近地表的茎部呈水烫样发黄、变软缢缩呈线状，湿度大时可见到病部有白色絮状物发生。发病严重时，种子尚未出土即已腐烂。

（2）立枯病

多发生在秧苗生长的中后期。初发生时，在幼茎基部产生椭圆形暗褐色病斑。病斑扩大后凹陷，连接成片，环绕茎基部发展，有的木质部暴露在外。病组织收缩干枯，整株直立死亡。病部常出现不明显的淡褐色蜘蛛网状物，但没有明显的棉毛状霉层，这是该病与猝倒病的主要区别。

（3）霜霉病

子叶受害出现云彩状不均匀的褪绿黄化，后呈不规则黄化斑，叶背面着生一层灰紫色霉层，病叶很快干枯。真叶发病同其成株发病一样。

（4）炭疽病

子叶受害多在边缘出现褐色圆形或半圆形病斑，上长有黑色小点或淡红色黏稠物，严重时子叶干缩。

（5）疫病

由子叶或嫩尖开始发病。子叶发病时出现暗绿色水渍状病斑，子叶萎垂。

（6）细菌性角斑病

子叶上初现水渍状近圆形凹陷小斑，后带微褐色，病部变薄，有透明感。

（7）枯萎病

幼苗茎叶萎蔫下垂，顶叶失水，叶色变淡，撕裂幼茎可见到维管束变褐色。

（8）灰霉病

病部有水渍状黏质物，其上覆有大量灰色霉状物，幼苗枯萎死亡。

（9）根结线虫病

幼苗萎缩不长或生长缓慢，子叶从尖端开始干缩，像伤根或沤根后子叶表现出的症状。掘取苗可见到主侧根膨大形成肿瘤状根结。

（10）病毒病

病毒病在苗期感染后并无症状表现，此期为隐形期。对于容易受到病毒病为害的作物，在苗期容易受到感染时，首先想到的就是要预防，如种子用10%的磷酸三钠或0.5%的高锰酸钾浸种消毒等。

2. 蔬菜苗期侵染病害的防治方法

蔬菜苗病除根结线虫病外，其他由真菌、细菌和病毒侵染引起的病害，均是由种子或床土带菌、湿度大或温度低引起的。除了采取相应的农业措施来消除发病条件外，药剂防治是不可忽视的。

（1）床土消毒

可用于苗床床土消毒的有五代合剂（五氯硝基苯与80%代森锌可湿性粉剂等量混合粉剂）、五福合剂（五氯硝基苯与福美双等量混合粉剂）、50%多菌灵可湿性粉剂、70%甲基硫菌灵可湿性粉剂等，每平方米用8～10克药粉，先用3千克过筛细土拌匀，再与12千克过筛细土拌匀成药土，使用时下铺上盖。目前，消毒效果最好的是绿亨1号，用3 000倍液喷洒苗床，另外还可用双效灵水剂600倍液喷洒苗床。

（2）喷药防治

苗期喷药预防和治疗病害应注意3点：一是应喷用不产生药害的农药；二是尽量选用具有兼治2种或2种以上病害的农药；三是喷药应严格配药浓度和用量，以防止产生药害。苗期因用药不当造成药害的情况是屡见不鲜的，而且药害一旦形成，挽救十分困难。适于苗期喷用的农药主要有：绿亨1号3 000倍液（可防猝倒病、立枯病、枯萎病等多种病害），75%百菌清可湿性粉剂1 000倍液喷雾（可防治猝倒病、灰霉病和疫病），70%敌克松可湿性粉剂1 000倍液喷雾（可防治猝倒病、枯萎病等），70%甲基硫菌灵可湿性粉剂1 000倍液喷雾（可防治枯萎病、霜霉病和灰霉病），64%杀毒矾可湿性粉剂 400 倍液喷雾（可防治霜霉病、疫病和猝倒病）。在上述药剂中加入 0.02% 的硫酸链霉素，可兼治细菌性病害，并提高防治霜霉病的效果。

第四章　苦瓜的栽培方式

第一节　苦瓜露地栽培

一、栽培季节

由于苦瓜的适应性较广，在中国的大部分地区均可露地栽培。但中国地域辽阔，南北方气候条件的差异较大，即使是同一地区，由于垂直分布的不同，苦瓜在各地露地栽培的茬口安排、播种期都相差很大。

长江流域和长江以北各地以夏季栽培为主，北方各地多为春播越夏栽培。华南地区春、夏、秋三季均可种植。华南地区春季栽培选择大顶、穗优、穗新1号等苦瓜品种于1月下旬至2月下旬播种于塑料棚内的营养钵中，苗期28~40天，3月上旬至下旬定植于大田，4月下旬至6月下旬采收，每667平方米产量1 500~2 000千克。夏季栽培选择夏丰3号、穗新2号、英引、大顶等苦瓜品种于4月上旬至5月上旬催芽后直播，播种至初收50~60天，6月上旬至7月下旬采收，每667平方米产量1 000~1 500千克。秋季栽培7月中旬至8月中旬催芽后直播，播种至初收45~50天，延续采收25~30天，采收期为8月下旬至10月下旬，每667平方米产量1 000~1 500千克。另外，海南省还可利用冬天温暖气候进行露地反季节栽培。具体做法是：9月下旬至翌年2月上旬分批播种育苗，主要采用稻—蔬轮作制，在9月中旬水稻收割后，开始第一批苦瓜育苗，早期苦瓜重点是防控台风暴雨对苦瓜毁灭性影响，播种至初收65~80天，延续采收50~80天，12月下旬至翌年6月中旬采收上市，每667平方米产量3 000~4 000千克。长江流域及其以北地区露地栽培季节依次延迟，如长江流域多于3月上中旬于保护地内育苗，4月中旬定植，6月上旬至10月中旬采收；华北地区多于3月中下旬于保护地内播种育苗，4月下旬定植，6月下旬至10月上旬采收。

二、苦瓜露地春茬栽培

1. 整地施肥做畦

苦瓜适应性强，对土壤要求不严格，一般以疏松肥沃、有机质丰富、排水和保水良好、土层深厚的壤土为宜；若是早熟栽培，则以砂壤土为宜。

苦瓜忌连作，因此，应选择近 2~3 年没有种过苦瓜的地块，以防止重茬。冬前应深耕晒垡，翌年春季解冻后开始整地施肥。苦瓜生长期长，喜肥、耐肥，基肥充足是获得丰产的保证，所以在做畦前必须施足有机肥，一般每 667 平方米施入优质腐熟有机肥 4 000~5 000 千克，过磷酸钙 100 千克，草木灰 100 千克。施用的农家肥必须腐熟细碎，并将肥料与土混合均匀。施基肥应采取地面普施和开沟集中施肥相结合的方法，一般以 2/3 的肥料作普施，1/3 留作定植时沟施或穴施。普施基肥后进行耕翻，耙平后做畦。一般做人字架栽培，畦宽 1.6 米（包括沟），其中，畦面宽 1.1 米，沟宽 50 厘米，畦高 15~20 厘米，每畦栽 2 行。作棚架栽培的，畦宽 2 米（包括沟），其中，畦宽 1.5 米，沟宽 50 厘米，每畦 2 列。

2. 定植及棚架选择

有霜地区在当地断霜后，日平均温度达到 18℃ 时，即可定植。华北地区的安全定植时间为 4 月底至 5 月初。其他各地应根据当地的气候条件确定具体定植日期。

作"人"字架栽培的，定植前在高垄上按行距 80 厘米、株距 40~50 厘米开沟或开穴，施入剩余的基肥并与土混匀后，将幼苗脱去营养钵摆入定植沟或穴内，浇足定根水，待水落干后用土封严定植穴四周，定植不能过深，以子叶露出地表为宜。作棚架栽培的，按大行距 1.5 米、小行距 0.5 米、株距 50~70 厘米起垄定植。定植时要挑选壮苗，淘汰病苗、弱苗、畸形苗等。定植应选晴天上午进行，定植后要及时浇足定根水，一定要浇透苗坨，水渗后把坨封好，定植深度以幼苗子叶平露地面为宜。发芽率高的苦瓜品种，夏季栽培也可不用育苗，采用苦瓜种子催芽露白后直接播种。直播的苦瓜根系比移植苗深，耐旱，没有缓苗期，因此，延长了开花结果的时间，可以提高产量。以上整畦和定植方法均为西北和华北以北地区的种植方法，而华中、华南和西南地区的苦瓜种植逐渐采用稀植法，如湖北省、湖南省、浙江省、四川省、福建省、广东省、广西壮族自治区、海南省等省、区多采用如下 5 种方式搭架栽培，即篱笆式、人字架、拱架式、平架式、屋架式。各地根据气候特点，采收期长短、架材的丰缺等情况，因地制宜。

(1) 篱笆式

适合于早熟品种的短期栽培，一般采摘期在 2 个月左右，株行距为 1.5 米 ×

1.0 米，深沟龟背式整畦，植株定植于畦的中间，每 667 平方米 440 株左右。

（2）大人字架

适合于露地中晚熟品种的长期高产栽培，沟宽 0.6 ~ 0.8 米，畦面宽 2.2 ~ 2.4 米，植 2 列，即株行距 1.5 米 × 3.0 米（2 列），每 667 平方米 300 余株，架材以竹竿为主，长度 3.5 米左右，藤蔓生长空间大，东西走向定植搭架，采光好，通风透气，沟深 40 厘米以上，夏季高温时沟里保持一定的水层，可在一定程度上降低温度，以利苦瓜的生长，复合肥可直接撒在水沟的两旁，有利于根系的伸长和肥料的充分利用。

（3）小人字架

如福建南部地区冬春大棚的抑制苦瓜栽培，冬季温度低经常雄花发育不良，无法正常结果，采取用以控制植株生产速度的抑制栽培，一般在 11 月至 12 月上中旬定植于大棚，暖冬年份通常 2 月下旬开始采收，5 月大棚揭膜，一般采收到 6 月底。具体做法：畦宽（含沟）1.5 米，用 1.2 米宽的地膜整畦覆盖，中间植一列，株距 1.2 ~ 1.4 米，每 667 平方米植 125 ~ 300 株，在畦两边约 50 厘米插 1 竹竿，长 2.2 米左右，在畦面高 1.8 米处横 1 竹竿扎成人字架，每 667 平方米约需 1 800 条竹竿，每株苦瓜除留主蔓外，在基部还同时留 4 条侧蔓，合计每株苦瓜留 5 条蔓，在苦瓜挂果前一般不追肥、不灌水、不整蔓，以控制植株过快生长，待气温回升，少量雄花开放后开始逐渐整去基部过多的分枝，挂果后根据田间长势等确定是否开始灌水或追肥。基肥施用腐熟的干猪粪等 1 500 千克或蘑菇土 2 000 ~ 2 500 千克，同时施用 45% 的三元复合肥 50 千克，以上基肥占总追肥量的 25% 左右，在苦瓜采收期的前 20 天左右，一般不再追肥，每 667 平方米化肥总用量一般为 200 千克左右。

（4）平架式

适合于中晚熟品种的中长期高产栽培。如福建省、湖北省、江西省等露地苦瓜栽培多以平架式为主，株行距多为 2 米 × 2.5 米，每 667 平方米植 125 株左右，优点是架材用量较少，主棚架搭好后，棚顶上可用 0.3 米 × 0.3 米网眼的尼龙网，规格为 30 米 × 2.0 米或根据需要订制加工规格，或用铁线或尼龙绳拉成格状，引蔓用竹竿或用尼龙绳，架高 1.6 ~ 1.8 米。主架搭好后可连续使用多年，稀植栽培，植株不易发病，省工，管理方便。平架式已成为露地越夏苦瓜栽培的主要方式之一。

（5）屋架式

适合于中晚熟品种的长期高产栽培，一般海南岛秋冬春（长达半年以上）的高产栽培常采用屋架式，株行距为（3.5 ~ 4.0）米 ×（0.8 ~ 0.9）米（对爬），每 667 平方米植 400 ~ 450 株，采用 1.5 米左右高的篱笆式和两篱笆对爬之间的上空搭屋架式，爬蔓空间大大增加，采光好，通风透气，同时方便田间操作，如施肥、喷药等，但需要的架材非常多。优点是采收期长，产量高，高投入，高产出。

（6）拱架式

既可作为早熟品种的短期栽培又可作为中晚熟品种的中长期高产栽培。在福建省、湖北省、四川省等地均有栽培。可利用毛竹作架材、钢架、水泥拱架等就地取材，抗台风能力较强，透风透光好，不易倒伏。畦宽（包括沟）1.5~2.5米，两畦成拱架，架高1.6米左右，株距1.2~2.0米，每667平方米植125~300株，可根据架材和采收期的长短，决定株行距。

3. 定植后的管理

（1）中耕除草

苦瓜为长蔓生蔬菜，通常采取搭架爬蔓栽培法，前期要注意中耕松土，后期要重视拔除杂草。第一次中耕一般在浇过缓苗水之后，待表土稍干不发黏时进行。在苗根附近处，只宜做浅中耕，注意保苗，不要松动幼苗基部；距离定植苗较远的地方可适当增加中耕深度到3~5厘米，至行间处可更深些。此次中耕有利于提高土壤温度，保持土壤良好的透气性，促进幼苗根系的发育和茎蔓生长。在进行中耕松土的同时，要注意发现缺苗和拔除病苗、断苗，并及时进行补栽，以保证全苗。第二次中耕一般是在第一次中耕后的半个月左右开始，适合在土壤具有一定湿度的条件下进行。因此，如果畦面土层较干，可在浇水后表土不黏时中耕。此次中耕仍应注意保护新根，宜浅不宜深。主要目的是为除草以及保持土壤良好的通气状况。当苦瓜瓜秧伸长到0.5米以上时，根系已基本布满行间，且畦间已经搭架，就不宜再中耕。但在田间管理中仍应注意及时拔除杂草，防止杂草丛生，以改善田间通风透光条件和减轻病虫害。

（2）搭架引蔓

由于苦瓜的主蔓细长，分枝力强，侧蔓多而密，搭架栽培可以有效、合理地利用空间，以利于植株的生长发育和开花坐果。一般在苦瓜幼苗高30厘米时开始爬蔓，应及时搭架。目前，在生产上的搭架方式有篱笆架、"人"字架、平棚架，或直接利用大中拱棚的半圆或弧形拱架等形式进行栽培。由于"人"字架的行间通风透光差，光能利用率低，中长期采收栽培上还有改良型"人"字架等，即两个"人"字架间再水平搁置架材，将两个"人"字架连成一体，茎蔓上架后水平分布，扩展了茎蔓生长空间，增加光能利用率，避免了一般"人"字架受空间的限制，茎蔓缠绕在一起引起透光通风差的缺点。无论采用何种搭架方式，插架一定要牢固，防止遇雨倒伏。瓜秧开始爬蔓时，应引蔓上架。苦瓜的攀缘能力较弱，在引蔓上架的同时，仍需进行绑蔓。一般蔓长50厘米绑第一道，以后每隔 4 ~ 5 节绑 1 道。绑蔓宜在上午 9 时以后进行，以防止断蔓。

（3）整枝摘心

苦瓜的分枝性强，侧蔓过多，茎叶重叠过度，透光通风差，除了容易诱发霜霉病、白粉病等病害外，还会影响苦瓜主蔓的正常开花生长和结瓜。因此，苦瓜整枝摘心对提高产量、延长采收期、减少病虫害等作用非常明显，特别是在较高密度的栽培时，在苦瓜生长的中后期整枝摘心是一项必不可少的工序。整枝去老叶还有利苦瓜雌花的分化。搭架方式和种植密度的不同，整枝留蔓的方法也不同，如早中熟品种的篱笆式或人字形搭架，一般是保留主蔓，将基部 60 厘米以下的侧蔓摘除，促使主蔓及上部子蔓结瓜，侧蔓如果没有雌花，应将侧蔓从基部摘除，如果有雌花，在瓜前留 2 片叶摘心；平架或拱架式栽培一般在苦瓜上平架前（主蔓 1.2 ~ 1.5 米以内）不留侧蔓或稀植时留 2 ~ 3 条粗壮的侧枝，以集中营养确保主蔓生长粗壮，叶片肥大，并为主蔓上部萌发新枝和开花结果积累更多的养分。上棚架后一般以自由生长为主，藤蔓均匀分布，叶片间的重叠率应控制低于 50%。为提高着果率，根据植株的载果量在部分侧枝雌花后 2 ~ 3 节摘心，并适当摘除一些弱小侧枝，以利通风采光，生长后期应适时摘除病老叶片。

（4）肥水管理

苦瓜喜湿润又怕雨涝，耐肥，不耐瘠，对土壤要求不太严格，但在土层疏松肥沃、保水保肥良好的土壤上生长良好、产量高。苦瓜对肥料要求较高，若有机肥充足、植株生长粗壮、茎叶繁茂，则开花结果多，瓜肥大、品质好。生长后期若水肥不足，则植株易衰，雌花分化少，果小，苦味增浓，品质下降。苦瓜以追肥为主，追肥以氮肥需要量最多，整个生长期需要纯氮 25 ~ 30 千克，磷肥为纯氮量的 30% ~ 40%，钾肥为纯氮量的 80% ~ 110%。若氮肥不足时，长势弱、雌花退化严重、结果少。据测定，每生产 1 000 千克苦瓜，需纯氮 5.28 千克，需五氧化二磷 1.76 千克，需氧化钾 6.89 千克。可见在上述三要素中，需钾最多，氮次之，磷最少。苦瓜定植后，在浇足定根水的前提下，应根据土壤和天气情况再浇 1 ~ 2 次小水，以促进缓苗。中耕蹲苗后，植株开始生长，应适当浇水，保持土壤见干见湿，防止徒长。开花坐果期要保持土壤湿润，一般 7 ~ 10 天浇 1 次水。此期由于外界气温已高，浇水宜在上午 10 时以前或下午 4 时以后进行。因苦瓜忌涝，每次浇水后，应防止田间长时间积水，多采用 "跑马水" 的方法灌溉，或即灌即排，特别是夏季雨后要注意及时清沟排水，防止田间积水。追肥在果实采收期是每采收 2 ~ 3 批需追肥 1 次，以保证植株长时间生长良好，高产优质。结果后期，在晴天傍晚，叶面喷施 0.2% 尿素和 0.3% 磷酸二氢钾水溶液，以促进茎叶生长，延长采收期，避免因植株早衰而影响产量和品质。

总之，苦瓜露地栽培的肥水管理应根据天气变化、植株生长情况、土壤情况浇水追肥。另外，还应注意的是，苦瓜根系比较发达，植株生长势强，浇水不要过勤过大，以免造成光长秧不结瓜，通风透光不良引起病害或把插架压倒，造成经济损失。苦瓜进入开花结果期后，南方降雨也开始逐渐增多，应注意及时排除田间积水，防止土壤过湿而引起烂根。北方地区降雨较少，肥水管理上应以保持地面湿润为宜。

（5）采收

苦瓜以采食嫩瓜为主，一般花后 14～18 天为采收适期，果实的采收应掌握如下标准：青皮苦瓜果皮上的条纹和瘤状粒已迅速膨大并明显突起，显得饱满，有光泽，顶部的花冠变枯、脱落；白皮苦瓜除上述特征外，其果实的前半部分明显地由绿色转为白绿色，表面光亮。过早采收，瓜肉还未充实，影响产量；采收过晚，则瓜老熟转黄，降低品质，不耐贮运，也影响群体产量。苦瓜的采收期因地区、品种、栽培季节而不同，因此要因地制宜采收苦瓜。

由于苦瓜连续开花结果，结果初期，应及早采摘，以促进植株生长和植株上部果实的发育；结果盛期宜勤采，一般 2～3 天采收 1 次。采收宜在清晨用剪刀将瓜从柄部剪下，中午或下午不宜采收，否则采下的苦瓜易转黄、老化而不耐贮运，采收过程中应轻拿轻放，防止机械损伤。

三、苦瓜露地夏秋茬栽培

华南及东南沿海地区可进行秋季露地栽培，该茬次 7～8 月份播种，8～11 月份收获。这段时间瓜类蔬菜进入淡季，苦瓜上市不仅可丰富市场供应，还可给种植农户带来可观的经济效益。这一季种植期的气候特点有三：一是苦瓜生长前期的外界气温较高，雨水多，湿度大，并易出现灾害性天气；二是生长中期的高温干旱气候导致病虫害严重发生；三是生长后期的气温开始降低，会影响苦瓜植株坐果。因此，这一季苦瓜栽培管理的难度较大，栽培面积也相对较小。但是苦瓜夏秋这一季露地栽培的生长期较短，产品上市时的产值相对较高，能够带来一定的经济效益。因此，这一茬的面积虽然远没有春露地的栽培面积大，但在中国南方的一些地区仍有一定面积的栽培。根据不同的气候特点，与春露地苦瓜的田间栽培管理相比，应着重加强以下几个方面的措施。

1. 品种选择

秋季栽培的苦瓜前期高温高湿，中期高温干旱，后期又遇低温冷凉，整个生长期均处于不利的生长环境中。因此，要求选用优质、高产、耐高温高湿、耐贮运、综合性好的早熟品种，如广西大肉 1 号、广西大肉 2 号、广西大肉 3 号、英引、穗新 2 号、如玉 33 号、夏丰、株洲长白、扬子洲等苦瓜品种。

2. 定植

定植地应选择沙质土壤，做深沟高畦栽培。畦沟深要求 30 厘米以上，畦面做成龟背形，以形成良好的排灌系统。应尽早定植，一般在苗龄 12～15 天，2～3 片真叶时就可定植，定植时间太晚不易成活。由于此季苦瓜植株生长期短，生长势相对较弱，定植时可根据品种的特征特性适当密植，以增加单位面积的产量。

3. 栽培管理

（1）做畦

秋延后栽培前期应考虑到排涝问题，以高畦栽培较好，一般畦沟深 20 厘米、宽 40～50 厘米。地势低洼的地块，应增加排灌沟的深度。

（2）施肥及铺地膜

定植前将基肥全部施入栽培沟，每 667 平方米施入腐熟有机肥 2 000 千克，加钙镁磷肥 25 千克，或氮磷钾复合肥 40 千克。铺地膜一般在植株具 5～6 片真叶时进行较好，采用黑色膜或黑白双色膜可有效地防除杂草。采用滴灌栽培，可达到节水省工、保持土壤团粒结构的目的。在秋季栽培苦瓜中应用滴灌方式，增产效果更明显。

（3）植株调整

秋季栽培前期高温高湿，瓜苗易徒长，及时搭架整蔓是培育壮苗的关键。

（4）追肥与灌溉

第一次追肥应在盛花初果期进行，每 667 平方米施入氮磷钾复合肥 15 千克、氯化钾 15 千克、尿素 5 千克；第二次在盛瓜期进行，追肥施氮磷钾复合肥 20 千克、氯化钾 10 千克，期间根据植株生长情况再叶面喷施磷酸二氢钾等叶面肥。一天内气温最高时，叶片出现萎蔫即应灌水，灌水要及时，以保持土壤湿润。灌水时间以早晨或傍晚为宜。在植株生长进入旺盛期后，应注意及时摘除老叶、黄叶和病叶，剪除细弱侧枝，增加植株的通风透光性，减少病虫害发生，提高果实的商品瓜品质，增加后期产量。

（5）病虫害防治

苦瓜夏秋栽培的病虫害发生要比春露地栽培严重。因此，应注意防治结合，多种措施相配合。使用农药时要严格遵照有关用药规定，掌握农药合理使用的时间、适宜的浓度范围及安全采收间隔期，以保证生产出的苦瓜果实达到无公害苦瓜产品的标准。

（6）采收

秋季苦瓜栽培生长期较短，应及早采摘，一般应掌握在苦瓜六七成熟时采收。

四、苦瓜露地秋冬茬栽培

广东、广西和海南等省（自治区），虽然冬季的气温比秋季有明显的降低，但仍然能满足苦瓜的生长条件，可作秋冬季栽培。这一季的苦瓜生产主要集中在南菜北运基地，因而应选择耐贮运的苦瓜品种，如槟城、英引、穗新 2 号、如玉 33 号，如玉 41 号等油绿型苦瓜品种。

1. 播种和育苗

在广东、广西等省（自治区），秋冬茬苦瓜的播种期一般在 8～9 月份，而海南省的播种期为 9～10 月份。由于这一茬的育苗期外界温度较高，因而大多采用浸种催芽后直播的方式，也有采用露地育苗再定植的栽培方式。播种后至出苗前的这一段时间，正值秋季较为干旱的季节，要根据雨水情况，注意及时浇水，促进出苗。苗龄 15 天左右，瓜苗 2～3 叶 1 心时，及时定植。

2. 田间管理

秋冬茬苦瓜开花结果期正值外界气温开始下降，植株生长发育变缓，为保证植株有旺盛的营养生长，就需要在开花结果期前加强肥水管理。播种前施入充足的基肥，每 667 平方米施入腐熟土杂肥 1 500～2 000 千克、复合肥 50 千克。在搭架后和进入坐果时期再各追肥 1 次，将 10 千克复合肥和 5～10 千克尿素混合均匀后施入。秋冬茬苦瓜主要以主蔓结瓜为主，只选留 1～2 条健壮的侧枝，其余全部摘除；中后期应及时去掉老叶、黄叶，以利于通风透光，减少病虫害发生。

第二节　苦瓜日光温室栽培

一、日光温室栽培简介

中国北方广大地区冬季寒冷，一年中有 120 天甚至 200 天以上不能进行露地蔬菜生产。随着人们生活水平的提高，对反季节、超时令蔬菜的需求与日俱增，冬需菜供求矛盾日益加剧。20 世纪 80 年代末，南菜北运的发展虽然在一定程度上和一定范围内缓解了这一矛盾，但由于铁路运输能力有限，包装和运输条件差，保鲜困难，其进一步发展受到限制。在北纬 35 度以北地区，用传统的加温温室就地生产供应，能源消耗太高，产值效益低下，苦瓜生产必然受到限制。近年来，随着苦瓜栽培面积逐渐扩大，各科研单位也在不同地区逐渐摸索了一套相应的日光温室栽培管理技术。苦瓜日光温室栽培根据栽培季节的不同，主要可分为冬春茬、早春茬和秋冬茬 3 个茬口。

二、日光温室的环境特点及其调控技术

日光温室的环境条件与自然界比主要是光照弱，光照分布不均匀；地温低，昼夜温差大；空气相对湿度大，气体交换能力差，容易产生气体危害；土壤溶液浓度高，土壤积盐比较严重。

1. 光照

日光温室的光照条件特点之一是光量不足，室内光照一般为自然界的 70% 左右。在薄膜遭污染和老化的情况下，只有外界的 50% 左右。日光温室是在一年之中光照最差的季节进行生产的，加上太阳光透过薄膜后的反射和吸收，更加剧了光照不足。日光温室里光照条件的第二个特点是分布不均，具有前强后弱，上强下弱的变化规律。

目前，在大面积人工补光尚不可能的情况下，增加日光温室的光照只能靠增大前采光屋面的角度、选用截面小的拱架材料、减少和取消立柱、应用具有增光效果和透光率衰减速度慢的新型复合薄膜、及时清洁棚膜和适时揭盖草苫等措施来解决。增加光照的具体措施如下。

（1）选择合理的设施结构和布局，提高透光率

根据设施生产的季节和当地的自然环境，如地理纬度、海拔高度、主要风向、周边环境（有否建筑物、有否水面、地面平整与否等），选择好适宜的建筑场地及合理建筑方位。

①采用合理的屋面角：单屋面温室主要是设计好后屋面仰角、前屋面与地面交叉角、后坡长度，既保证高透光率也兼顾良好的保温性。如中国北方日光温室南屋面角在北纬 32～34 度区域内应达到 25～35 度。

②注意建造方位：北方偏脊式的日光温室宜选东西向，依当地风向及温度等情况，以南偏西或偏东 5～10 度为宜，并保持邻栋温室之间的一定距离。大型现代温室则以南北方向为宜，因光分布均匀，并要注意温室侧面长度、连栋数等对透射光的影响。采用合理的透明屋面形状，生产实践证明拱圆形屋面采光效果好。

③骨架材料：在保证温室结构强度的前提下尽量用细材，以减少骨架遮阴，梁柱等材料也应尽可能少用，如果是钢材骨架可取消立柱，对改善光环境很有利。

④选用透光率高且透光保持率高的透明覆盖材料：中国的日光温室材料以塑料薄膜为主，应选用具有防雾滴且持效期长、耐老化性强等优点的多功能薄膜，如漫反射节能膜、防尘膜、光转换膜等。大型连栋温室，有条件的可选用 PC

板材。

（2）保持透明覆盖物良好的透光性

①覆盖透光率比较高的新薄膜：一般新薄膜的透光率可达90%以上，使用1年后的旧薄膜，视薄膜的种类不同，透光率一般下降到50%～60%，覆盖效果比较差。

②保持覆盖物表面清洁：应定期清除覆盖物表面上的灰尘、积雪等，保持膜面光亮。

③及时消除薄膜内面上的水膜：常用方法一是拍打薄膜，使水珠下落；二是定期向膜面喷洒除滴剂或消雾剂，可用100倍的豆汁、面粉液等进行消雾，每15天喷洒1次，专用消雾剂应按照说明使用。有条件的地方，应尽量覆盖无滴膜。

④保持膜面平紧：棚膜变松、起皱时，反射光量增大，透光率降低，应及时拉平、拉紧。在保持室温适宜的前提下，设施的不透明内外覆盖物（保温幕、草苫等）尽量早揭晚盖，以延长光照时间增加透光率。

（3）利用反射光

一是在地面上铺盖反光地膜；二是在设施的内墙面或风障南面等张挂反光薄膜，可使北部光照增加50%左右；三是将温室的内墙面及立柱表面涂成白色。

（4）注意作物的合理密植

确定好行向（一般以南北向为好），扩大行距，缩小株距，增加群体光透过率。

（5）人工补充光照

主要目的有两个，一是调节光周期，抑制或促进花芽分化，调节开花期和成熟期，通常称为电照栽培，一般要求光强较低；二是促进光合作用，补充自然光的不足。连阴天以及冬季温室采光时间不足时，应进行人工补光。一般于上午卷苫前和下午放苫后各补光2～3小时，使每天的自然光照和人工补光时间相加保持在12小时左右。人工补光一般用电灯，主要有白炽灯、日光灯、高压水银灯以及钠光灯等。几种电灯的参考照度为：40瓦特日光灯3根合在一起，可使离灯45厘米远处的光照达到3 000～3 500勒克斯；100瓦特高压水银灯可使离灯80厘米远处的光照保持在800～1 000勒克斯范围内。为使补充的光能够模拟太阳光谱，应将发出连续光谱的白炽灯和发出间断光谱的日光灯搭配使用。按每3米×3米120瓦特左右的用量确定灯泡的数量。灯泡应距离植株及棚膜各50厘米左右，以避免烤伤植株、烤化薄膜。

2. 气温

冬用型塑料日光温室设计特点和保温措施须保证1月份平均温度可以达到定

植喜温果菜的温度水平。

（1）日光温室的温度是随太阳的升降和有无而变化

晴天上午适时揭苦后，温度有个短暂的下降过程，而后便急剧攀升，一般每小时可升高6~7℃。13时达到最高，以后随太阳的西下温度缓慢降低，到16~17时温度下降骤然加快。盖苦后，室温有个暂时的回升过程，而后一直处于缓慢地下降状态，直至翌日黎明达到最低。日光温室的极端最低温度一般出现在冬季数个或数十个连阴天之后。在恒定温室的性能指标中，极端最低气温更能显示出温室的实用价值。

（2）调控方法

日光温室的气温调控分增温和降温两方面。增加温室温度的关键是温室设计和建造、建筑材料的选用和建筑标准，以及保温设备的配置和应用管理。从使用过程来看，要注意适时揭盖草苦，保持薄膜面清洁；增加内外覆盖保温措施，及时修补破损膜口；尽量减少人员频繁出入等。从降温或维持一定的温度水平的措施来看，主要的手段是通风。在进入日光温室春季生产的后期，温室可以彻夜通风的情况下，夜间浇水也是降低地温和气温的一种方法。

3. 地温

土壤是能量转换器，也是温室热量的主要贮藏地。白天阳光照射地面，土壤把光能转换为热能，一方面以长波辐射的形式散向温室空间，另一方面以传导的方式把地面的热量传向土壤深层。晚间，当没有外来热量补给时，土壤贮热是日光温室主要热量来源。土壤温度垂直变化表现为晴天的白天上高下低，夜间或阴天时为下高上低，这一温度的梯度差表明在不同时间和条件下热量流向。温室地温的升降主要是在深0~20厘米的土层里。水平方向上的地温变化在温室的进口处和温室的前部梯度最大。

地温不足是日光温室冬季生产普遍存在的问题，提高1℃地温相当于增加2℃气温的效果。实际上有很多保护地温和提高地温的方法，如秋末温室宜早建早扣，尽量减少土壤蓄热的散失；在温室的前底部设置隔热板（沟），减少横向传导损失；在土壤中大量增施有机肥料；尽量浇深机井水或经过在温室内预热的水，不在阴天或夜间浇水；地面覆盖地膜或室内进行二次覆盖；增加温室的内外覆盖保温设施等。目前，值得推广的提高地温方法是在整地定植前在地面喷"免深耕"土壤调理剂，可提高地温2~4℃。高寒地区可在栽培行两侧埋设电热线，必要时通电补充土中热量。

4. 土壤水分

温室生产期间的土壤水分主要依靠人工灌溉，基本不受自然降水影响，因此，土壤的淋溶很少，土壤的积盐比较严重。水汽在薄膜上凝结，滴落到相对固定的地方，会出现土壤水分相对不均匀，这种情况在冬季浇水较少时表现尤为突出。

土壤深层水分沿毛细管上升到地表，棚膜上大量凝结水又滴落到土壤表面，往往容易使土壤地表呈泥泞状，常给人们土壤不缺水的假象。实际上挖开表土即可见到土壤已经严重干旱。冬季浇水时，浇水直接影响到地温，而地温低又是温室冬季生产的一大难题，所以，温室浇水除要达到农用灌溉水的标准外，冬季和早春特别强调使用深机井水，而且浇水宜在晴天的上午进行，以便有充足的时间来恢复地温。只能浇地表水时，应提前引到温室进行预热。

5. 空气湿度

在日光温室里，特别是夜间，空气的相对湿度经常在 90% 以上或饱和状态。空气相对湿度大是温室环境的一个显著特点，高湿对多数蔬菜的生长发育是不利的，常会引起病害的发生和蔓延。

在空气中水汽质量一定时，温度越高饱和水汽压越大，因而空气的相对湿度就越小。在日光温室冬季生产时，采取早晨通风企图降低空气相对湿度的做法是不现实的。比较正确的做法是密闭温室，尽快提高室温，空气的相对湿度就会随之降下来。

温室的空气湿度在浇水后最大，以后随着时间的推移而降低。日光温室通风是以温度为指标，温度不能保证时一般不通风。因此，降低日光温室空气相对湿度不能单纯依靠通风来实现，而应该把着眼点放到减少土壤水分蒸发上。即使如此，温室的高湿也是不可避免的。因此，在对待日光温室高湿问题上，应该采取辩证的态度。譬如，一些过分强调湿度不能过大的温室，黄瓜的白粉病就不可避免，而且有时会猖獗发生。但在高二氧化碳浓度下，高温高湿常常会使黄瓜表现出极好的丰产性；高湿为高温管理提供了可能，高温可以抑制霜霉病的发生。控制温室的高湿是一种技术，同样，利用高湿条件也是必要的技能。

6. 有害气体

日光温室里的有害气体主要是氨气、亚硝酸气和聚氯乙烯薄膜中不当的填充料释放物，实际上还应该包括弱光低温下的高二氧化碳浓度为害。

（1）氨气

对作物产生危害的氨气主要来源于撒施于地表可以直接或经发酵或反应后间接产生氨气的肥料，直接产生氨气的有碳酸氢铵、氨水和鸡粪、兔粪等；间接产生氨气的有饼肥、尿素和在石灰质土壤上施用的硫酸铵等。

（2）亚硝酸气

施入土壤中的有机和无机态氮素肥料，在向硝酸态氮的转化过程中，如果土壤积盐浓度升高，铵态氮向亚硝酸态氮的转化是可以正常进行，但亚硝酸态氮向硝酸态氮转化却被抑制，这样，亚硝酸在土壤中不断积累后使土壤酸化，亚硝酸便以气体态挥发出来。亚硝酸气发生必须具备两个条件：一是经过高盐浓度驯化了的土壤微生物；二是一次大量地施用氮素化肥。因此，亚硝酸气的为害多在老温室里发生。

除此之外，对温室栽培作物能够形成为害的有害气体还有加温火炉或工矿企业锅炉产生的二氧化硫、一氧化碳；聚氯乙烯棚膜挥发出的氯气；原料来源不明的再生黑色塑料薄膜释放出来的有害气体；弱光低温时盲目继续施用二氧化碳等。

7. 土壤

日光温室的土壤应具备丰富的营养和极好的理化性质。目前在农区发展日光温室时，土壤的肥力和理化性质开始都不能达到理想温室的土壤要求。在使用中加速培肥土壤是各地普遍成功的经验。日光温室土壤有如下特点。

（1）积盐严重

普遍存在高盐浓度为害。温室生产期间一般没有降雨淋溶的过程，生产上又多次大量地施用化学肥料，大量的盐类淀积在土壤表层，土壤溶液盐浓度都比一般土壤的高，有的在5倍以上。因而，在日光温室里极易发生高盐浓度为害。土壤高盐浓度为害主要表现在3个方面：一是降低了作物从土壤中吸水的能力；二是使根受害，发生褐变或畸形；三是引发离子拮抗和互协作用，发生缺素症、营养过剩症和多氨症。

土壤溶液高盐浓度为害是日光温室生产比较普遍的问题。在目前还主要是靠大肥大水来提高产量的情况下，土壤高盐浓度为害难以从根本上杜绝，唯一的办法是大量施用有机肥，提高土壤缓冲力。另外，在选用化肥时必须注意使用那些施后对土壤浓度影响较小的化肥，如硝酸铵、过磷酸钙等，而不使用会显著提高土壤盐溶液浓度的化肥（如带氯根的氯化铵、氯化钾等）。

（2）连作障害严重

由于日光温室移动困难以及专业化和规模化生产的需要，同一作物多年连续种植的情况比较普遍，其后果是连作障害即重茬病日趋严重。连作障害可能是由于化感自毒物质和有害病原生物在土壤中积累，也可能是由于营养失衡，某些微量元素缺乏，还可能是土壤微生物群落异化等，某一原因可能在某作物上表现更为突出。一般而言，在引发连作障害的原因中，土传病害占64%，土壤性质变劣占23%，化感自毒物质的原因占10%，其他因素占3%。

由于发生连作障害的原因是多方面的，要完全克服连作障害目前还是比较困难的。但实践证明，大量连续地施用农家肥可以大大地缓解连作障害。目前，比较理想的方法是用石灰氮（已作农药登记）淹水覆膜高温处理土壤。

三、日光温室冬春茬苦瓜栽培

苦瓜适应性广，喜温，耐热，耐肥，喜潮湿。因此，在长江流域和北方一些地区都利用日光温室进行冬春茬苦瓜栽培。这一季苦瓜的上市时间可以赶在元旦或春节的黄金时间，前期收获时苦瓜的上市量少，但产值较高，经济效益好。不同地区的播种时间需依据当地的气候条件和不同的设施栽培条件而定，北方地区的播种时间在 9～10 月份较为适宜，在春节前即可上市销售。

1. 品种选择

适合日光温室种植的苦瓜应选择早熟性好、生长势强、耐低温弱光、苦味稍淡或中等的品种为宜，其颜色多为浅绿色或白色，如株洲长白苦瓜、广汉长白苦瓜、长身苦瓜、夏丰苦瓜、蓝山大白苦瓜、湘丰 1 号苦瓜等。

2. 定植

（1）整地做畦

这一季栽培的生长期较长，应结合整地，在定植前施足基肥。在播种前 20 天，每 667 平方米施优质土杂肥 5 000 千克，或施猪牛粪等厩肥 2 000～3 000 千克、复合肥 20 千克、钾肥 5～10 千克，深耕，将肥与土混合均匀，然后密封棚室 7 天，进行高温消毒。

采用小高畦大小行覆膜栽培。大行距 110～120 厘米，小行距 70～75 厘米，株距 30 厘米，每 667 平方米定植 2 000～2 500 株。

（2）定植

暗水定植，定植深度以露出嫁接口或没过土坨 1～2 厘米（自根苗）为宜。

3. 定植后的管理

（1）温度管理

缓苗期间基本不通风，温室温度白天保持 30～35℃，夜间不低于 15℃。白天温度超过 35℃时可于中午通小风。缓苗后开始通风，白天温度控制在 25～28℃，夜间 12～15℃，地温保持在 14℃以上。结果期白天 28℃时通风，24℃关闭，浇水后温度达到 30℃时再通风，夜温控制在 13～17℃。管理中，若室内的温度低于 10℃，应采取增温措施，如加盖草苫、点明火等。此外，也可喷施抗寒剂，用法为每 100 毫克抗寒剂对水 10～15 升，在缓苗期、初花期和幼果期各喷 1～2 次。

（2）光照管理

冬春茬栽培，经常出现低温和寡照，应加强棚室光照管理。为了延长光照时间和加大进光量，在温度条件许可的情况下，早晨尽早揭开草苫，下午晚些盖草苦，每天揭开草苫后清扫棚膜，隔 10～15 天需擦洗 1 次棚膜，始终保持膜面清洁，以利于透光。阴雨天、下雪天也要揭开几条草苫，让散光进入棚室。冬春茬栽培时，缺乏经验的菜农在低温阴雨天气往往只顾保温，5～7 天不揭温室草苫，天气转晴后，拉开草苫时全部死秧的现象屡见不鲜。有条件的温室可以进行人工补光，温室内吊挂灯泡或碘钨灯，每隔 8～10 米吊 1 盏灯泡，可减少阴雨天化瓜。

（3）水肥管理

在低温时期，应适当控制肥水，只要保证行间湿润即可，多施迟效农家肥，适当追施速效肥，增施钾肥以提高抗寒和抗病能力。在温度回升比较稳定后，就应保证充足的肥水，以满足植株生长和开花结果的需要。前期生长弱，生长量小，在施足基肥的情况下，可不追肥。田间管理以中耕松土、保墒提温为主。进入开花结瓜期，需肥量迅速增加，可在开花结果和采收始期分别进行追肥，每667 平方米可施用复合肥 25 千克。在结果盛期至采收期要勤施追肥，每 667 平方米施复合肥 10～15 千克。在初期适当控制浇水次数，浇水要选晴天的上午，结合追肥进行。进入结果盛期后，外界气温已升高，此时可结合追肥，每 10 天左右浇 1 次水。要特别注意的是，在遇到阴天或特别冷的天气时不能浇水。

日光温室冬春茬苦瓜进入生长后期后，即到 4～5 月份开始，外界气温逐渐增高，其他环境条件也已能满足苦瓜结瓜，即可开始逐渐去掉棚膜、地膜等覆盖物。苦瓜的生长势极强，这一季苦瓜栽培直到 7～8 月份的高温季节仍能够生长良好并开花结果，只要没有别的茬口安排，仍可继续加强肥水管理，促进生长结瓜。一般也不再整枝，只要及时摘除老叶、病叶，保证通风透光即可。

（4）湿度管理

苦瓜在适温条件下耐湿能力很强。但是，在低温寡照的条件下，空气相对湿度过大，会诱发蔓枯病、灰霉病、霜霉病等大量病害，故低温期应不断通风排湿。另外，棚室空间小，施肥量大，在有机肥分解过程中会释放出大量有害气体，此时须通风排湿，以排出有害气体，放进新鲜空气，防止有害气体对植株的为害。

（5）支架、绑蔓、整枝

苦瓜主蔓长，侧蔓繁茂，如果侧蔓任其生长，会消耗大量营养，妨碍主蔓的正常生长和开花结果。待主蔓长至 40～50 厘米时应及时进行整枝吊蔓。其具体做法是：先顺行设置吊蔓铁丝（14 号铁丝），之后东西向拉紧吊蔓铁丝，按定植株距每一株拴 1 条尼龙绳，用于吊挂苦瓜茎蔓的基部。吊蔓要选择在晴天中午前后进行，并把侧蔓全部摘除。结果后期可留几条侧蔓，以增加后期产量。在生长过程中，及时摘除老叶、病叶、黄叶使之通风透光，增加光合作用。另外，也可采用吊蔓落蔓的整枝栽培方法，主要利用主蔓结瓜，可适当增加种植密度。该方法也是用塑料绳吊蔓，及时摘除侧枝，随着苦瓜的采收和茎蔓的生长，及时落蔓，并去掉下部老叶。整枝过程中适当留侧枝结瓜，侧枝见瓜后即当节打顶摘心。

苦瓜蔓细，要及时绑蔓，每30厘米左右绑1次，开始绑蔓可采用"S"形上升方式，以便压低瓜位。在绑蔓过程中，除摘除不必要的侧枝外，还应注意及时摘除卷须和多余的雄花，以减少营养消耗。中后期要摘除下部黄叶和病叶，以利于通风透光，提高光合效率。

（6）人工授粉

苦瓜为雌雄同株异花，虫媒花，单性结实能力差，而温室内通风不良，空气相对湿度大，且昆虫少，不利于花粉的传播及雌花的授粉，影响坐果及果实发育。所以，生产中必须采取放蜂或人工辅助授粉，以提高坐果率和瓜条的商品性。人工授粉要选择在晴天上午9时前进行。应选择当天开放的雄花和雌花，授粉时先摘除雄花，反转花冠，将花药轻轻地涂在雌花的柱头上即可。

（7）其他管理

苦瓜经黑色塑料袋或纸袋套袋后，白绿色苦瓜可变为纯白色，晶莹光洁，美观可爱，皮薄肉嫩，可提高外观品质。因此，坐果后可用黑塑料袋或纸袋套瓜。

（8）采收

采收时间以晴天上午10时左右为宜。日光温室苦瓜采收标准与露地苦瓜相同。

四、日光温室早春茬苦瓜栽培

日光温室春茬苦瓜是指在严寒冬季在温室中用温床育苗，苗龄较大，结果期处于光照好、温度适宜的春夏之间。

1. 品种选择

选择耐低温、弱光、生长势好、结果性强、高产早熟或早中熟品种，如农友2号、穗新2号、湘苦瓜1号、湘苦瓜2号、长白、新翠、如玉5号、大顶、滑身、长绿、滨城等苦瓜品种。

2. 育苗

播种期一般为12月下旬至翌年1月上中旬，2月中旬前后定植，4～7月份收获。这茬苦瓜育苗期正值温度最低的季节，应采取温床育苗，以嫁接育苗效果最好。具体育苗措施参考上述冬春茬苦瓜育苗。

3. 整地、施肥、定植

同冬春茬苦瓜。早春茬苦瓜一般结合地膜覆盖，采用高畦或小高垄膜下暗灌。定植应选晴天上午进行。定植初期可采用小拱棚覆盖等多层覆盖，以提高温度，防止低温伤害。

4. 定植后管理

参考日光温室冬春茬栽培技术。

五、日光温室秋冬茬苦瓜栽培

日光温室秋冬茬苦瓜一般于夏末、初秋播种，上市时间主要集中在 10～12 月份，进入 12 月份以后，气温开始下降时，植株开始老化，结果数量下降，果实长得慢，可采取推迟采收，果实在植株上吊贮（即活体贮存），集中在元旦上市，能卖出好价格。

秋冬茬苦瓜栽培时前期处于高温高湿的不利环境条件，适于生长的时间较短，后期又转入低温阶段，因此，本茬苦瓜栽培中要注意培育壮苗，定植后要利用有限的生长适宜条件形成较大的营养体和较高的产量，后期要加强保温等管理，以延长收获期。

1. 品种选择

日光温室秋冬茬苦瓜必须选择既耐热又抗寒，生长势好，抗病力强，产量高，品质好的品种。中国目前尚无秋冬茬温室生产专用品种，只能在现有的保护地苦瓜品种中选用。根据生产实践，可选用穗新 1 号、夏丰、长绿、株洲 1 号等苦瓜品种。

2. 播种育苗

（1）选择适宜播种期

秋冬茬苦瓜植株生长的原则是在霜降前完成营养生长量的90%，气温降低时进入结果期，一直收获到元旦前后。播种早了，在前期高温阶段植株生长快，结果早，进入低温后植株容易衰老，抗逆能力差，影响结瓜，产量低，效益也不好；播种晚了，前期温度适宜时，植株生长量小，进入低温期时，植株营养面积小，前期结瓜迟，总产量也很低。根据几年来温室秋冬茬苦瓜生产经验，以北纬 40 度为例，可于 7 月下旬播种，8 月中旬至下旬定植，结果期主要集中在 11～12 月份。北纬 40 度以北地区应适当提早播种，以南地区可适当推迟播种。

（2）温室消毒，整地施肥

在温室密闭的条件下，用硫黄粉加敌百虫熏烟，可消灭一部分害虫和病菌。每 100 平方米用硫黄粉 150 克、敌百虫 500 克、锯木屑 500 克，分几处放在铁片上，下边烧炭火熏蒸。

利用定植前的休闲期，温室内灌大水，使地面积水 20 厘米深，浸泡 2 周，具有消灭地下害虫和排除次生盐渍的作用。

温室浸泡后进行大通风，当土壤干湿合适时深翻 20 厘米，每 667 平方米施农家肥 5 000 千克。撒施后再刨一遍，而后细耙做成 1.1 米宽的南北延长的畦。

（3）直播法

秋冬茬苦瓜有直播和育苗移栽两种方法。直播比较省工，但秧苗易徒长，根量也相对较少。按规定的株行距播种已露芽的种子 1 粒或干种子 1~2 粒，覆土厚度 2 厘米。播种时要浇足底水。然后在播种穴上覆盖稻草等物，减少水分蒸发、雨水冲击及土壤板结，同时可以降低土温。出苗前要加强水分管理。以利于迅速出苗。

（4）育苗移栽法

秋冬茬温室苦瓜栽培，育苗期处在气温高、光照强、降雨量相对较大的季节，幼苗易染病毒病，有时雨水量大时会造成苗床积水、土壤缺氧、幼苗沤根现象。为此，育苗时需采取必要的防范措施。

3. 足墒定植

苦瓜的行距为大行 80 厘米，小行 60 厘米，株距 32 厘米。直播的苦瓜可参考此株行距播种。秋冬茬苦瓜宜采用高畦或小高垄栽培。或者采用黑色地膜或黑白双色地膜覆盖，有利于保墒、防止杂草生长和降低地温。定植或直播前先进行施肥整地。每 667 平方米施入 5 000 千克腐熟有机肥。为防苗期徒长，一般基肥中少施或不施速效性化肥。定植宜在阴天或傍晚进行。定植时要浇透定根水。

4. 定植后的管理

（1）控制植株徒长

秋冬茬苦瓜前期温度比较适宜。苦瓜在高温强光的条件下，主蔓生长很快，多数品种在秋冬茬栽培时，很少发生侧蔓，主蔓生长很快，若不采取有效的控制措施，容易出现主蔓徒长，推迟结瓜时间。管理上应控制浇水、追肥，在甩蔓期用助壮素 1 支，对水 12 升喷洒植株，15 天后可根据情况再喷 1 次，效果更好。

（2）早打顶

秋冬茬苦瓜由于育苗期间高温长日照，主蔓雌花分化少，节位高，结瓜迟，结瓜少。为了提早进入高产期，要尽早打顶，以促进侧蔓萌发，利用侧蔓结瓜，可获得明显的增产效果。一般在植株生长达 25 片叶前后打顶，打顶后植株很快萌发侧枝，侧蔓留 1~2 个雌花和 2~3 片叶后打头，15 天左右开花结瓜。

（3）肥水管理

定植后 3~4 天再浇 1 次缓苗水。苦瓜根系喜湿不耐涝，每次浇水量不宜太大。前期外界温度高，保持勤浇小水，根瓜坐住后开始追肥，每 667 平方米每次追硝酸铵15～20千克。进入结果期，根据外界气温和光照情况，结合植株长势进行浇水。晴天温度高，通风量大时，适当勤浇水；外界气温低，光照弱，阴天多时尽量不浇水或少浇水。结果期间再追第二次肥，数量可比第一次适量增加。进入后期停止追肥，浇水次数也应减少。

（4）及时扣棚膜

根据外界气温变化情况，一般在降温前及时扣膜。扣膜的温度指标是连续几个早晨最低温度在8℃左右时及时扣棚膜。注意扣棚膜后温度只能缓慢提高，不能很快把棚膜封严，白天大量通风，夜间盖住通风口，让植株对棚室的环境有一段适应的过程。

（5）支架

苦瓜植株开始爬蔓，即株高为35～40厘米时，及时支架和吊蔓。出现第一朵雌花时整枝，留2～3个侧枝，及时摘除根瓜，保持隔2～4节留瓜1个，中后期剪除老叶、无瓜蔓及细弱枝。

（6）延迟采收

秋冬茬苦瓜生产期内的气候特点是气温一天比一天低，植株生长速度一天比一天慢，市场苦瓜的价格一天天上涨。根据这个规律，秋冬茬苦瓜的采收适期向后推延，特别在气温较低时，推迟采收，让苦瓜植株上每棵留2～3个商品瓜，利用植株活性挂棵贮存，可在元旦或春节时集中采收上市。

第三节 苦瓜塑料拱棚及地膜覆盖栽培技术

一、苦瓜塑料拱棚栽培技术

1. 塑料拱棚环境特点和调控技术

（1）温度

在北京市，12月下旬至翌年1月下旬，棚内平均最低温度在0℃以下，不能进行苦瓜生产。到3月中旬，棚内旬平均气温达到10℃左右，地温在5～8℃。3月中旬至4月下旬，棚内平均温度在15℃以上，最高可达40℃，最低在0～3℃。5～8月份棚内温度可高达50℃左右。9月中旬至10月中旬温度逐渐下降，但棚内最高气温仍可达到30℃，夜间10～18℃。10月下旬到11月中旬棚内夜温降至3～8℃，11月中下旬逐渐降至0℃。

就上述大棚内温度周年变化规律而言，中国北方大多数地区春季大棚里可以比当地露地提早40天左右定植。秋季覆盖栽培时可比露地后延40天左右。但是，如果能进一步完善大棚内的多层覆盖，则可以进一步延长其提早和延后的时间。晴天太阳出来后，大棚内温度会迅速上升，一般每小时可上升 5 ~ 8℃，13 ~ 14 时达到最高，以后逐渐下降。日落到黎明前大约每小时降低 1℃ 左右，黎明前达到最低。夜间棚内温度通常比外界高 3 ~ 6℃。

（2）光照

大棚一般是南北向延长，棚内光照比日光温室明显均匀。钢结构无柱式大棚比竹木有柱式结构的光照要多 10% 左右；薄膜结露有水滴和粘附灰尘时，光照要下降 20% ~ 30%；薄膜老化后，透光率要下降 23% ~ 30%。大棚由南北向改为东西向时，北侧光照明显不足，需要把大棚的最高采光点向北适当推移。

（3）湿度

同日光温室一样，大棚内也呈高湿状态，空气相对湿度一般为 70% ~ 100%，夜间明显高于白天。

2. 苦瓜塑料大棚春提前栽培

（1）品种选择

应选用早熟、丰产、耐低温性较强的品种栽培，如蓝山大白苦瓜、夏丰苦瓜等。

（2）定植

一般要求大棚 10 厘米地温稳定在 15℃ 时定植。华北地区 3 月底定植于大棚，东北地区 2 月中旬播种，4 月上中旬定植大棚。由于大棚内的环境条件比露地优越，苦瓜在大棚内生长势较强，因此，大棚苦瓜可适当稀植，可做成 60 厘米和 80 厘米的大小垄或 1.6 ~ 1.7 米宽的高畦，施足基肥，每 667 平方米施腐熟有机肥 5 000 千克左右，磷肥 50 千克。定植密度为每垄 1 行或每畦 2 行，株距为40 厘米左右，每 667 平方米栽 1 800 ~ 2 500 株。定植时把塑料钵脱掉，按规定好的株距单株摆苗，摆后稳坨，浇透水，水渗下后封埯，栽后第二天中午前后趁秧苗萎蔫时进行地膜覆盖，盖膜时先把膜的四周用土压上，再在秧苗上方划"十"字口把秧苗引出，地膜开口处用土封严。也可先覆地膜后栽苗。垄作时两小垄覆盖一幅地膜。

（3）定植后管理

①温度管理：定植初期要保持较高的棚温，以利于缓苗。一般定植后 2 ~ 3天闭棚，棚温白天为 30 ~ 35℃，晚上不低于 15℃。缓苗后加强保温防冻、通风和防热等管理。缓苗至开花，白天棚温维持在 20 ~ 25℃，夜间 12 ~ 15℃。开花结果期，棚温白天 25 ~ 30℃，夜间 12 ~ 15℃。若遇严寒天气棚内夜温低于 10℃时应采用明火加温等措施增温。外界夜温在 15℃ 以上时，应昼夜通风，可揭掉大棚边膜，而顶膜可一直用到采收结束。为提高苦瓜耐冷性，可施抗寒剂，每

100 毫升抗寒剂对水 10～15 升，于缓苗期、花期、幼果期各喷 1～2 次。

②肥水管理：结果前控制浇水，以免降低地温。进入结果期，每 7～10 天浇 1 次水，并隔水施肥，每次每 667 平方米冲施复合肥 10～15 千克。

③其他管理：参考日光温室冬春茬苦瓜栽培。

3. 苦瓜塑料大棚秋延后栽培

华北地区苦瓜大棚秋延后栽培，一般于 7 月中下旬露地播种育苗，8 月上中旬定植，9 月上旬至 11 月中下旬采收上市。

（1）品种选择

宜选择耐热、抗寒、抗病的早熟品种，如滑身、大顶、夏丰、夏雷、穗新 1 号等苦瓜品种。

（2）培育壮苗

一般于 7 月中下旬采用露地搭遮阴防雨棚方式播种育苗，苗龄 15～20 天，具 2～3 片真叶时定植。苗期苗床土壤要保持湿润，除注意遮阴防雨外，还应及时防治蚜虫、白粉虱及其他病虫害，避免病毒病的发生，根据植株生长势，叶面喷施 0.2% 尿素和 0.3% 磷酸二氢钾 1～2 次。

（3）施肥、筑垄与定植

每 667 平方米施优质农家肥 2 000～3 000 千克，过磷酸钙 50 千克，碳酸氢铵 100～150 千克，采用普施和开沟集中施肥相结合的方式，将 2/3 的基肥普施后深翻，将粪土充分混匀，按 100 厘米、60 厘米的大小行开沟集中施肥，而后在沟上做定植垄，垄宽 20 厘米，高 10～15 厘米，大行间也要筑起 1 条供田间作业行走的埂。

定植一般于 8 月上中旬选阴天或傍晚起苗定植，定植时在垄上按 30～40 厘米的株距开穴定植，定植后及时顺垄沟浇水，浇水量要大，以湿透定植垄的土壤为宜。2～3 天后再浇 1 次缓苗水，以促进缓苗。

（4）定植后的管理

①肥水管理：植株缓苗后，应适当控水蹲苗，并进行 1～2 次中耕，以促进根系的生长发育和防止田间杂草生长，但因此时天气炎热，不可控水蹲苗过度；当幼苗恢复生长后结束蹲苗，保持田间见干见湿，一般开花坐果前，应结合浇水追施尿素 1 次，每 667 平方米尿素用量以 10 千克为宜，以促进植株健壮生长；坐瓜后，植株进入旺盛生长时期，营养生长和生殖生长同时进行，此时应加强肥水管理，保持土壤湿润，一般每隔 5～7 天追肥浇水 1 次，每 667 平方米每次追施磷酸二铵 20 千克，硝酸钾 10 千克。植株进入生长后期，由于外界温度降低，一般每隔 7～10 天追肥浇水 1 次，另外，可叶面喷施 0.2% 尿素或磷酸二氢钾等。

②温度管理：露地生长期间，当外界日平均温度降为18℃左右时要抓紧扣棚，华北地区一般在9月上中旬进行。扣棚开始温度高，苦瓜也不完全适应大棚里的条件，必须加大通风，晴天白天保持25℃左右，夜间15℃左右，以后随着天气变冷，逐渐减少通风量，直至关闭风口，有时为了保持夜间温度，还应在大棚两侧用草苫或作物秸秆进行保温，通过保温措施使其结瓜期尽量延长。

③吊蔓：苦瓜为攀缘性植物，需搭架栽培，大棚栽培可采用篱壁架或尼龙绳吊蔓方式。采用篱笆架时，可按"S"字形上升方式绑蔓；采用吊蔓方式，当瓜蔓长到棚顶时，便于落架盘蔓，有利于田间通风透光。

④植株调整：苦瓜以主蔓结瓜为主，距地面50厘米以下的侧蔓很少结瓜，所以在引蔓和绑蔓时应及早摘除。植株生长中后期，植株下部的黄叶、病叶以及植株中上部的细弱枝或无果侧枝都应摘除，以利于田间通风透光，促进结瓜。

⑤人工辅助授粉：苦瓜为虫媒花，大棚秋延后栽培苦瓜生长后期温度低、昆虫少，进行人工辅助授粉，可明显地提高苦瓜产量和品质。具体方法同温室春早熟苦瓜栽培。

（5）采收

大棚秋延后苦瓜栽培，一般从9月上中旬开始采收上市，到11月中下旬采收结束。

4. 苦瓜小拱棚短期覆盖栽培

（1）育苗

小拱棚短期覆盖栽培的定植期比春茬露地栽培的定植期大约提前半个月左右。因此，播种期的选择也应根据当地的气候条件而定，育苗可选择在日光温室中进行。浸种催芽、播种方法、育苗过程中的整个苗期管理可参照春茬露地苦瓜的育苗管理方法。

（2）定植

小拱棚栽培的定植密度及方法同露地栽培。小拱棚的拱架应提前插好，再定植苦瓜，浇足定根水，密闭保温。

（3）定植后管理

定植后的管理重点是促进缓苗。必须尽可能地提高棚内的气温及地温，小拱棚空间小，热容量小，夜间温度低，白天中午温度特别高，由于覆盖普通薄膜，内表面布满水滴，秧苗不会被灼伤，夜间温度低，但空气相对湿度高，在一定程度上能防止发生冻害。棚内白天气温保持在28~32℃，夜间13~15℃。缓苗前不要通风，如果遇到骤降的低温天气，可在小拱棚上加盖草苫，加强保温，防止苦瓜苗受冻。缓苗后可先从两端支起薄膜通风，然后再从背风的一侧支起几处薄膜通侧风，随着外界温度的升高逐渐加大通风量，使棚内的气温不超过30℃。

开花坐果期白天温度可保持在 26～29℃，夜间 16～18℃。经过通风后，土壤水分蒸发较快，应注意及时浇水，始终保持土壤湿润。当外界最低气温达到 15℃以上时，就可以完全满足苦瓜生长的需要，即可选择在阴雨天气或早晨、傍晚揭去覆盖物，撤掉小拱棚的拱架，转为露地常规管理。

二、苦瓜地膜覆盖栽培技术

地膜覆盖是利用很薄的塑料薄膜覆盖于地面或近地面的一种简易栽培方式，是现代农业生产中既简单又有效的增产措施之一。利用地膜覆盖方式进行苦瓜早熟高效栽培，使商品瓜可提早上市 10 天左右，而且使前期产量、总产量和产值大幅度提高。采用苦瓜地膜双覆盖栽培技术，有利于提早定植、壮苗早发。

（1）品种选择

选择适宜春季早熟栽培品种，要求植株生长势强，雌花着生节位低，主侧蔓雌花密度大；坐瓜率高，瓜条直，商品性好，果实长短、大小、条瘤及突起大小、口感等要符合当地消费习惯和市场要求。一般绿皮苦瓜可选择东方青秀、英引、如玉 5 号、槟城等品种；白皮苦瓜可选蓝山长白、新翠、株洲长白和广汉长白等品种。

（2）培育壮苗

①营养土配制：按体积计，取未种过瓜类的田土 6 份，优质腐熟的厩肥 4份，混匀过筛后每立方米营养土中再加入腐熟捣细的饼肥 10 千克，过磷酸钙 0.5～1 千克，草木灰 5～10 千克或磷酸二铵 1～2 千克。为防治苗期猝倒病，每平方米苗床可施用拌种双粉剂 7 克或 50% 多菌灵可湿性粉剂 8～12 克，与营养土充分拌匀即成。

②电热温床的建造：在温室、大棚或阳畦建造电热温床，将营养土装入营养钵或纸袋内整齐排放在苗床上。

③浸种催芽：苦瓜种皮较厚，种壳的通透性较差，播种前应浸种催芽。浸种时，将精选的种子放入相当于种子体积 5～6 倍的 55℃ 热水中，并不停地搅拌，待水温降至 30℃ 左右，在室温下浸种 8～12 小时，将种子捞出后冲洗干净，发芽慢的品种可在芽孔处轻轻嗑一小口，然后将种子用湿纱布或湿毛巾包好，放在 30～32℃ 的温度条件下催芽，一般经 3～4 天大部分种子出芽后即可播种或 30%以上种子露白后分批拣出播种。

④播种：播种前 24 小时，将营养钵浇透水，待水渗后通电加温。播种时，将发芽的种子播于营养钵中央，每钵播 1 粒，一边播种，一边盖营养土，盖土厚度 2 厘米，种子播完盖土后再覆盖一层地膜，以利于增温保湿。

⑤苗床管理：播种后，苗床通电加热，维持苗床较高温度，有利于出苗。一般白天气温控制在 25～30℃，地温 23～25℃，经 5～6 天即可出苗。出苗后，及时揭去苗床表面的地膜，并适当通风降湿，防止徒长。白天气温保持在 20～25℃，夜间 13～15℃，地温 18～20℃；第一对真叶展开后，适当提高温度，白天气温可保持在 23～25℃，夜温保持在 15℃左右。随着外界温度的提高，应逐渐加大通风量，定植前 7～10 天进行秧苗锻炼。白天气温保持在 15～20℃，夜间保持在 8～10℃，使幼苗能适应定植地块的环境条件。

苗期一般不浇水，在缺水的情况下可用喷壶喷洒少量水。结合喷水可对叶面喷施 0.2% 磷酸二氢钾或 0.2% 尿素液。

（3）定植

①整地、施肥和做畦：应选择土壤疏松肥沃、2～3 年内未种过瓜类的地块，于头年土壤封冻前深耕（深度为 25～30 厘米）。春季土壤解冻后要施足基肥，每 667 平方米大田施腐熟厩肥 3 000～4 000 千克，尿素 20 千克，过磷酸钙 50 千克，钾肥 30～35 千克。采用普施和沟施相结合的方式，即 2/3 普遍撒施，1/3 留做定植前沟施。普施基肥后浅耕细耙，然后按畦宽 1 米、沟宽 0.5 米的大小做高畦，最后在高畦上按行距 0.8 米的距离开沟，将剩余的 1/3 腐熟有机肥施入沟内，并与沟内土壤混匀，而后整平畦面，紧贴高畦畦面覆地膜。

②扣小拱棚加地膜覆盖：采用双膜覆盖，一般可提高小环境条件下气温和土温 3～4℃，有利于提早定植、壮苗早发。其具体做法是在整好的栽培畦上，贴畦面平铺地膜，定植后随即加盖拱棚膜，防雨水冲刷、保温保湿，以后视天气变化灵活揭盖小拱棚膜通风，维持小拱棚内气温在 20～25℃，待瓜苗引蔓上架时，及时拆除小棚。

③定植：采用双膜覆盖栽培苦瓜，定植期可比露地栽培提早 10～20 天。定植应选无风晴天进行。定植时，在高畦畦中间按株距 50～60 厘米开穴定植，定植的深度以坨面畦面相平为宜。定植后在畦面上用细竹片插成弓形，上面用地膜覆盖成小拱棚，四周用泥土压实。

（4）定植后的管理

①浇水追肥：定植后，及时顺沟浇定根水，水量应适当，以能湿透定植行为宜。定植缓苗后，可根据土壤墒情和幼苗生长势，浇施腐熟稀薄人粪尿或按每 667 平方米追施尿素 10 千克，促进蔓、叶、花同时生长；以后适当控水蹲苗，以促进根系生长。在撤棚插架并引蔓上架后，应浇水 1 次，结合浇水，每 667 平方米追施三元复合肥 20 千克、尿素 5 千克、氯化钾 5 千克，以促进根瓜膨大生长。在第二、第三批瓜采收后，揭开畦面两边膜，在离根部 20 厘米处开沟，每 667 平方米条施氮磷钾复合肥 40 千克，或腐熟饼肥 100 千克、尿素 15 千克、氯

化钾 10 千克，以后视植株生长情况每 7~8 天浇 1 次水，隔 1 次水追肥 1 次，每次施复合肥 20~25 千克，以促进果实膨大和连续开花结瓜。进入盛果期后，气候炎热，植株生长量大，应加强肥水管理，每 3~5 天浇 1 次水，隔 1 次水追肥 1 次，每 667 平方米追施复合肥 30~40 千克，同时用 0.2% 尿素、0.3% 磷酸二氢钾混合液进行叶面喷施，防止其早衰，以延长采收期和提高商品瓜质量。在水肥管理上，要做到深沟高畦，开好围沟、畦沟，雨季时及时排水，炎热季节适时灌水，保持整个生长期内畦面湿润。

②温度管理：定植后 5 天内小拱棚不通风，尽可能地提高拱棚内的气温和地温，使棚内气温白天保持在 28~32℃，夜间保持在 10~13℃。在缓苗前不要通风，可在小拱棚内加盖草苫等覆盖物，以加强保温。缓苗后，选晴天开始通风，使小拱棚内的温度保持在 30℃ 以下，通风应掌握由小到大的原则，避免"闪苗"。随着外界温度的升高，可逐渐加大通风量，开花坐果期白天温度保持在 25~28℃，夜间 16~18℃，最低温度应不低于 10℃，否则会影响苦瓜生长，形成僵苗。当外界温度稳定在 15℃ 以上时，即可撤去高畦表面上的小拱棚。

③植株调整：当主蔓出现第一条小瓜后，开始整枝，将其基部侧枝一律剪去，等主蔓出现连续几个小瓜时，把第一个小瓜摘去，保持小瓜间有 2~4 个空节；第二次采瓜后，看侧枝 1~3 节有无小瓜，有则保留，无则从基部剪除；当进入盛果期后，再进行 1~2 次彻底整枝，剪除无瓜老蔓、细弱侧枝、选留生长势强的有瓜枝和嫩壮枝。

④人工授粉：苦瓜早熟栽培常出现先开雌花，后开雄花现象，且花粉少，加上气温较低、昆虫少、传粉困难，造成幼瓜生长缓慢，使早苗得不到早瓜。采用人工授粉结合生长调节剂浸蘸幼瓜是克服化瓜、促瓜生长膨大的有效方法。具体方法是，在雄花不足的期间，于每天下午在田间采摘翌日能开放的雄花，保湿存于室内，或早晨采收当日开放的雄花，于上午 7~8 时雌花开放时，取备用的雄花授粉，授粉后的当日下午至第三日内，再用 115 生长调节剂的 100 倍液浸蘸幼瓜即可。

（5）适时采收

当主蔓第一至第二条瓜瘤状突起膨大明显时，即应采摘上市。以后的瓜，采收宜按瓜条长足、瘤状突起饱满、瓜顶开始发亮时进行。结合采瓜，要及时摘除畸形瓜和病瓜。

第四节　苦瓜间作套种高效栽培技术

苦瓜套种栽培是苦瓜立体栽培中为提高土地利用率，充分利用光能，提高单位面积土地经济效益的一种高效栽培模式，是在苦瓜基地化、规模化、商品化过程中各地苦瓜种植者在生产实践中根据各地的气候特点摸索出来的一种栽培方式。常用苦瓜套种技术包括日光温室苦瓜间套种、塑料大棚苦瓜间套种及夏季几种常用苦瓜蔬菜间套种栽培技术。

一、日光温室苦瓜间作套种高效栽培

日光温室苦瓜间作套种有两个种植时期：一是与越冬茬蔬菜同期种植，播期在9~10月份；二是与早春茬蔬菜同期种植，播种苗期在11~12月份，翌年2月份定植。日光温室苦瓜间作套种方式，一般4~6行共生菜间套2行苦瓜，间套的密度为每667平方米200~600株。与苦瓜间套的共生菜，不论是越冬茬还是早茬，需在5月份拉秧，5月份以后只保留苦瓜生长。

苦瓜与温室越冬茬蔬菜间套作时，前期生长缓慢，要及时进行吊蔓，后期可在日光棚内搭平架栽培或只用吊蔓栽培法。苦瓜与日光温室早春茬蔬菜间套作，则不用在棚内搭棚架，吊引茎蔓爬至温室顶部的支架上即可，5月份去掉温室塑料膜后，可放任其生长。如果茬口允许，一直可采收到8~9月份。这种间套作方法可充分利用温室夏季高温多雨季节的闲置期，还免去了人工授粉的工序，省工省时。

1. 日光温室草莓与苦瓜套作技术

根据草莓较耐寒不耐热和苦瓜喜温耐热的生长特点，可以采用草莓和苦瓜间作套种模式，此栽培模式已大面积推广。

（1）品种选择

草莓应选用早熟、丰产、优质的保护地专用品种，苦瓜应选用生长势强、耐热、早熟丰产、抗病性强、第一雌花着生节位低的品种。

（2）育苗

草莓苗常用匍匐茎繁育法。应选择发育旺盛、花芽饱满、根系发育好、叶柄短、叶片大、大小整齐一致的壮苗。生产上于定植前一年秋选无病虫健壮母株于3~4月份稀植于露地中，株行距45厘米×60厘米，每667平方米定植2 000株，到8月中旬，每株可获3~4叶匍匐茎苗100~150株。温室栽培应选近母株的1~2个壮苗最好。苦瓜应在8月上旬播种育苗。播前浸种催芽，30%以上种子

出芽后分批拣出播种，用营养钵育苗，苗龄 30 天左右，幼苗达到 4 叶 1 心时定植。

（3）整地施肥

应于草莓定植前 10~15 天完成。深耕土地、施足基肥，并以施用长效有机肥为主。一般每 667 平方米施腐熟农家肥 5 000 千克，饼肥 150 千克，磷酸二铵 50 千克，硫酸钾 15 千克，深翻土壤，使粪土充分混合，整平后做成深沟高畦，南北起垄一般畦带沟宽 90 厘米，高 20~30 厘米，畦沟底宽 30 厘米，灌水沉实。

（4）定植

草莓应在花芽分化将近结束时定植。一般应在 9 月底至 10 月初定植，一畦双行，株行距 16 厘米×24 厘米，每 667 平方米定植 8 000~10 000 株。尽量带土移栽。要使花序全部伸向畦内侧，根系尽量展开，苗心与地面相平。定植后充分浇水或施薄人粪尿，以促进成活和顶芽分化。11 月上旬，苦瓜 4 叶 1 心时定植，株距 35 厘米，行距是每隔 1 畦定植 1 行苦瓜。

（5）田间管理

草莓定植后应及时中耕锄草，摘除病、老叶以及腋芽、匍匐茎，一般保留 5~6 片叶。由于氮肥抑制花芽分化，此期不宜追施氮肥，待顶花分化结束、腋花开始分化时，及时覆盖地膜及棚膜。地膜覆盖在相邻的两小行畦上，扣好棚膜，留好通风口。覆膜一般在 10 月中下旬，温度降至 8℃左右时进行。

从覆膜到草莓开花，白天室温应控制在 25~30℃，夜间 12~15℃，随气温下降要加盖草苫保温；从开花到果实膨大期，白天温度保持 22~25℃，夜间保持 12℃左右；成熟期白天温度 20~24℃，夜间 8~10℃。开花结果期要求室内湿度控制在 80% 以下。11 月下旬开始开花结果，在施足基肥后浇足开花水，一般到翌年 2 月中旬采收基本结束，草莓不再浇水。

3 月份以后，苦瓜进入结瓜期，温、湿度管理以苦瓜为主，即白天保持 25~28℃，夜间保持 15~20℃。随着春节过后外界温度的升高，加强通风，夜间温度稳定在 15℃以上时昼夜通风。每隔 10~15 天浇 1 次水，并随水冲施腐熟鸡粪或速效氮、磷、钾肥，每次每 667 平方米冲施化肥 20 千克。苦瓜茎蔓伸长后要及时吊蔓，以细绳牵引，绑蔓上爬。利用温室内部支架，在温室棚膜下搭平棚架，供瓜蔓攀缘生长，保护地内昆虫少或无昆虫，在苦瓜开花结果期需要对苦瓜进行人工授粉，促进坐瓜。一般上午 9~10 时摘取新开的雄花，反转花瓣在雌花柱头上均匀涂上花粉。

（6）适时采收

草莓在栽后 60~70 天即可采收上市。前期隔 3 天采摘 1 次，中期可隔 1 天摘 1 次。分等级包装入库、出售。2 月底第一次采收结束，要及时追肥水。摘除老叶，促使第二次开花结果。苦瓜 4 月初开始采收，可采收到霜降。

（7）病虫害防治

保护地设施内温度高，湿度大，灰霉病是其主要病害。要认真做好通风换气和植株整理工作，并用腐霉利等药剂防治。

2. 日光温室西芹与嫁接苦瓜套种栽培

日光温室西芹与苦瓜套种可安排作越冬生产，将有效地提高西芹和苦瓜的产量和质量，其主要栽培技术如下。

（1）栽培季节

该栽培方式是在一茬秋延迟黄瓜等瓜菜结束后，将西芹和嫁接苦瓜先后定植于棚内，一般西芹于 11 月上旬定植，嫁接苦瓜在翌年 1 月 10 日左右套种。

（2）品种选择

西芹可选用美国西芹、文图拉等品种，苦瓜可选用青丰、东方青秀等品种，嫁接砧木选择云南黑籽南瓜。

（3）育苗及其管理

华北地区越冬温室西芹一般在 8 月 20 日前后播种。种子催芽时，先用凉水浸种 1 昼夜，后悬挂于井中催芽，温度为 18～20℃，待大部分种子出芽后即可播种。苗床要平整，床土要细，一般床面宽 1 米。苗床先覆 2～3 厘米厚的营养土，播前苗床要浇透水，将一定量的细土与种子轻轻拌匀撒播，盖 0.5 厘米厚的细土，苗床上搭小拱棚覆遮阳网。幼苗不耐旱，要勤浇水、浇小水，适时间苗除草，苗距 2～3 厘米。待苗具 3～4 片真叶时，控制浇水，以利于根的生长。

苦瓜种子比砧木南瓜种子要提前 3 天浸种催芽，用 55℃的热水烫种 15 分钟，使水温降至 30℃，浸泡 8～10 小时，捞出用湿纱布包好放入恒温箱，催芽温度为 28～32℃，种子露白后播种。播种前苗床浇透水，种子间距离 3～5 厘米见方。播种后覆细土 2 厘米厚，南瓜种子浸种催芽方法同苦瓜。点播距离 5 厘米见方。嫁接前，白天温度控制在 22～28℃，夜温不低于 12℃。待南瓜子叶展平，第一片真叶微露时，进行苦瓜嫁接最为适宜。一般采用靠接法进行嫁接。嫁接时，要除去南瓜的生长点，砧木与接穗的切口要吻合。嫁接后植入苗床，扣上小拱棚，遮阴 2～3 天后，逐渐增强光照，开始通风换气。控制好温、湿度是伤口愈合的关键环节，嫁接后 5 天内，白天温度保持在 22～26℃，夜间保持在 15～18℃，苗床空气相对湿度不低于 85%。当幼苗具 2～3 片真叶时，撤除小拱棚。

（4）定植及其管理

西芹与苦瓜都是在幼苗具 4～5 片真叶时定植。定植前，每 667 平方米温室施优质腐熟有机肥 5 000 千克，优质复合肥 100 千克。西芹畦宽 1 米，苦瓜畦宽 60 厘米，每隔3畦西芹套种1畦苦瓜，西芹行距20厘米，株距20~25厘米，苦瓜株距28~40厘米，每畦种植2行。苦瓜定植深度以土坨表面与土壤表面平齐为宜。埋坨前要浇透水，然后密闭棚室提高室温。西芹定植深度应掌握"浅不露根，深不埋心"的原则。西芹缓苗后，进行20天左右的蹲苗，蹲苗之后，及时浇水，并结合施适量尿素，至收获前共补充2次尿素。从定植到西芹收获前这段时间，棚内温度控制以适应芹菜生长为主，白天棚温保持15~22℃，夜间保持12~15℃，苦瓜只要不旱即可。若温度较低，如遇寒流或风雪天气，苦瓜可加扣小拱棚抗寒。西芹在生长过程中，要及时除去黄叶、病叶。苦瓜长到一定高度时吊蔓。为使前期主蔓生长粗壮，应选择在晴天上午11时至下午2时除去侧蔓。同时，用剪刀剪去老化的叶片，去卷须。西芹在3~4月份为收获期，西芹收获后，苦瓜营养生长进入旺期，棚内温度白天控制在20~30℃，夜间不低于15℃。为促进坐瓜和苦瓜生长，应采用人工辅助授粉。浇水应选择在晴天的上午进行，浇水后关闭温室，使温度上升至30℃时通风排湿。春季温室内易发生病害，温度易于升高，要注意通风换气。开花结果期结合浇水适时追肥，追肥以氮、磷肥为主，摘瓜宜在晴天上午进行。由于瓜柄用手不易摘断，宜用剪刀剪下。

3. 日光温室黄瓜套作苦瓜栽培

日光温室内黄瓜套作苦瓜的栽培模式能充分利用日光温室的休闲期（5月底至10月上旬），提高了温室设施的利用率，充分发挥了土壤、光能、劳动力等资源，而且苦瓜抽蔓前生长缓慢，苗期长，不影响冬季黄瓜的生长，后期也不用再搭架，可在揭膜后利用温室拱架攀缘生长。

（1）品种选择

黄瓜选用新泰密刺作接穗，黑籽南瓜作砧木进行嫁接育苗。苦瓜选生长势强、病虫害少的槟城、长白等苦瓜品种。

（2）育苗

黄瓜在10月中旬播种育苗，采用砧木断根插接的方法。先播种黑籽南瓜，种子用55℃恒温水中浸泡15分钟，然后在30℃温水中浸种8小时，将种子反复搓洗，在25℃条件下催芽。出芽后播种在苗床。黑籽南瓜播种后3~4天播种黄瓜，黄瓜播种后8~9天，当黄瓜苗高3~4厘米、子叶展开后即可嫁接。嫁接好后将断过根的南瓜苗插到预先准备好的苗床内，嫁接苗要精心管理。苗龄为2叶1心时喷1次40%乙烯利水剂5000倍液，既可抑制幼苗徒长，又可促进雌花形成。定植前向植株喷1~2次大豆素，浓度为100毫克/千克，可使黄瓜增产15%左右。嫁接后22~24天可达到定植苗龄。

苦瓜在11月上旬播种育苗。温汤浸种后用纱布包好，放在30~32℃条件下催芽，80%的种子出芽后播种。用营养钵装营养土播种育苗。

（3）施肥整地

定植前每667平方米施圈肥5 000千克、饼肥150千克。磷酸二铵50千克、草木灰150千克，深耕30厘米，将土肥混匀。南北向起垄，采用高垄栽培，垄高15厘米。

（4）定植方式

当黄瓜3~4片真叶展开时（约11月下旬）定植。黄瓜按大小行栽苗，大行行距80厘米，小行行距50厘米，株距27厘米。每隔4行黄瓜留1苦瓜套作行，行宽1.2米，行中间定植苦瓜。苦瓜在4片真叶时（约1月中下旬）定植，株距40厘米。

（5）定植后管理

①覆盖地膜：为了提高地温，降低室内空气相对湿度，增加光照强度，定植后要覆盖地膜，每相邻的两个小行覆盖在一起，在膜下追肥浇水。

②张挂镀铝膜反光幕：反光幕可增加温室北侧的地温、气温和光照强度，是冬春茬黄瓜增产的有效措施。

③温度管理：黄瓜和苦瓜都是喜温作物，室内温度白天维持在25~30℃，夜间15~18℃。为了增加植株抗寒能力，可在缓苗后、开花期和幼果期各喷1次浓度为1%的植物抗寒剂。

④水肥管理：黄瓜浇过缓苗水后至根瓜采收初期，约30天时间一般不浇水，以促根控秧为主，土壤绝对含水量以20%左右为宜。采瓜初期至整个结瓜盛期浇水要多，一般10~20天浇1次，前期间隔时间长一些，后期间隔时间短一些。阴天、雨雪天、降温天不要浇水。低温季节在上午10时以后进行浇水，最好浇温水。苦瓜甩蔓前忌浇大水，随着植株长大、气温逐渐升高逐渐加大水量。高温季节在早晨、傍晚浇水。一般每隔一次清水，浇水冲1次复合肥，每次每667平方米施复合肥10~15千克。同时，人工增施二氧化碳气肥。

⑤人工授粉：黄瓜虽然不经授粉也能结瓜，但经过人工授粉，可显著提高产量，目前生产上以坐瓜灵蘸花为主。苦瓜在揭塑料膜以前一定要进行人工授粉。

⑥植株调整：苦瓜的分枝力强，主蔓上雌花的结果率是随着节位的上升而降低，产量主要靠第一节至第四节雌花结果，所以，摘除侧蔓有利于集中养分提高主蔓的雌花坐果。整枝方法是首先保持主蔓的生长，主蔓高1~1.5米以下的侧蔓全部去掉，蔓长到一定高度后，留下2~3个健壮的侧蔓与主蔓一起上架，以后再生出的侧蔓，有瓜者即留蔓并当节打顶，无瓜者将整蔓从基部剪掉。

⑦病害防治：黄瓜的主要病害有霜霉病、炭疽病、疫病；苦瓜的病害有斑点病、炭疽病、疫病。其防治方法为，霜霉病和疫病用52%百菌清烟剂熏烟，每667平方米每次用250克，或用64%杀毒矾400倍液喷雾；炭疽病用80%炭疽福

美800倍液喷雾；斑点病用70%甲基硫菌灵800倍液喷施。

（6）采收

黄瓜采收期一般为12月底至翌年5月下旬。苦瓜采收期为3月中旬至10月中旬。

4. 日光温室茼蒿复种苦瓜栽培

据报道，吉林省桦甸市公吉乡农民利用高效节能日光温室种植苦瓜和茼蒿，加上立体栽培花卉，240平方米的节能温室年收入近1.5万元，而且冬季不用增加取暖所用燃料，节能90%，提高经济效益30%，增加蔬菜产量25%。其主要栽培技术如下。

（1）茼蒿种植技术

选择耐寒的小叶品种，于11月初播种，每667平方米用种量4~5千克，畦宽1.1米，长5.5米，每畦条播4行。白天室内保持18~20℃，夜间保持8~10℃。当茼蒿长到10厘米高和20厘米高时，分别喷2次沼气液或金满利叶面肥6 000倍液。当茼蒿长到30厘米时，隔畦采收上市。采收时在茼蒿基部留2片叶，加强肥水管理，促进新枝萌发，第二次采收时全部收完，每次每平方米可采收3千克，按每千克售价4元，两茬收入为5 000元。

（2）苦瓜栽培技术

选用湘苦瓜2号栽培。该品种为中早熟而且丰产的一代杂交种，具有产量高、耐热、抗病和品质优良等特点。

2月上旬育苗，3月初移栽。畦宽1米，每畦栽2行，株距50厘米，做畦时每667平方米施优质农家肥3 000千克、沼气渣1 000千克、豆饼40~50块、硫酸锌0.25千克、尿素10千克、硫酸钾10千克、复合肥10千克。定植后至开花前，追2次沼气肥，浓度为1：7（沼肥：水）。当第一批瓜坐稳后每隔10天追1次沼气肥。该品种株高在3米以上；主蔓第一雌花着生节位在第十节，上架以后以侧蔓结瓜为主。用塑料绳吊蔓，及时绑蔓和整枝。结合追肥同时灌水，保持土壤湿润，但不能积水。

苗期用多菌灵拌土，每平方米施多菌灵8克，防止猝倒病发生，用15%三唑酮可湿性粉剂1 500倍液每隔20天喷1次，防治白粉病。用霜脲·铝锌500倍液防治霜霉病，用甲基硫菌灵1 000倍液防治枯萎病，用病毒A 300倍液防治病毒病。

一般从定植到采收约需50天，前期果实从开花到采收需18天。适时采收有利于提高产量和品质。

5. 日光温室苦瓜番茄一年三熟栽培技术

甘肃省天水市西十里科技示范园区于2007年首次将苦瓜与番茄、西葫芦、茄子等矮秆作物立体套作，实现了一年三种三收，提高了土地利用率和经济效益，收益比日光温室大棚单作经济效益提高 4~5 倍。

（1）品种选择

苦瓜品种选用长绿苦瓜。与其他品种相比，长绿苦瓜表现较好，具有耐低温、耐弱光、瓜条长、产量高的优点，每 667 平方米产量达 3 786 千克。适宜在日光温室内种植。番茄品种选用"毛粉 802"与苦瓜配置表现较好。"毛粉 802"生长期短，果实成熟早，收获相对集中，该品种 5 月上旬可收获完毕，而此时苦瓜正进入花果盛期，是与苦瓜间作较理想的品种。

（2）苦瓜、番茄配置方法

根据苦瓜、番茄的生育特点，其配置过程分为 3 个阶段：秋延迟番茄生长期从 7 月下旬育苗，8 月下旬定植。定植规格为行距 40 厘米，株距 25~30 厘米，每 667 平方米栽 5 500~6 000 株，元旦前后至春节前收获；早春番茄、苦瓜共生期，在元旦前后春茬番茄、苦瓜同时催芽育苗。春节前后（立春）同时定植，苦瓜在 4 月上旬即可上市。番茄在 5 月上旬上市，到 6 月底可收获完毕。苦瓜与番茄在日光温室内套种，苦瓜的种植密度不宜过大，这与苦瓜的分枝力大、生长势及地力水平密切相关。密度过大，前期由于广遮阴对番茄生长影响较大；密度过小则前期苦瓜产量小，减少收成。根据试验，最好苦瓜定植密度为每 667 平方米 250~350 株。春茬番茄种植规格同秋延迟番茄栽培；苦瓜盛果期在 6 月下旬至 7 月上旬，番茄收获完毕，此时苦瓜正转盛果期，可一直延续结瓜到 9 月底。

（3）秋延迟番茄管理

番茄定植后，棚内管理的重点是降温防雨、促缓苗、防徒长、保花保果，棚内白天温度控制在不高于 30℃，夜间不高于 20℃，要严格控制浇水，连续中耕划锄 2~3 次。植株因管理不当出现徒长时，应及时喷洒矮壮素、助壮素等植物激素，并适时用番茄灵、2，4-D 或防落素等植物生长调节剂点花，以增加坐果率。根据植株生长情况及时整枝、打杈、插架、摘心。番茄每株留 2~3 穗果后摘心，为了使果实大而整齐，提高果实外观，内在质量要根据植株的生长势强弱进行疏果，植株壮者多留，弱者少留；节位低者少留；节位高者多留。单株留 6~9 个为好。白露以后要及时给温棚上膜。当第一穗果长到乒乓球大小时，番茄果实进入迅速膨大期。此期要加强浇水、追肥。每 667 平方米施腐熟人粪尿 200~300 千克，或尿素 20 千克，全生育期追肥 2~3 次，每隔 7~10 天浇水 1 次。浇水后及时通风，降低湿度。当 60% 以上果实长到白熟时停止浇水施肥，以后进入采收期。

（4）早春番茄管理

定植前要提前 1 周整地、起垄、覆盖地膜，以提高地温。春节前后，当苦瓜长至4~5片真叶、番茄7~8片真叶时同时定植。最好选在晴天、气温高的上午进行，移栽时注意苦瓜和番茄应多带土，可减少根系损伤，有利于缓苗，栽苗深度应使土方块与垄面齐平。如栽苗太深，土温偏低不利于缓苗；栽苗太浅，不利于根系生长。定植后应立即浇水。因苦瓜与番茄在春节前后定植，此时外界气温比较低，日光温室管理的重点是防寒、保温、促缓苗。一般定植后3~4天内不通风，要加强保温，使棚内气温白天保持在30℃，夜间不低于12℃，待土壤稍见干时及时中耕，以提高地温。缓苗后根据棚内温度逐渐通风，使白天保持在25℃左右，夜间不低于10℃。前期通风不要通底风，主要通过大棚顶部通风。随着外界气温的上升，当上部风口无法使棚温下降时，方可逐渐通底风。其他管理措施如整枝、肥水等，同秋季延迟番茄管理。

（5）苦瓜管理

①吊蔓与搭棚架：吊蔓采用尼龙塑膜，这种方法优于竹竿支架法，便于操作，以尼龙塑膜作索引绑蔓上爬。在棚膜下用细铁丝分别在东西、南北方向搭平棚架，并在上面搭少量竹竿，可以引藤横向爬蔓。日光温室栽培苦瓜，整蔓尤其重要。首先保持主茎粗壮旺盛生长，主茎上0.6~1.5米以下的侧蔓全部去掉。苦瓜在棚内的南北向留主茎高度也不一样，北端留高限1.5~1.8米，南端留底根0.6米。当主蔓长到一定高度后，留2~3个健壮蔓与主茎一起接引上棚架。对其他再生侧枝，如有瓜即留枝，并当节打顶；无瓜，则从基部剪除。各级分枝上出现2朵雌花时，可留第二朵雌花，第二朵雌花一般比第一朵雌花结的瓜质量好。

②采收和后期的管理：前期因气温低，一般坐瓜18~25天后采摘，后期生长快，15~16天即可长成采收。5月以后，间作蔬菜收获完毕，此时气温升高，可将棚膜撤去。不再整枝，放任生长，但要及时摘除老叶，加强通风透光。7~8月，苦瓜生长更加健旺，应继续加强肥水管理，直到9月底拉秧。

二、塑料大棚苦瓜间作套种高效栽培技术

大棚间套作栽培可以充分利用大棚的小气候，并将大棚的水泥骨架作为苦瓜生长后期的棚架，是省时省力的一种栽培方式，也是进一步提高早春茬苦瓜大棚栽培效益的一种生产模式，具有一定的推广价值。它主要是将苦瓜作为主栽作物，以早熟辣椒、大白菜等作为间套作物，均能获得较好的经济效益。

1. 塑料大棚苦瓜与辣椒套作栽培

根据辣椒、苦瓜的生物学特性及它们的相似的生育温度，利用大棚进行辣椒、苦瓜套种，能够合理利用大棚空间，可以创造较好的经济效益。

（1）品种选择

辣椒应选择早熟耐寒品种，苦瓜选蓝山大白等品种。

（2）培育壮苗

①播种期：华北地区辣椒苦瓜均在温室内育苗，辣椒于 12 月下旬至翌年 1 月上旬播种育苗，苦瓜于 3 月中下旬浸种催芽。

②浸种催芽：辣椒种子经浸种后，在 25~30℃温度下保湿催芽，出芽后即可播种。苦瓜种子种皮较厚，发芽缓慢，将种壳于发芽孔处轻轻嗑一小缝，然后浸种 5~6 小时，置 30℃左右温度下保湿催芽，种子露白后及时播种。

③辣椒苗床管理：辣椒采用口径 10 厘米、高 10 厘米的营养钵育苗，以保护根系。营养土配制用 6 份大田土、4 份腐熟农家肥和少量草木灰混合均匀。辣椒在 1 叶 1 心时移植到营养钵内，在温室内套小拱棚培育，白天揭开拱棚膜，夜晚覆盖。一般棚内日温控制在 20~25℃，夜温控制在 10℃以上，晴天注意及时通风。

（3）辣椒定植、苦瓜直播

在施肥整地后，做畦宽 80 厘米、沟宽 40 厘米的高畦，辣椒于 2 月中旬定植，在畦上种 2 行，穴距 45 厘米左右，每穴 2 株。辣椒定植后即可在行间直播苦瓜，将催好芽的种子在畦中间按 1 米穴距播下，每穴 2 粒，浇透水，再在畦面上搭小拱棚，闭棚 5~6 天，以促使辣椒缓苗及苦瓜出苗。

（4）田间管理

苦瓜出苗后及时通风，通风口的大小及通风时间的长短要逐渐变化，不应突然大量通风，以防受冻。棚内日温保持 20~30℃，夜温 15℃以上，必要时用草帘保温或人工加温。清明后揭去大棚裙膜，谷雨后揭去顶膜。

苦瓜伸蔓后，外界气温已逐渐升高，及时揭去小棚，设立支架，采用"人"字形结构，将竹竿插在辣椒旁边，上供苦瓜攀缘，下作辣椒辅助支撑，能有效地防止揭大棚后辣椒被大风吹倒。

辣椒侧芽全部打掉。苦瓜 1 米以下侧蔓全部抹除，1 米以上留侧蔓 3~4 根，所有孙蔓全部除去，使营养集中，提高挂果能力。早期气温低，大棚不利于昆虫授粉，苦瓜应人工辅助授粉，辣椒可用浓度为 25 毫克/千克的防落素溶液于开花期间喷花保果，增加前期产量。辣椒封行前中耕除草 1 次，一般不追肥或仅叶面喷 0.3% 磷酸二氢钾液。

（5）采收辣椒

辣椒可于 5 月上旬开始收获，苦瓜于 6 月上旬收获，较露地提早 30~40 天。

2. 塑料大棚苦瓜与大白菜套作栽培

早春利用塑料大棚种植春大白菜立体套种苦瓜，既充分利用了保护地空间，又丰富了春淡季蔬菜品种，经济效益十分显著。每 667 平方米可产大白菜 5 000 千克，苦瓜 3 500 千克。

（1）品种选择

大白菜应选择春性低、产量高的品种，如春大将、春秋玉、强势等品种；苦瓜应选择坐果早、产量高、适合当地消费习惯的品种。

（2）播种育苗

采用温室或大棚套小棚外加草苫方式育苗，有条件的可采用电热线。一般于 2 月下旬催芽播种。将大白菜、苦瓜种子分别置于 25～30℃保温条件下催芽。待种子露白时直播于 8 厘米×10 厘米规格的营养钵。另备 10% 的多余苗子播种于苗床，以准备定植时补充营养钵内弱苗、残苗。营养土可选用 55% 园田土加 30% 腐熟垃圾肥和 15% 腐熟畜肥配制，每立方米营养土加 1 千克氮磷钾复合肥混匀。播种前将营养钵内浇足水，每钵播 1 粒催过芽的种子、播后覆盖营养土，浇足水，营养钵上再覆盖一层薄膜，保温保湿。白菜育苗，将温度保持在白天 21～25℃，晚上 15℃，确保最低温度 12℃以上。空气相对湿度保持在 50%～65%。苦瓜育苗温度比白菜高，掌握在白天 26～32℃，夜晚 15～22℃。齐苗后昼夜温差可适度拉大，同时注意保温防冻，增加光照时间，降低棚内湿度。

（3）定植及定植后的管理

一般在 3 月下旬，当白菜苗具 4～5 片叶、苦瓜苗高 20 厘米左右时定植。选择健壮苗定植于塑料大棚。定植前结合整地施足基肥，每 667 平方米施腐熟农家肥 3 500～4 000 千克，氮磷钾复合肥 15 千克，过磷酸钙 20 千克。采用高畦栽培，畦高 15～20 厘米。定植前，在畦上覆盖地膜以提高地温。定植白菜苗行距 50 厘米，株距 40 厘米。定植穴土略高于地膜 0.5～1 厘米。在畦上每隔 4 棵白菜定植 1 株苦瓜。选择天气晴好时定植。缓苗期要保持 20℃的较高温度。在生长期间遇寒流时要加盖草苫或薄膜保温。

缓苗后的温度管理可参照下面的数据：白菜莲座期白天以 18～20℃为宜，结球期以 12～18℃为宜，昼夜温差 4～5℃；缓苗后，穴施稀薄人粪尿加少量磷酸二氢钾，施后以土封窝；莲座期每 667 平方米施 800 千克人粪尿，膜下暗灌，随水冲施；包心初期，随膜下暗灌，每 667 平方米施 10 千克氮磷钾复合肥和 5 千克氯化钾。莲座期土壤水分保持在 50%～60%；包心前期土壤水分保持在 65%～80%。另外，在莲座期、包心初期各打 1 次防腐包心剂。在生长过程中，注意避雨，预防软腐病、病毒病、霜霉病发生。田间如发现少量软腐病，可用链霉素药液防治；喷洒病毒 A，预防病毒病发生；霜霉病可用百菌清、多菌灵、安克锰锌等防治。

（4）及时采收大白菜，加强苦瓜后期管理

大白菜包心结实后，根据市场行情，及早采收，既可获得可观效益，又可避免后期高温高湿病虫害发生，造成损失。白菜采收后，苦瓜结合施肥培土护根，进行整蔓，摘掉无瓜蔓、吊绳，使有瓜蔓、主蔓高度一致，以利于后期生长。一般 5 月中旬即可上市。

3. 塑料拱棚番茄、苦瓜、生菜（叶菜类）套种

（1）品种的选择

番茄选用 L402、佳粉 15、毛粉 802 等抗病、果大、整齐、丰产的中晚熟杂交种；苦瓜选用高产、优质、品质好的长白苦瓜或蓝山大白苦瓜；生菜选用生育期短、发棵快的美国大速生生菜。

（2）培育壮苗

①番茄的播种育苗：番茄于 1 月中旬播种，3 月下旬定植，苗龄 75～80 天。种子用 55℃热水烫种 10 分钟进行消毒，以杀死种子表面的病菌，然后用温水浸种 8 小时，浸种后搓 2～3 遍，播种于温室配制好的营养土苗床中。白天温度保持在 30～35℃，夜间 25℃左右，当种子有 70% 出土时立即降温，防止徒长。白天温度保持在 25℃，夜间 15～17℃。30 天（5～6 片叶）左右分苗移植，以扩大营养面积，一般以 7 厘米×7 厘米或 8 厘米×8 厘米为宜。

小苗 1 叶 1 心时开始喷药防病，用 50% 多菌灵可湿性粉剂 800 倍液，或 70% 代森锰锌可湿性粉剂 600 倍液喷洒，每隔 7～10 天喷 1 次，移植前共喷 2～3 次。移植后缓苗 1 周，喷洒 50% 速克灵可湿性粉剂 1 500 倍液，每隔 7～10 天喷 1 次，预防灰霉病。每次打药的同时，均需加入 0.1% 磷酸二氢钾或 0.1% 尿素进行叶面追肥。

②苦瓜播种育苗：苦瓜于 2 月上旬育苗，3 月下旬与番茄同时定植，苗龄 50～55 天。种子用 55℃热水烫种 15 分钟，然后浸种 8～10 小时，出水后反复搓洗干净，用湿布包好，催芽。出芽后播种于 8 厘米×8 厘米或 10 厘米×10 厘米的营养钵中。苗期管理同前。

③生菜的播种育苗：生菜 2 月中旬育苗，3 月中旬定植，苗龄 25～30 天（4 片真叶）。播种前，将苗床土筛细搂平，种子撒播，不覆土，只用耙子轻轻搂一遍即可，然后浇透水，盖上草苫子。白天温度保持在 15～25℃，夜间 8～10℃，经 26～30 小时即可出芽，将覆盖在苗床上的草苫揭下。夏天露地苗床播种育苗，3 天出芽，苗龄 20 天即可。

（3）适时定植，合理套种

2 月下旬扣棚增温。采用棚内扣中棚、小棚，周围围裙子等方式进行 3～4 层塑料薄膜的多层覆盖，以提高地温，提早定植。定植时采用畦作，畦宽 1.2

米。栽植密度套种方式为：3 月中旬定植生菜，在畦中间定植 3 行，行株距 23 厘米×23 厘米，靠棚边（南侧 2 米长畦内）定植 5 行，不套种，复种 4 茬。3 月下旬在定植生菜畦的两侧定植番茄，株距 25 厘米。苦瓜与番茄同时定植，在畦埂的各个立柱前后各定植 1 株苦瓜（1 个畦埂有 4 个立柱可定植苦瓜，共定植 8 株苦瓜）。

（4）定植后的管理

①生菜的田间管理：生菜定植缓苗后（10 天左右）进行松土，使之提高地温，促进发棵。水要少浇，地皮见干时浇小水。25 ~ 30 天单株重达 50 克时就可陆续上市，45 ~ 50 天将生菜净地。

②番茄的田间管理：番茄定植缓苗后即可通风降温，白天棚温保持在 25℃，下午 2 时后闭风。随着外界气温的升高，逐渐延长通风时间，使棚内的相对湿度保持在 45% ~ 55%，超过 60% 易发病。当生菜净地后，番茄第一穗果进入果实膨大期，此时要加大水肥管理。在定植前，结合整地每平方米施腐熟纯鸡粪 175 克，果实长到蛋黄大时，结合灌水随水追肥，1 次鸡粪水与 1 次化肥水（尿素 15 克/平方米或磷酸二铵 11.2 克/平方米）交替进行，5 ~ 7 天追 1 次，做到每水有肥，不灌清水。防病打药的同时，在药液中添加叶面肥（尿素或磷酸二氢钾）进行根外追肥。番茄要单干整枝，留 3 穗果摘心。整枝打杈时间选在晴天上午 10 时至下午 2 时前进行，这期间棚内温度高，伤口愈合快，病菌不易侵染。整枝打杈忌在阴雨天或早、晚有露水时进行，此时棚内温度低、湿度大，伤口愈合慢，病菌易从伤口侵入。第一穗花蕾开花后用 2,4-D 蘸花，花后 45 天即可喷洒乙烯利催熟，3 天后挂红，5 天后可上市。当第一穗果开始采收时，第二穗果喷乙烯利，当第二穗果开始采收时第三穗果喷乙烯利，这样 7 天后可大量上市，10 天后拉秧净地。

③苦瓜的田间管理：苦瓜虽然与番茄同时定植，但由于前期棚温和土温低，其生长势缓慢，随着温度的升高，生长速度加快，要及时引蔓吊秧。主蔓 1 米以下的侧蔓全部打掉，1 米以上留 2 条侧蔓，其余的侧蔓见瓜后留 2 片叶摘心。同时见瓜后水肥要跟上，土壤湿度要大，保持土层湿润。10 ~ 15 天追 1 次肥。果实要及时采收，开花后 12 ~ 15 天即可采收。

（5）病害防治

棚室栽培的生菜和苦瓜病害较少发生，病害防治主要以番茄为主。番茄除苗期喷药外，定植后开花前喷 1 次异菌脲或腐霉利，结合 2,4-D 蘸花，在 15 毫克/千克溶液中加入 1 000 倍液的速克灵，番茄果实如蛋黄大时再喷 1 次异菌脲或腐霉利，防止灰霉病的发生。定植缓苗后还要喷洒 47% 春雷王铜可湿性粉剂 700 倍液，或 25% 灰克（丁子香酚）可溶性液 1 000 倍液，防治叶霉病和早疫病。

4. 番茄—苦瓜—蘑菇高效栽培技术

在山东省蔬菜大棚内常采用果、菜、瓜、菇立体种植模式。春季棚内种植番茄，秋季棚顶结苦瓜，棚内栽培蘑菇，实现了一年三种三收，经济效益十分显著。

（1）春季栽培

①番茄的种植：番茄选择既抗寒又耐高温、早熟抗病、适于密植、果实酸甜适口、肉质较厚、产量高的优良品种。于 12 月下旬温床育苗，翌年 2 月底至 3 月初定植，每 667 平方米栽 4 000～5 000 株，5 月中旬采收上市，8 月中旬结束。

②种植苦瓜：冬至前后大棚内催芽育苗，翌年 2 月下旬将育成的瓜苗移植在大棚的四周内侧，每 667 平方米的大棚定植 260 株左右。当苦瓜蔓爬上大棚架面时，将大棚的塑料薄膜撤掉。番茄和苦瓜的具体栽培管理技术同常规。

（2）秋季栽培

8 月中旬前后，当苦瓜秧蔓布满大棚架面时利用秧蔓遮阴，在棚下栽培蘑菇。将棚内番茄全部收完，清除秸秆，整地做畦。由于苦瓜的根系发达，分布较浅，做菇畦要距苦瓜植株远些。在棚内宜做成平底畦，每 667 平方米菇畦面积约200 平方米，畦宽 90 厘米，畦深 40 厘米，畦与畦之间留出 20 厘米宽的走道，以便于管理。于 8 月中旬用棉籽壳做培养料平铺在畦内，采用二层播法，即将原料的一半铺在畦内，上撒一层菌种（用菌种量的 40%），然后将另一半原料铺在上面，再将剩余的菌种撒上，畦的四周适当多撒些菌种，最后用木板压实，让菌种与原料紧贴，但不要压得太实，以免造成通气不良。播菌种量为干料的 15%，菇畦投料每平方米为 20 千克，厚度约 15 厘米，全棚共投料 4 000～5 000 千克。播菌种后，再覆盖地膜。现蕾时，即可揭掉地膜，向畦面喷水，每天喷水 2～3次。从蘑菇蕾形成至子实体发育成熟，需经 10～15 天。随着子实体的增大，要逐渐增加喷水量和喷水次数。从 9 月下旬采菇，一直采收到 11 月底。每次采收后，应将死菇、碎片清除，重新覆盖，停止喷水 3～5 天，以促进菌丝生长，积蓄养分，然后再进行下潮菇的管理。进入 9 月份，苦瓜开始现蕾开花，受精后的子房发育很快，一般经 12～17 天后即可采收上市。采瓜要及时并分期进行，以免影响秧蔓上的幼瓜生长，降低其总产量。

（3）经济效益

番茄每 667 平方米产量 5 500 千克，产值 8 500 元。苦瓜每 667 平方米产量2 600 千克，产值约 6 000 元。蘑菇收 3 潮，每 667 平方米采菇 5 000 千克，产值约 15 000 元。三项作物总产值达 3 万元。

（4）管理关键要点

苦瓜秧蔓量大，要及时整理使其在棚面分布均匀，以防止直射光进入棚内，影响蘑菇生长。栽培蘑菇时须距离苦瓜植株 2 米以外做畦，以防止损伤苦瓜根系。11 月中旬开始对蘑菇畦加小拱棚覆盖保温、保湿，延长采菇期。大棚架必须牢固，以免被苦瓜蔓压倒。

5. 草莓—苦瓜—西芹双促双套高效栽培技术

（1）茬口安排

3 月初草莓露地育苗，8 月底至 9 月初定植，11 月下旬开始采收草莓上市；翌年 1 月中旬苦瓜浸种催芽，用营养钵培育大苗，2 月下旬草莓采收高峰期过后，将苦瓜套种于草莓垄中；5 月初草莓采收结束，苦瓜上市。芹菜 4 月上旬另地育苗，5 月中旬套种定植，6 月底至 7 月初上市。全年种植草莓、苦瓜、芹菜 3 茬作物，历时 320 天左右。草莓与苦瓜共生期 60 ~ 70 天，芹菜与苦瓜共生期 45 ~ 50 天。

（2）棚架建立

搭架分塑料大棚架和苦瓜架。塑料大棚架采用拱形镀锌钢管或竹片搭成宽 6 米、脊高 2.5 米、南北朝向长 55 米的拱形大棚架，大棚中间距 4 米，纵向立 1 排立柱支撑脊梁。苦瓜架则是在塑料大棚中间的每一根立柱高 1.8 米处固定一横杆，横杆两端加立桩固定，在横杆上间隔 40 厘米纵向拉 1 条 8 ~ 12 号镀锌铁丝构成。大棚塑料膜分顶膜和 2 块棚裙膜，顶膜选择厚 0.08 毫米长寿无滴膜；两边棚裙膜高 80 厘米，使用普通农膜，顶膜与两边的棚裙膜重叠 3 ~ 5 厘米，用压膜绳固定。翌年顶膜换新，旧顶膜改做棚裙膜使用。

（3）草莓栽培

①培育壮苗：一般生产要求草莓苗植株矮壮、根茎粗；叶色浓绿，有 4 叶以上；白根多，无病虫，苗重在 25 克以上。为此，培育壮苗要做好“三选”工作：一是选良种，南方大棚草莓促成栽培应选择休眠浅、早熟、果大质优、抗性强、适合大棚栽培的良种，如日本丰香、章姬、春香、幸香等良种；二是选母株，脱毒草莓繁殖系数高，生长势旺，花芽分化早，前期产量高，果大质优，抗病强，增产 3% ~ 8%，生产上选用 1 ~ 3 代脱毒草莓苗作为繁育生产苗的母株；三是选好地，选择土壤肥沃疏松、排灌方便、多年未种过蔷薇科作物、半阴半阳的山垄田进行育苗，有利于促进草莓花芽分化，提早上市。育苗地每公顷施入腐熟鸡鸭粪 45 吨，加入过磷酸钙 1 500 千克，整地做成宽 1.2 米，高 20 厘米的畦，母株按 0.8 ~ 1 米株距单排种植于畦的一边，浇足定根水。母株定植后着重做好 4 个方面的管理：一是水肥管理，从母株活棵到 7 月初保持土壤湿润，每隔 7 ~ 8 天浇稀人粪尿 1 次；进入 7 月份后控氮增磷、钾，提高子苗抗性，促进花芽分化。二是母株、子苗管理，母株活棵后用 30 ~ 50 毫克/千克赤霉素喷雾，隔 7 ~ 8 天再喷 1 次，以加快匍匐茎的抽生；将母株着生的花序、病叶、老叶及时摘除，整理匍匐茎往畦面走，并向子苗两端匍匐茎上压土，促进子苗扎根并均匀分

布在畦面上生长。三是化学除草与人工除草相结合,严防草荒。四是加强蚜虫的防治和叶斑病的预防。

②定植管理:大棚草莓促成栽培生长期长,应施足基肥,整地时施入优质腐熟有机肥7 500千克/公顷,加入含硫三元复合肥750 千克/公顷;起高垄定植,每大棚起6个整垄,棚边2个半垄。每垄宽50～60厘米,高35厘米,沟宽25厘米,每垄按株距15～20厘米,行距25～30厘米定植2排(半垄定植1排),每667平方米定植8 000～10 000株。定植时,根据草莓花序向苗弓背方向离心抽生原理,苗弓背朝沟定向栽培,促使花果垂挂高垄肩侧;定植后浇足定根水,保持土壤湿润,缩短缓苗期,提高成活率。草莓苗定植后确保有一定的生长量,活棵时追施水肥1次催苗;10月中下旬现蕾前,结合中耕锄草,每667平方米施入10千克含硫三元复合肥,及时覆盖地膜,大棚扣膜保温。在每批果采收后,每株留壮芽3～4个,12～15片健叶,将多余的小侧芽、老叶、果柄及时摘除,每667平方米追施含硫三元复合肥12千克。此外,草莓现蕾期结合灰霉病的防治加入8～15毫克/千克赤霉素,促进花柄伸长;花期放蜂加强授粉,以提高结果率。

(4) 苦瓜套种

①营养钵育苗:1月中旬将苦瓜种浸泡在55℃温水中10分钟,期间搅拌数次,然后自然冷却后,继续浸种8～10小时,捞出放入发芽箱催芽,或用50厘米×60厘米泡沫保温箱,从盖顶拉入一电线,箱内接1盏25瓦灯泡,箱底垫上一层湿布或湿细沙,放入种子催芽,箱内置一温度计,温度控制在30～33℃,3～5天可露白。露白后的苦瓜种播入用30%腐熟鸡鸭粪＋60%田土＋9%火烧土＋1%过磷酸钙配制营养土制成的营养钵中,培育大苗。当苦瓜第一对真叶展开时,喷1次浓度为20～40毫克/千克的赤霉素,可降低第一雌花着生的节位,增加雌花比例,早期产量可增加20%～45%,提早采收7～10天。2月下旬,当苗长出4～5片真叶、高15～20厘米时便可定植。

②定植管理:2月下旬将营养钵苦瓜大苗套种在大棚两边(半垄除外)的第一整垄上,按50厘米株距,在草莓垄中打条穴,施入少许三元复合肥,垫上5厘米土,连苗带营养土种植,浇足定根水,每667平方米套种440株。苦瓜定植后7天浇稀人粪尿1次;4月初雌花开花前,拔除套种有苦瓜垄上的全部草莓,结合培土每667平方米施入三元复合肥20千克。5月初苦瓜采收1～2批后,每667平方米施入复合肥50千克,并将棚内草莓全部清除,整畦地准备种植芹菜。为了提高苦瓜前期产量,苦瓜整蔓时,在基部留1～2条有雌花着生的侧蔓,并于雌花前留2～3片叶摘心(苦瓜采收后剪除),其余侧蔓全部抹除,只留主蔓引缚上架。

（5）芹菜套种

①芹菜育苗：芹菜延迟栽培宜选择抽薹较迟的青芹良种，4月初用清水浸种24小时后，再用200毫克/千克赤霉素液浸泡12小时，捞出后稍晾干，拌入4~5倍细沙，装入盆内，每天翻动1~2次，保持湿润，约6天即出芽。按苗地和本田为1：8的比例，每平方米播种5~6克的用量，将出芽的芹菜种连同细沙一起，撒播在经整平整细、施足基肥、浇透水的苗床上，上覆0.5~0.8厘米厚的细土，搭盖简易棚架用遮阳网防止暴晒雨淋。整个育苗期间采用小水勤灌，保持土壤湿润。当芹菜长到4~5片叶时，每667平方米随水施入尿素8~10千克，酌情控水促根防徒长。当苗龄为35~40天、长出6~7片叶，株高为12~14厘米时定植。

②定植管理：大棚草莓清除后，将未套种苦瓜的空垄土壤培向两边苦瓜畦（填满半垄与苦瓜之间的垄沟），形成宽1.2米、高35厘米的苦瓜畦。棚内4行苦瓜间的空地，做成高15厘米、宽1.5米的两低畦，并在低畦每667平方米施入复合肥30千克，整平整细套种芹菜。芹菜苗按株距10厘米、行距25厘米、每丛3~4棵苗带土定植，浇足定根水。芹菜活棵后及时中耕蹲苗7~8天，促进根系生长，蹲苗期过后每天浇水1~2次，保持土壤湿润。当苗长到20~25厘米高，进入叶柄迅速生长期并开始封行时，每667平方米顺水追施尿素25千克。采收上市前15天和7天分别用30~50毫克/千克赤霉素液连喷2次，以提高产量。

6. 夏季常用蔬菜与苦瓜间套种栽培

露地春栽越夏型苦瓜栽培多为较高海拔或冷凉气候带种植模式，多采种平棚架的稀植栽培，每667平方米定植苦瓜80~150株，这是在福建海拔600~800米的苦瓜越夏栽培常采用的一种高效栽培方法。

（1）白菜或甘蓝地套种苦瓜栽培技术

一般春白菜、甘蓝依海拔高度3~4月育苗，4~5月定植，苦瓜4~5月上旬播种育苗，5月定植，白菜或甘蓝比苦瓜提早定植15~20天，在白菜或甘蓝定植时根据苦瓜设定的株行距预留苦瓜定植穴，在苦瓜主蔓上架后进入开花结果初期，白菜或甘蓝一次性采收，要求前茬生育期为60天左右的早熟品种。这种栽培方式的苦瓜采收期长、产量高、收益好，如果配合苦瓜嫁接技术，可一年搭架，多年连续种植的省力化栽培。具体做法如下：选用水泥柱或较粗的竹子长2.4米，按4米×6米埋立柱，入土深50厘米，架高1.8米左右，将主架先做好，要求牢固结实。当植株开始抽蔓时，棚架平顶上拉绳索或辅大拇指粗度以上的竹子或用0.3米×0.3米网眼的尼龙网覆盖，尼龙网的长或宽等规格可定制，之后每株苦瓜插一根竹子或用塑料绳牵引上架，上平架前主蔓1.6米以下的侧蔓全部摘除，上架后一般放任生长，年产值稳定在 1 万元以上。

（2）苦瓜—玉豆套种法

玉豆 5 月上旬播种，5 月下旬定植。苦瓜 4 月初播种育苗，5 月上旬定植，比玉豆提前 20～25 天。每 667 平方米定植苦瓜 80 株左右，玉豆 70 株左右，7 月前玉豆无需追肥喷药，玉豆伸长缓慢，到 8 月中下旬苦瓜采收后期，玉豆爬上苦瓜架，进入旺盛生长，开花结荚，无需搭架，非常省工。每 667 平方米苦瓜产量 3 500～4 000 千克。产值稳定在 7 000～8 000 元，玉豆每 667 平方米产值一般在 3 000～4 000 元，两种农产品均可在田间直接收购，每个劳动力可种 2 000 平方米，每年每 667 平方米产值超万元，而种苗、地租、农药和肥料成本不超过 3 000 元，可以说是高效农业的一种模式。

第五节　苦瓜嫁接栽培

一、防病丰产栽培技术

1. 砧穗选择

苦瓜枯萎病菌专化性较强，寄主范围较窄、一般不侵害其他瓜类作物。丝瓜砧木耐湿性强，根系发达，与苦瓜嫁接亲和性好，嫁接成苗率高。据本课题组对 18 种不同丝瓜砧木的对比试验，不同丝瓜砧木对苦瓜产量和品质的影响明显，所以生产上应选择嫁接亲和性好、产量高的专用砧木，如中国台湾农友的银光、双依，福建省农科院的银砧 1 号、银砧 2 号。在缺少苦瓜专用砧木的情况下可选用圆筒形的普通丝瓜。早春设施栽培可选用黑籽南瓜或一代白籽南瓜作砧木。南瓜是耐低温作物，在土温 6～12℃的低温条件下能正常生长，用南瓜做砧木，根系生长比丝瓜快、根毛多，接穗的生长也较快，能满足苦瓜在 10℃左右的低温条件下正常生长，使苦瓜提早上市，增加瓜农的经济效益。但在水分较充足的田块，接穗苦瓜叶片往往偏大、叶肉较薄、叶色偏黄，抗病性下降，所以用南瓜作砧木在苦瓜开花结果前要控制水分，防止徒长。接穗可选择较耐低温、主侧蔓雌花率高的品种。如福建省农业科学院选育的"新翠"、"如玉 5 号"等杂交系列品种，其早熟性、丰产性都较突出。

2. 植前准备

在定植前 1 周田间撒施腐熟有机土杂肥，每 667 平方米施腐熟有机土杂肥 5 000～7 000 千克，过磷酸钙 50 千克，45% 的三元复合肥 25 千克。按 1.6 米开沟，筑畦面宽约 1.2～1.3 米的高畦，畦面覆盖地膜。

3. 适时定植

待嫁接苗长至 4～5 片叶后，根据各地的气候环境条件，确定株行距。如四川南部冬春季苦瓜栽培多采用密植定植，一般株距为 35～40 厘米，双列品字形定植法。定植后浇足定根水，定植时嫁接口处要离畦面 2～3 厘米，以防止接口处再生新根入土，发生枯萎病。

4. 整枝搭架

苦瓜开始抽蔓时，及时搭架，一般采用人字架，架材长 2.5 米左右，在畦面上 1.8 米左右的高度交叉形成人字形，人字形之间用 8 号铁线或竹竿连接固定。单蔓整枝，以主蔓结瓜为主，主蔓 60 厘米以下的侧蔓全部打掉，主蔓 60 厘米以上的子蔓，在 1 米以内见瓜后打顶，1 米以上无瓜的子蔓全部打掉。

5. 浇水追肥

定植缓苗后施稀粪水或 0.3% 尿素液提苗。结果前 7 天左右浇水 1 次，结果盛期 5～10 天浇水 1 次。及时摘除底部衰老黄叶，以利于通风透光。视苗情 8 天左右浇施 1 次 30% 的人粪尿，以促进果实膨大和继续开花结瓜。进入采收盛期，结合灌水每 667 平方米追施三元复合肥 35 千克，同时喷施 0.2% 尿素和 0.2% 磷酸二氢钾混合液防止叶片早衰，以延长采收期和提高商品瓜质量。

6. 加强田间管理

水分管理采用深沟高畦，雨季及时排水，炎热少雨季节适时灌水，在整个生长期间保持耕层土壤湿润。适时剪除无瓜老蔓、细弱侧枝和老叶枯叶，改善通风透光条件。

二、早熟高效栽培的技术

1. 选用耐寒品种和砧木

选用苦瓜早熟品种如株洲 1 号苦瓜、广汉长白苦瓜、新翠苦瓜、北京白苦瓜、蓝山苦瓜、黑龙江白苦瓜和东方青秀苦瓜等，这些品种耐寒，适应性强；砧木则选择亲和力强、耐低温的黑籽南瓜。

2. 采用日光温室、大棚多层覆盖栽培

冬春温度低，必须采用保温、采光好的日光温室或大棚栽培。前期还应在棚室内设置 1～2 层小棚，以防寒保暖，创造适宜苦瓜生长发育的温度条件。

3. 提前培育嫁接大苗

培育健壮的嫁接大苗是苦瓜早熟丰产栽培的关键。播种期与栽培地区、保护地类型及其保温性能密切相关。如河北省中南部地区，采用日光温室栽培于 12 月上旬播种，苗龄 50 天左右，具 4～6 片真叶；采用大棚地膜覆盖栽培，因其保温性能不及日光温室，应适当推迟播种期，苗龄相应缩短。

4. 适时定植，合理密植

早熟栽培施肥量较高，通常结合耕翻整地每667平方米施优质厩肥4 000～5 000千克，钙镁磷肥或过磷酸钙60～80千克，硫酸钾10～15千克，而后做畦。采用畦带沟1.5～1.6米，双列或双株定植，株距0.3～0.6米，多采用吊挂式或篱笆式；单蔓整枝时，每667平方米植1 600～2 200株，双蔓整枝时每667平方米植1 200～1 600株，如广西的大棚早熟栽培每667平方米植1 800～2 000株；而四川峨眉采用吊挂式双蔓整枝栽培，每667平方米植1 600株。随着劳动力成本的不断上升，稀植省力栽培模式受到苦瓜种植者的欢迎。如寿光的日光温室栽培；福建漳州的冬春大棚栽培等多采用行株距1.5米×1.2米，每667平方米植350～400株，多蔓整枝；四川成都的郫县，大拱棚栽培，行株距为（2.5～3）米×3米，每667平方米植70～80株，上架前只留主蔓或于主蔓基部再留1～2条健壮侧蔓，上棚架后一般不再整枝。

长江中下游以南区域，大棚或温室栽培多在1月下旬至2月上旬播种，2月下旬至3月下旬定植，嫁接苗多在大型嫁接育苗工厂进行，苗龄以4～5片真叶为宜。

5. 温度管理

定植后应维持较高的棚温，以利于缓苗和初期生长。一般白天控制在30℃，前半夜为22～24℃，后半夜为20～22℃。缓苗后白天温度控制在25～30℃，夜间20℃左右。晴天温度可以高些，阴天可以低些。适宜的温度，一定的温差，充足的光照，是苦瓜生长结果的基本条件。

6. 肥水管理

结瓜前期，对水肥需求量较少，一般以保持土壤不干为原则，缺水时可小水浇灌，以后结合追肥进行浇水。苦瓜进入结果期后，茎蔓生长与开花结果均处于旺盛时期，是需要水肥最多的时期，一般每间隔10～15天，每667平方米埋施硫酸铵15千克或蔬菜专用复合肥20千克，或顺水冲施硝酸铵20千克。每追施1次化肥浇2次水。不要在棚室撒施氨态氮，以免叶片发生肥害。

7. 搭架绑蔓

苦瓜抽蔓后应及时设立支架，支架以篱笆架、人字架为好。搭架之后，引蔓上架，蔓长50厘米时开始绑蔓，以后每隔4～5节绑1次蔓。主蔓出现第一朵雌花后，开始整枝，每株留蔓条数据定植密度而定，摘除多余的侧蔓。植株生长至中后期不再进行整枝，但应摘除下部衰老黄叶、老叶和病叶，以利于通风透光。

8. 促进坐瓜

授粉可提高苦瓜坐瓜率并能促进果实发育。由于日光温室或大棚内风小，昆虫活动少，因此，要进行人工辅助授粉。可于上午7～10时采下盛开的雄花，反转花瓣，将花粉轻轻涂在雌花的柱头上。也可于下午 6 点后采摘翌日待开放的雄花包括花丝，扎成花束，插入有水玻璃瓶中，存放于 25℃ 左右的室内，待翌日上午棚内温度 18℃ 以上雌花开放后进行授粉，该方法对早春夜温低于 15℃ 时，提高雄花粉活力，提高苦瓜柱头的受精率，增加结果率和果实膨大均有益处。

第六节　苦瓜无土栽培

一、无土栽培的特点

无土栽培是用营养液或者固体基质代替天然土壤进行作物栽培的方法。无土栽培以人工创造的作物根系环境取代土壤环境，可有效地解决传统土壤栽培中难以解决的水分、空气和养分供应的矛盾，使作物根系处于最适宜的环境条件下，从而充分发挥作物的增产潜力，达到提高单位面积产量、提高产品商品率、增加生产茬次的目的，能为市场提供无污染、高质量的园艺产品。目前，无土栽培已在世界各地广泛应用，并已成为设施农业和太空农业的主要组成部分。无土栽培和传统的农业栽培方式相比，具有以下显著的优点。

1. 避免土壤连作障碍，有效地降低病虫害的传播

由于无土栽培不使用土壤，切断了土传病害的传播途径，彻底避免了土壤连作障碍，生产场地清洁卫生，有效地降低了农药的施用，一般可以节省农药费用 50% ~ 80%，对于实现蔬菜无公害生产具有重要意义。

2. 提高产量和品质

荷兰的温室黄瓜和番茄产量每年分别达到 72 千克/平方米和 54 千克/平方米，是露地产量的 5 ~ 10 倍；加拿大采用"深池浮板"技术生产的生菜，每年每平方米产量可以达到 500 棵，是露地生产效率的 15 倍以上，而且产品商品性提高，品质优良。花卉无土栽培商品质量较露地栽培亦有大幅度提高。

3. 节约肥水

采用无土栽培，可根据作物不同种类、不同生育期按需定量施肥水，营养液可以回收再利用。无土栽培多采用滴灌方式供应肥水，减少了肥水的用量。

4. 节省劳力，工作环境比较舒适

生产的机械化、自动化程度高，减轻了劳动强度，由于生产多在环境调控能力强的现代化温室进行，工作环境舒适，有别于传统业的生产环境，日本就将无土栽培作为吸引年轻人从事蔬菜生产的重要手段。

5. 无土栽培不受地点限制，可以扩大农业生产空间

由于无土栽培不需土壤，摆脱了土壤对农业的束缚，可在沙漠、盐碱地严重

地区和海岛荒滩上实施，亦可利用楼顶、阳台种植蔬菜和花卉。

尽管无土栽培具有上述优点，但必须看到，无土栽培需要一定的生产设施，投入较高；栽培的技术含量亦较高，生产人员必须经过专门培训。无土栽培应当考虑当地的经济发展状况和生产技术条件，做到因地制宜，量力而行。

二、无土栽培主要方式

无土栽培的形式很多，最初是从水培法开始的，后来又发展了基质培。目前中国主要采用的形式有营养液膜法、浮板毛管法、深液流法、袋培、鲁SC无土栽培法和有机生态型无土栽培等。

1. 基质培

（1）沙砾培

沙砾培是用河沙或者砾石作为栽培基质固定苦瓜植株，定时定量浇灌营养液来进行栽培的一种方式。常用槽栽法。

槽培的装置包括栽培床、贮液池、水泵、输液管线等组成，栽培床可以用金属或硬质塑料等做成三角槽，也可以用砖砌成长方形的槽，在底部做一凹槽用于排废液，在槽的一端设一排液孔。槽内装铺河沙，或者先装3~5厘米厚砾石，而后在上面铺以河沙。安装供液装置和排废液装置即成。由于沙砾资源丰富，在一些沙漠地区不需要外地运入，成本低廉，不需要定期更换，是一种永久性基质。

（2）草炭基质培

草炭是泥炭藓、灰藓、苔草以及其他水生植物的分解残体，其具有质地轻、通透性好、能够抗快速分解等特点，是目前公认的园艺作物最好的基质材料。生产中一般不单一使用，常常同其他基质复配，如草炭：蛭石为（2~4）：1或草炭：蛭石：珍珠岩为1：1：1，效果良好。通常采用槽培法，做成内径40~50厘米、深15~20厘米的槽，可以用金属或者硬质塑料做成，也可以用砖砌成。内铺复合基质13~15厘米厚，安装供液装置和排液装置即成。该方法效果良好，但是由于草炭资源不是各地都有，需要外地长途运入，故成本较高。常用的是袋培和槽栽法。

此外，也有用秸秆、炉渣、锯末等作基质栽培的，但较少。

2. 水培

（1）营养液膜法（NFT）

其原理是用一层很薄的营养液（0.5~1厘米厚），在栽培槽中循环流经根系，不仅可以供应作物水分养分，还可以很好地解决根系对氧气的需求。该栽培法主要由营养液贮液池、水泵、栽培槽、管道系统、植株固定系统和调控系统组成。营养液在水泵的驱动下，经过管道系统流经根系，然后又回到贮液池，形成循环式供液系统。可以分为连续供液和间歇供液两种。间歇性供液可节约能源，也可以控制作物的生长发育，具体方法是在供液系统中加一个定时器即可。

（2）浮板毛管法

浮板毛管水培技术（Floating Capillary Hydroponics，FCH）是浙江省农业科学院园艺所"东南沿海地区无土栽培研究中心"于1991年研制成功一种新型无土栽培系统。由营养液池、栽培床、营养液循环系统和控制系统四大部分组成。

栽培槽由成型聚苯乙烯泡沫槽连接而成，每个槽长1米，宽0.4米，高0.1米。栽培槽长度以15~30米为宜。槽内铺一层0.3~0.4毫米厚的聚乙烯黑白双色复合薄膜或两层0.15毫米厚的黑色薄膜。槽内放置1.25厘米厚、14厘米宽的聚苯乙烯泡沫板作为浮板，漂浮在营养液的表面。浮板上覆盖一层25厘米宽的无纺布作为湿毡。一部分根系在湿毡上生长，吸收空气中的氧气；一部分根系浸在营养液中吸收水分和养分。定植板选用2.5厘米厚、40厘米宽的聚苯乙烯泡沫塑料板，覆盖在槽上。定植板开孔与育苗杯外径一致。营养液循环系统主要由水泵、阀门、主管道、支管道、空气混合器和集液管道等组成。营养液的循环路线为：贮液池水泵—阀门—主管道—支管道—空气混合器—栽培床—排液口—集液管道—贮液池。控制系统由定时、控温、自动加水和营养液的电导率、pH值的检测和调控设备等组成。该方法具有成本低、投资少、管理方便、节能、实用等特点。该系统适应性广，适宜中国南北方各气候生态类型应用。

（3）深液流法

作物的根系浸在营养液里，营养液的深度为5~10厘米，温度变化比较平缓，在中国的广东省推广面积较大。

（4）雾培法

又称"气培法"，是指作物的根系悬挂于栽培槽的空气中，用喷雾的方法供应营养液。此法的优点是供氧效果好，便于控制根系发育，节水效果明显。但是，对喷雾的质量要求严格，雾点应细而均匀；根系的温度往往受气温的波动性影响较大，不易控制。日本经过进一步改进，形成多种形式的雾培水栽形式，已经大面积应用于生产，取得了良好效果。

三、营养液配制

1. 营养液配制的原则

营养液配制总的原则是确保在配制后存放和使用营养液时都不会产生难溶性化合物的沉淀。根据合理的平衡营养液配方配制的营养液，一般是不会产生难溶性物质沉淀的。

2. 营养液的配制方法

生产上配制营养液一般分为浓缩贮备液（也叫母液）的配制和工作营养液（也叫栽培营养液）的配制两个步骤，前者是为方便后者的配制而设。如果有大容量的存放容器或用量较少时也可以直接配制工作营养液。

(1) 浓缩贮备液的配制

配制浓缩贮备液时，不能将所有盐类化合物溶解在一起，因为在较高浓度时，有些阴、阳离子间会形成难溶性电解质引起沉淀，为此，配方中的各种化合物一般分为 3 类，配制成的浓缩液分别称为 A 母液、B 母液和 C 母液。

A 母液以钙盐为中心，凡不与钙作用而产生沉淀的盐都可溶于其中，如 Ca $(NO_3)_2 \cdot 4H_2O$ 和 KNO_3 就可以溶解在一起。

B 母液以磷酸盐为中心，凡不与磷酸根形成沉淀的盐均可溶于其中，如 $NH_4H_2PO_4$ 和 $MgSO_4 \cdot 7H_2O$ 就可以溶解在一起。

C 母液为微量元素，由铁（如 Fe-EDTA）和各微量元素合在一起配制而成。

母液的倍数根据营养液配方规定的用量和各种盐类化合物在水中的溶解度来确定，以不致过饱和而析出为限。一般大量元素 A 母液、B 母液可浓缩 200 倍；微量元素 C 母液，因其用量小可浓缩 1 000 倍。母液在长时间贮存时，可用 HNO_3 酸化至 pH = 3 ~ 4，以防止沉淀的产生。母液应贮存于黑暗容器中。

(2) 工作营养液的配制

工作营养液一般用浓缩贮备液来配制，在加入各种母液的过程中，也要防止局部的沉淀出现。配制步骤：首先在贮液池内放入相当于要配制营养液体积 40% 的水量，将 A 母液应加入量倒入其中，开动水泵使其流动扩散均匀。然后再将应加入的 B 母液慢慢注入水泵口的水源中，让水源冲稀 B 母液后带入贮液池中参与流动扩散。此过程所加的水量以达到总液量的 80% 为好。最后，将 C 母液的应加入量也随水冲稀带入贮液池中参与流动扩散，然后加足水量，继续流动搅拌一段时间使其达到均匀，即完成工作营养液的配制。

在生产中，如果一次需要的工作营养液很大，则大量营养元素可以采用直接称量配制法，而微量元素可先配制成母液，再稀释为工作营养液。

3. 配制苦瓜无土栽培营养液

苦瓜无土栽培营养液是根据苦瓜健康生长发育对各种营养元素需求的数量和比例，通过分析试验配制而成的。该营养液不仅能够提供全面的养分，使苦瓜苗壮生长，还能较长时间地保持其养分的有效性。目前，常用的配方有日本园试通用配方及斯泰奈营养液配方等。

四、营养液管理

营养液的管理主要是指在栽培作物过程中循环使用的营养液的管理，随着作物对水分、养分和氧气的吸收，营养液的浓度、成分、pH 值、溶解氧都在变化，作物根的分泌物及脱落物也通过微生物的活动而影响营养液的组成和浓度变化。在营养液的管理当中浓度的管理最为重要。

1. 营养液的浓度

由于苦瓜在生长过程中不断地吸收养分和水分，加上营养液的蒸发，会引起其浓度、成分的不断降低，当营养液浓度和水分降低到一定的水平时，就应补充养分。

在苦瓜栽培过程中，营养液浓度变化的监控一般通过测定营养液的电导率来判断，由于营养液浓度（总盐分含量）与电导率之间存在着正相关关系，这种关系可以用回归方程来体现：

$$EC = a + bs（a、b 为直线回归系数）$$

其中，EC 为电导率（毫西/厘米），a 和 b 为常数，s 为剂量梯度浓度。以园试配方的营养液为例，说明该回归方程在营养液浓度与电导率的关系以及在营养液管理中的应用。在营养液配制好后，以标准营养液为 1 个剂量，配制成从 0.2～2 之间不同剂量的浓度梯度差营养液，梯度差为 0.2 个剂量，然后测定每级差剂量浓度的营养液电导率值。然后把测得的电导率值代入下列公式，求得直线回归系数，于是就可以获得山崎（1987）配方的营养液总浓度与电导率之间的直线回归方程：

$$EC = 0.279 + 2.12s（R = 0.9994）$$

那么，苦瓜生长过程中的营养液浓度就可以用如下公式获得：

$$S = （EC - 0.279）/2.12$$

调整工作液浓度时，根据所测定的工作液的电导率，代入上面的公式可以求得工作液的剂量浓度 S，然后根据不同时期苦瓜对营养液浓度的要求，代入以下公式求得欲加母液的体积和水的体积。

$$V_水 = A' × （S_1 - S_0）$$
$$V_母液 = A' × （S_0 - S_1）/（B' - 2）$$

其中，V 水为应加水的体积（升）；V 母液为应加母液（A、B 母液各半）的体积；A' 为营养液的体积（升）；S_0 为营养液的初始浓度（毫克/升）；S_1 为营养液调整前的浓度（毫克/升）；B' 为 A、B 母液的浓缩倍数。

苦瓜栽培要求的营养液浓度较高，但不同生育阶段要求不同，一般开花前较低，以 1.5 毫西/厘米左右为宜；开花后至果实褪毛为 2～2.5 毫西/厘米；膨瓜期以 2.5 毫西/厘米为宜，最高不超过 4 毫西/厘米。补充养分时，通过定期测定营养液的电导率，如果发现营养液的总盐浓度下降到 1/3～1/2 剂量时就应该补充养分至原来的初始浓度。一般要求间隔 1～2 天测定 1 次营养液的浓度，以了解种植系统中浓度的变化情况。

2. 营养液酸碱度的调节

营养液的酸碱度直接影响着苦瓜根系的发育和营养液中某养分的有效性。苦瓜生长的适宜 pH 值为 5～8，如果营养液的 pH 值上升或下降到这个范围之外，苦瓜的生长就表现不良，就需要将 pH 值调节到适宜范围。一般用稀酸或稀碱溶液来中和调节。pH 值升高时，可用稀硫酸（H_2SO_4）或稀硝酸（HNO_3）溶液来中和。当营养液的 pH 值下降时，可用稀碱溶液如氢氧化钠（NaOH）或氢氧化钾（KOH）来中和。用 KOH 时带入营养液中的 K^+ 可被作物吸收利用，而且作物对 K^+ 有着较大量的奢侈吸收现象，一般不会对作物生长有不良影响，也不会在溶液中产生大量累积；而用 NaOH 来中和时，由于 Na^+ 对多数作物不是必需的营养元素，因此，会在营养液中累积，如果量大，还可能对作物产生盐害，应当引起注意。由于 KOH 的价格较 NaOH 昂贵，在生产中仍常用 NaOH 来中和营养液酸性。

营养液酸碱调节，利用滴定法来确定其用量。具体的方法为：量取一定体积（如 10 升）的营养液于一个容器中，用已知浓度的稀酸或稀碱来中和，用便携式酸度计检测中和过程营养液 pH 值变化，当营养液的 pH 值达到预定的 pH 值时，记录所用的稀酸或稀碱溶液的用量，并用下列公式计算所要进行 pH 值调节的种植系统所有营养液中和所需的稀酸或稀碱的总用量。

$$V_1/v_1 = V_2/v_2$$

其中，V_1 为从种植系统中量取的营养液体积；v_1 为中和从种植系统中量取的营养液所消耗的稀酸或稀碱的用量（毫升）；V_2 为整个种植系统中所有营养液的体积（升）；v_2 为中和整个种植系统中所有营养液所消耗的稀酸或稀碱的用量（毫升）。

进行营养液酸碱度调节所用的酸或碱的浓度不能太高，一般可用 1～3 摩尔/升的浓度，加入前，应用水稀释后慢慢加入到种植系统的贮液池中，并且边加边搅拌或开启水泵进行循环。防止酸或碱溶液加入过快，致使局部营养液过酸或过碱，而产生 $CaSO_4$、$Fe(OH)_3$、$Mn(OH)_2$ 等的沉淀，从而产生养分的失效。

3. 营养液的更换

在无土栽培营养液循环中，由于长时间种植作物，会造成营养液中积累过多有碍于作物生长的物质，当这些物质积累到一定程度时就会妨碍作物的生长，可能会影响到营养液中养分的平衡和根系的生长，严重时会导致植株死亡；同时，也容易引起病菌的繁衍和累积，引发根部病害。因此，在种植一定时间之后需重新更换。特别是营养液中积累了大量的病菌致使作物开始发病而此时的病害已难以用农药来进行控制时，就需要马上更换营养液，更换时要对整个种植系统进行彻底的清洗和消毒。

判断营养液是否需要更换的方法有如下几种：一是经过连续测量，营养液的电导率值居高不下；二是经仪器分析，营养液中的大量元素含量低而电导率值高；三是营养液有大量病菌而导致作物发病，且病害难以用农药控制；四是营养液混浊。

如无检测仪器，可考虑用种植时间来决定营养液的更换时间。一般在软水地区，可在生长中期更换 1 次或不换液，只补充消耗的养分和水分，调节 pH 值。硬水地区每 1~2 个月更换一次营养液。

4. 营养液温度的控制

营养液温度直接影响到根系代谢及微生物活动，从而影响着植株生长。一般的植物对低液温或高液温适应范围都是比较窄的，而且，波动较大的营养液温度，会引起病原菌的滋生和作物的生理障碍，会降低营养液中氧的溶解度。稳定的液温可以减少过低或过高的气温对植物造成的不良影响。一般对营养液温度的要求是夏季的液温保持不超过 28℃，冬季的液温保持不低于 15℃，这一温度范围对苦瓜是适合的。

营养液温度的调整，除大规模的现代化无土栽培基地外，中国多数无土栽培设施比较简易，设施中没有专门的营养液温度调控设备，难以人为地控制营养液的温度，多数是在建造时采用各种保温措施。如：栽培槽采用隔热性能高的泡沫塑料板块、水泥砖块等材料建造；加大每株的用液量，提高营养液对温度的缓冲能力；设深埋地下的贮液池，等等。然而，有条件的地区，可以安装一定的设备进行营养液加温降温。如在贮液池中安装不锈钢螺纹管，利用锅炉、地热等通过循环于其中的热水加温，还可以用电热管加温，但是，这些措施大大增加了生产成本。最经济的降温方法是抽取井水或冷泉水通过贮液池中的螺纹管进行循环降温。

无土栽培中应综合考虑营养液的光、温状况，如光照强度高，温度也应该高；光照强度低，温度也要低，强光低温不好，弱光高温也不好。

5. 供液时间与供液次数

营养液的供液时间与供液次数主要依据栽培形式、植物长势长相、环境条件而定。供液的原则是：根系能获得充足的养分供应，又能达到节约能源和经济用肥的要求。一般在用基质栽培的条件下，每天供液 2~4 次即可。如果基质层较厚，供液次数可少些；基质层较薄，供液次数可多些。每隔 10 天左右应浇 1 次清水，以冲洗基质中积累的盐分。水培时，苗期每日供液 2~3 次，随着苦瓜秧的长大，供液次数应增加，当进入结果期时，每日供液增至 4~5 次，每株供液量为 2~2.5 升。供液主要集中在白天，夜间不供液或少供液。晴天供液次数多些，阴雨天可少些；气温高、光线强时供液多些；温度低、光线弱时供液少些。总之，应因时因地制宜，灵活掌握。

此外，还应注意营养液中氧气的含量和补充。增加营养液中溶解氧的途径主要有空气向营养液的自然扩散和人工增氧两种。自然扩散进入营养液的溶解氧的速度很慢，数量少，远远达不到作物生长的要求（除在苗期外）。因此，要用人工增氧的方法来补充作物根系对氧的消耗，这是水培种植成功与否的一个重要环节。人工增氧的方法主要有以下几种。

①营养液的搅拌：通过机械的方法来搅动营养液而打破营养液的气、液界面，让空气溶解于营养液中。这种方法有一定的效果，但很难具体实施，因为种植了植物的营养液中有大量的根系存在，一经搅拌极易伤根，会对植物的正常生长产生不良的影响。

②空气压缩泵：用压缩空气泵将空气直接以小气泡的形式在营养液中扩散，以提高营养液溶解氧含量。这种方法的增氧效果很好，但在规模性生产上要在种植槽的许多地方安装通气管道及起泡器，其施工难度较大，成本较高，一般很少采用。

③化学增氧剂：将化学增氧剂加入营养液中增氧的方法。这种方法虽然增氧的效果不错，但价格昂贵，在生产上难以推行。

④营养液循环流动：进行营养液的循环流动的方法，通过水泵将贮液池中的营养液抽到种植槽中，然后让其在种植槽中流动，最后流回贮液池中形成不间断的循环。在营养液循环过程中，通过水流的冲击和流动来提高溶解氧含量。

五、有机生态型无土栽培

这是在"八五"期间，由中国农业科学院蔬菜花卉研究所经过多年的摸索研究开发出来的一种新型无土栽培方式，其特点是不用天然土壤而用基质，不用传统的营养液浇灌作物根系而用有机固态肥料并适当配合适量速效化肥，直接用清水浇灌作物的一种无土栽培形式。这样就使得无土栽培的技术难度大大降低，便于瓜农菜农掌握，同时，也保留了一般无土栽培的优点，如高产优质、产品洁净卫生、节水节肥、省工省时等。

1. 基质材料选用

可以用于有机型基质栽培的基质材料种类很多，有草炭、椰子纤维、食用菌下脚料（也称菇渣）、木屑、棉籽壳、玉米芯、甘蔗渣、沼气渣、中药渣、芦苇秆和作物秸秆等。但这些材料需要经过加工、调节理化性质后方能用于有机型基质栽培，所以，在选用基质材料时应遵守以下原则：资源丰富，价格便宜，就地取材，降低成本；物理性质稳定，适宜的容重通常为 0.1~0.8 克/立方厘米，具有良好的通气性和保水性，总孔隙度在 60% ~ 70%，大小孔隙比为 1 :（1.5 ~ 4）；化学性质稳定，基质的 EC（电导率）为 1.5 ~ 2 毫西/厘米左右，最高不要超过 2.5 毫西/厘米；pH 值为 6 ~ 7.5，最高不要超过 8；有机型基质材料必须要有较好的缓冲性能；不带病原菌和有毒有害物质等。

栽培基质常使用复合基质，如草炭：炉渣为 4 : 6；河沙：椰子壳为 5 : 5；葵花秆：炉渣：锯末为 5 : 2 : 3；草炭：珍珠岩为 7 : 3；草炭：蛭石为（2 ~ 3）: 1；草炭：蛭石：珍珠岩（或菇渣）为 1 : 1 : 1 等。

每茬栽培结束后，应对基质进行测定，根据基质内的养分水平和下茬作物的需肥量来添加肥料。一般栽培苦瓜每立方米基质内添加有机肥料 15 千克，氮、磷、钾之比为 15 : 15 : 15 的复合肥料 1 千克，再添加 5 ~ 7.5 千克发酵腐熟的菜籽饼或芝麻饼和 0.5 千克硫酸钾。肥料配备时，应先把各种有机无机肥料预混合，要求至少翻混 3 次以上，以使混合均匀，再把肥料撒施在基质上，把肥料混合于基质内。

2. 基质消毒

在第一茬使用有机型基质时，因基质已经过无害化处理，故使用时不必再消毒。但基质种过作物后，特别是连作时，由于病原菌的积累，应进行消毒后再使用。一般有机型基质每茬栽培后，通过清洗、整理和消毒，可重复使用 2 ~ 3 年。消毒方法有高温蒸汽消毒和化学药剂消毒两种，其中，化学药剂可采用溴甲烷和甲醛等。目前较多选用甲醛进行消毒，该方法成本较低、效果较好。

（1）蒸汽消毒法

就是用特殊的设备将蒸汽通入土壤、基质，利用蒸汽的高温杀死病虫原，特别适用于杀死病毒病原，所以对栽培基质消毒效果最好。但是，该方法消毒的成本很高，因此生产上很少使用。

（2）甲醛消毒法

一般每立方米基质甲醛用量为 50 ~ 100 毫升，加清水 50 升左右。均匀喷淋基质之后，立即用薄膜盖好封严，同时密封大棚。两天两夜后揭开基质槽的薄膜，这时还要密封大棚 1 天 1 夜，然后在傍晚揭开大棚通风透气，第二天再用清水冲洗基质。应当注意的是，在使用甲醛进行基质消毒时，一定要把基质进行充分的摊晾，使残存的甲醛完全挥发后再使用，因为苦瓜对甲醛敏感。

（3）溴甲烷消毒法

溴甲烷是一种纯净无色透明液体，在 3.5℃ 以上时，这种化合物可挥发成比空气重 3 倍的气体，可以在薄膜覆盖下的空间和土壤中向各个方位无孔不入地扩散渗透，杀死基质中的各种病原，如细菌、真菌、线虫及地下害虫和杂草种子，效果良好。

3. 配套设施

有机型基质栽培必须在温室大棚内进行，栽培系统的主要配套设施有栽培基质槽、灌溉系统、立架系统、基质和肥料等。

（1）栽培基质槽

有机型基质栽培可以根据当地条件，采取多种形式的基质槽。

①商品基质槽：使用泡沫塑料或聚苯乙烯板材制造的小槽长×宽×高为100厘米×20厘米×15厘米，并在槽底部留有小槽水孔。

②砖块槽：用建筑砖块搭建成50～70厘米宽、20厘米深的槽，可以栽培两行作物。在槽底部的土壤上挖1条10厘米宽、沿栽培槽方向呈0.5%坡度的排水小沟，并在基质槽表面铺一层塑料薄膜，再在槽底的排水沟内铺一层粗煤渣或建筑石子作为排水层（或用波纹管代替），然后铺一层无纺布或编织袋用于隔离基质和排水层，最后在基质槽内装入栽培基质即可。若做成单行栽培的基质槽，则宽度为40～50厘米，其他结构不变。

③土壤沟槽：为了节省投资，也可在土壤中直接挖沟作为基质槽，其结构和砖块槽一样，单行栽培槽或双行栽培槽均可。

为了简化有机型基质栽培过程中追肥的施用，需要增加栽培植株的基质量，一般每株基质用量为18～20升。若采用商品基质槽栽培时，一般每槽种植3棵植株，其单株基质量只有10升左右，所以使用这种基质槽栽培时，基质本身所含的肥料只能供应作物苗期所需，而后期要补充全量的营养，故管理较为复杂，在营养液灌溉设施较好的地方可以采用，若无此条件，还是采用大槽栽培较为合适。

（2）灌溉系统

采用有机型基质栽培时一定要使用滴灌系统，据具体条件，选用中低档经济实用型的国产滴灌系统。选择时应考虑滴水的均匀性和材料的使用寿命，一般应包括首部和滴灌带两个主要部分。滴灌的首部应采用简易的水过滤装置以清除灌溉水内的杂质，防止滴灌堵塞。每行作物使用一条滴灌带，双行栽培槽需铺设2条滴灌带。用于基质栽培的水源一定要清洁，没有污染，EC 值在 0.3 以下，pH 值为中性。可使用清洁的、未受污染的地表水，如河水；条件许可时，最好能用雨水或自来水进行灌溉。这样既有利于作物生长，又不会堵塞滴孔。

六、苦瓜无土栽培技术

1. 秋延后绿皮苦瓜有机生态型无土栽培技术

四川省农业科学院园艺研究所利用连栋钢架大棚进行绿皮苦瓜秋延后有机生态型无土栽培获得成功，每 667 平方米产量达 3 000 千克，取得较好经济效益。

现将其栽培技术总结如下。

（1）栽培设施

用砖在大棚内垒成内径、深、长分别为30厘米×30厘米×2 100厘米的南北向栽培槽，槽间距留100厘米作走道，槽坡度为0.2%左右，槽基部铺一层0.1毫米厚的薄膜，膜上铺5~10厘米厚的洁净粗炉渣，炉渣上填充已消毒的栽培基质（炉渣：泥渣＝6：4），每立方米基质中再加入3千克蔬菜专用肥，10千克经消毒的干鸡粪，混匀后即可填槽。大棚外修5立方米的贮水池，建独立的节水灌溉系统。

（2）培育壮苗

苦瓜品种选用绿宝石，于6月下旬温汤浸种催芽，当70%种子露白后即可播种。采用8厘米×8厘米营养钵无土育苗，按草炭：蛭石：珍珠岩为1：1：1配好基质，每立方米基质再加入5~8千克经消毒的干鸡粪和2千克三元复合肥，混匀后填入营养钵，浇足水后每孔播入1粒种子，上覆湿润的细基质2厘米厚，出苗前温度保持在28~30℃，出苗后昼温为25℃左右，夜温为15℃左右，保持基质湿润。夏季气温较高，出苗后宜采用遮阳网遮光降温，以培育壮苗。一般经15~20天、幼苗有2~3片真叶时即可定植。

（3）定植

7月上旬前后将槽内的基质翻匀整平，浇足水，待水渗后扒坑定植，一般绿皮苦瓜株距20厘米，每667平方米定植2 200株，栽后轻浇1次定根水。

（4）田间管理

①肥水管理：定植后7天浇1次缓苗水，保持基质湿润。坐果后晴天上午和下午各浇1次水，阴雨天可视基质具体情况少浇或不浇。定植后20天开始追肥，以后每隔15天追1次肥，每次每667平方米施经消毒的鸡粪200千克加三元复合肥20千克，将肥料距植株基部10厘米处埋入5厘米深的基质中，随后灌水。同时针对大棚内二氧化碳气体亏缺的实际情况补充二氧化碳气肥。

②温度和光照管理：定植后白天大棚内温度应保持20~25℃，夜间15℃左右，坐瓜后昼温保持25~28℃，夜温15℃。秋延后大棚温度管理重点是前期（6~8月）注意用遮阳网遮光降温排湿；后期（9~11月）闭棚保温，以尽量延长采收上市期。

③植株调整：蔓长30~40厘米时开始吊蔓，吊蔓时间隔地将苗引向距离地面160厘米高、80厘米间距的2根钢丝上。摘除第一雌花节位以下侧枝，以后侧枝留1~2叶摘心，及时剪除卷须，以节约养分。随着苦瓜茎蔓的生长，要及时落蔓，蔓的高度一般不应超过160厘米；同时要及时对2/3的雄花、植株中下部病残茎叶予以摘除，以免消耗养分和传播病害。

（5）病害防治

秋延后大棚苦瓜的主要病害是霜霉病。主要以预防为主，适当通风排湿，及时去除病叶，发病时可用25%瑞毒锰锌可湿性粉剂800倍液或75%百菌清500倍液喷雾，每隔7~10天喷1次，连续喷2~3次即可。

（6）采收

绿皮苦瓜定植后55天即可陆续采收上市，一般当绿皮苦瓜瘤状物长满发亮时及时采收，否则会引起茎蔓早衰，产量降低。

2. 苦瓜营养液栽培技术

以浮板毛管水培系统（FCH）为例，介绍苦瓜的夏秋水培技术。

（1）品种选择和栽培适期

用于水培的品种要求具有生长势强、耐热抗病、丰产等特点。适宜夏秋季水培的苦瓜品种为夏丰系列，如夏丰1号、夏丰3号等。

以杭州地区为例，水培苦瓜于7月上旬播种，7月中下旬定植，采收期从8月下旬一直到11月中旬。

（2）消毒和育苗定植

种植前对大棚内外环境进行彻底清洁，对栽培设施要严格消毒，栽培床、定植板、浮板、水池及管道等用0.3%~0.4%漂白粉溶液浸泡和清洗，并调换新膜，严防病原菌带入栽培系统。苦瓜种子浸种消毒后播于新稻壳、蛭石和泥炭等混合基质中，基质上撒少许百菌清，浇透水，覆盖基质，出苗后直接定植在栽培床上。栽培床内设浮板，6米宽的大棚设3条栽培床，定植6行，株距为40厘米，每个标准棚（180平方米）定植450株左右。

（3）营养液管理

栽培床营养液pH值为5.4~6.5。电导率苗期控制在1.6毫西/厘米左右，开花结果后调为2毫西/厘米左右。营养液供给一般采取5分钟供给、15~20分钟停的循环方式。大苗定植要连续供液5~7天，促使发根，待根系生长后再间歇供液。栽培床液位的调节是管理的关键环节，液位可从排液口高低来调节。营养液位要高一些，以确保植株根系吸收到养分，随着根系展开要逐渐放低回水口，降低床内液位，并保证床内有3~4厘米高的气腔，供湿气根生长。及时清除回水口的堵塞物，以免湿气根浸没在营养液中造成烂根和植株死亡。植株生长不同时期，要调整营养液成分。苦瓜植株开花结果后，在营养液中加适量的磷酸氢钾，可以提高产量和品质。

（4）植株整理

植株长到一定高度时，进行"V"字形引蔓，方法是沿种植行拉2根地绳，棚顶上方拉2根铁丝（天绳），用引绳（塑料绳）连接天绳、地绳。整枝时在基部留 1~2 条侧枝，让主、侧蔓同时结果。其他管理同常规田间种植。

（5）病虫害防治

无土栽培是避免土传病害的有效技术，但亦须重视做好防病工作。水培瓜类的主要病害为根茎部病害，有疫病、枯萎病、根腐病等，须及时防治。一般在第一次定植时，在营养液中加入 1/10 000 乙膦铝预防。以后每隔 5 周加 1 次液，按同样比例加入 2~3 次，可以有效地预防根际病害。一旦发现个别病株应及时拔除，并隔离发病区域，重点施药（加大乙膦铝剂量），控制病害的发展。

第五章 保护地设施建设

第一节 电热温床育苗设施建设

电热温床是在苗床下铺设一种专用的农用电热线。在日光温室里使用电热线温床有以下好处：一是可以直接做成地上式苗畦，省去了挖筑畦和架床的麻烦，操作也比较简单；二是温度适宜，好掌握，加上电刺激，一般培育出的苗子健壮，根系发达；三是电热线与控温仪配套使用，实现温度自控，方便管理。其缺点是必须有稳定的电源保证，每平方米耗电 0.2~0.5 千瓦/时，通常从播种到达分苗标准，每千株苗需耗电 1 千瓦/时左右，需要有一定的开支。电热线一般只用于播种床，也可以用在分苗床上。

一、电热线的构造与性能

电热线由电热丝、塑料绝缘层、引出线和接头组成。除了引出线以外，其他都要埋到土中。目前，国内有 DV 型电热线，功率分 600 瓦特（长 80 米）、1 000 瓦特（长 120 米）两种；NQV/2 型电热线也有 1 100 瓦特（长 160 米）和 2 200 瓦特（长 320 米）两种型号。在做产品说明时，都标明了绝缘层的表面温度。

二、电热线使用注意事项

一是只能做床土加温，可长期在土中使用。一般不做空气加热用，特别不准成卷地做通电试验或使用。

二是电热线的功率是额定的，无论是单线、2 线或 3 线连接，都不准剪短使用。

三是每根电热线的使用电压是 220 伏。单线使用时可直接接 220 伏电源，双线使用时只能并联，不能串联。使用 380 伏电源时，必须同时使用 3 根电热线，并采取星形接法。

四是必须把整根线（包括接头）均匀地埋入土中，不得交叉、重叠和打结。

五是用完的电热线取出时，不要强拉硬拽或铲刨，以防止损坏绝缘层。不用时要擦拭干净放到阴凉处，防鼠咬虫蛀。旧电热线在使用前要做绝缘试验。

六是电热线须与控温仪配套使用。大面积集中使用时，采用三相电并实行星形接法，可以省电。

三、电热线布设的原则

苗床的挖掘和构筑必须按计算好的长度和宽度进行。在苗床里布设电热线时，要根据电热线的额定功率、长度和苗床要求的功率密度来布置。苗床的功率密度系指每平方米苗床应具有的功率数，一般每平方米 70～80 瓦特就可以了。电热线是往返铺设，两线的距离最小不小于 6 厘米，一般不大于 30 厘米。

四、布线距离的计算

现以北京电线总厂生产的 NQV/V0.89 农用电热线为例加以说明。该线长160 米，额定功率 1 100 瓦特，线表温度 50℃，电热线周围土壤温度能达到 30℃左右。计算步骤如下。

$$苗床面积 = 额定功率 ÷ 功率密度$$
$$= 1 100 瓦特 ÷ 80 瓦特/平方米$$
$$= 13.75 平方米$$
$$布线长度（床长）= 苗床面积 ÷ 床宽$$
$$= 13.75 平方米 ÷ 1.2 米$$
$$= 11.45 米$$

在前坡有柱式的日光温室里，苗床的宽度如果受到立柱的限制时，一般需要先定床宽，这里假定的床宽是 1.2 米：

$$布线往返次数 =（线长 - 床宽）÷ 床长$$
$$=（160 米 - 1.2 米）÷ 11.45 米$$
$$= 13.8 次$$

为了使电热线的 2 个引出线处于苗床的同一端，必须使往返次数成为双数。上述计算结果整数位为单数，且布线不能到头。遇到这种情况就要调整床长（如果宽度有调整余地，也可调整床宽）。现把床长调整为 11.35 米，则布线往返次数为 14 次，是双（偶）数，符合上述要求。再计算线间距离：

$$线间距离 = 布线宽度（床宽）÷（往返次数 - 1）$$
$$= 120 厘米 ÷（14 - 1）$$
$$= 9.23 厘米$$

此计算结果是平均线距，但在实际使用当中，由于越靠近苗床的边缘向外散热越多，所以布线需要密些，靠中间的部分可稀些，这样在总体上就要依据平均线距对各线距进行重新分配。由于线的往返次数为双（偶）数，其间隔必然为单（奇）数，这样就可以左右对称地进行分配。分配的结果是线距等于平均线距，线距之和等于床宽（布线宽度）。譬如上述线距的分配结果是：7、7、9、9、11、11、12、11、11、9、9、7、7。温室保温性能好，苗床又设在温室中部时，也可采取等线距布置的方式。

五、铺线方法

先在苗床的两头按分配的线距逐一钉上木桩，从接近电源线一端开始，往返绕过 2 个木桩把线拉直，直至把另一头拉回到接近电源线一端。如果电热线没有铺到头，可以把引线埋入土中一部分，引线不够可以再接；如果电热线没有铺完，可以将其选地方埋入土中，但不能形成交叉和重叠。铺完线后，一般用电池通电试验没有问题后，轻轻盖土把电热线埋住，搂平踏实。将木桩拔出，用土盖严踩实，上面铺厚度适宜的营养土。

第二节　日光温室栽培结构设施建设

一、日光温室结构类型

1. 日光温室的基本结构

一般日光温室由前屋面（前坡、采光屋面）、后屋面（后坡、保温屋面）、墙体和覆盖材料构成。前屋面向南，覆盖透明覆盖材料，光线可透过透明材料照射到室内，使室内温度提高。东、西、北三面为墙体，后屋面上覆盖着较厚的草泥，夜间前屋面还可以加盖草苫，因而温室的保温性能良好。

（1）前屋面

由支撑拱架和透明覆盖物组成，主要起采光作用，为了加强夜间保温，在傍晚至第二天早晨用保温覆盖物覆盖。前屋面的大小、角度、方位直接影响采光效果。

（2）后屋面

位于温室后部顶端，采用不透光的保温蓄热材料做成，主要起保温和蓄热的作用，同时也有一定的支撑作用。在纬度较低的温暖地区，日光温室也可不设后屋面。

（3）墙体

包括后墙和山墙。后墙位于温室后部，起保温、蓄热和支撑作用。山墙位于温室两侧，作用与后墙相同。通常在一侧山墙的外侧连接建造一个小房间作为出入温室的缓冲间，兼做工作室和贮藏间。

上述 3 部分为日光温室的基本组成部分，除此之外，根据不同地区的气候特点和建筑材料的不同，日光温室还包括立柱、防寒土、防寒沟等。立柱是在温室内起支撑作用的柱子，竹木温室因骨架结构强度低，必须设立柱；钢架结构因强度高，可视情况少设或不设立柱。防寒沟是在北方寒冷地区为减少地中传热而在温室四周挖掘的土沟，内填稻壳、树叶等隔热材料以加强保温效果。防寒土是指日光温室后墙和两侧山墙外堆砌的土坡以减少散热，增强保温效果。

2. 日光温室优型结构特点

按照结构和保温性能的差异，日光温室可分为两类：一类严冬只能进行耐寒性园艺作物的生产，称为普通日光温室或春用型日光温室。另一类在北纬 40 度以南地区，冬季不加温可生产喜温蔬菜；北纬 40 度以北地区冬季可生产耐寒的叶菜类蔬菜，生产喜温蔬菜虽然要加温，但是比加温温室可节省较多的燃料。这类温室称之为优型日光温室，也叫节能型日光温室或冬暖型日光温室。

3. 日光温室优型结构的参数确定

日光温室结构参数主要包括温室跨度、高度、前后屋面角度、墙体和后屋面厚度、后屋面水平投影长度、防寒沟尺寸、温室长度等。根据日光温室优型结构应具备的特点，日光温室优型结构的参数确定应重点考虑采光、保温、作物生育和人工作业空间等问题。

（1）跨度

所谓跨度是指从温室北墙内侧到南向透明屋面底角间的距离。温室跨度的大小，对于温室的采光、保温、作物的生育以及人工作业等都有很大影响。在温室高度及后屋面长度不变的情况下，加大温室跨度，会导致温室前屋面角度和温室空间的减小，从而不利于采光、保温、作物生育及人工作业。

温室前屋面角度的减小，不仅会降低透光率，而且也会因减小透明屋面的比表面积（透明屋面面积与土地面积之比），从而减小温室内地面所接收的太阳辐射能。据测定：温室透明屋面角度在合理的范围之内（即 90 度 $-H \geqslant \alpha \geqslant 90$ 度 $-H-40$ 度，α 为温室透明屋面角度，H 为太阳高度角），对透光率的影响不大；但当温室南屋面角度小于合理角度时，其角度每减小 1 度，透光率可减小 $0.5\% \sim 1.0\%$。而且当"冬至"日光温室南屋面角度在 $30 \sim 40$ 度时，每减小 1 度，日光温室南屋面上日平均减小太阳辐射 $1.0\% \sim 1.2\%$；而当温室南屋面角度在 $20 \sim 30$ 度时，每减小 1 度，则太阳辐射减小 $1.4\% \sim 1.7\%$。一般温室跨度在 6 米的情况下，跨度每增加 1 米，温室南屋面角度大致减小 4 度，透光率也相应减少 $2\% \sim 4\%$，太阳辐射减少 $6\% \sim 7\%$。

当然，在加大温室跨度的同时加大温室高度，也可以不减小温室透明屋面角度。但加大温室高度又会使温室空间过大，使温室内空气流动加大，从而增大散热；过于高大的温室也不利于外保温，同时还会提高温室造价。

综上所述，目前认为，日光温室的跨度以 6 ~ 8 米为宜，若生产喜温的园艺作物，北纬 40 ~ 41 度以北地区以采用 6 ~ 7 米跨度最为适宜。北纬 40 度以南地区可适当加宽。

（2）脊高

温室脊高是指温室屋脊到地面的垂直高度。跨度相等的温室，降低高度会减小温室透明屋面角度、比表面积以及温室空间，不利于采光和作物生育；增加高度会增加温室透明屋面角度、比表面积以及室内空间，有利于温室的采光和作物生育。据计算，在温室跨度为 6 米，高度为 2.4 ~ 3 米范围内，高度每降低 10 厘米，其透明屋面角度大体降低 1 度，这样，2.4 米高的温室与 3 米高的温室相比，其太阳辐射能减少 7% ~ 9%。但如果温室过高，不仅会增加温室的造价，而且会影响保温。因此，一般认为 6 米跨度的日光温室，高度以 2.8 ~ 3 米为宜；7 米跨度的日光温室，高度以 3.3 ~ 3.5 米为宜；7.5 米跨度的日光温室，高度以 3.5 ~ 3.7 米为宜。

（3）前、后屋面角度

温室前屋面（又称前坡）角度指温室前部塑料薄膜采光面与地平面的夹角。这个角度对透光率影响很大。在一定范围内，增大这个角度会增加温室的透光率。当温室前屋面角度增大到与太阳直射光线垂直时，即太阳直射光线的入射角为 0 度时，温室的透光率最高，此时的温室前屋面角度称理想屋面角度（α）中午时刻温室前屋面的理想角度可用 $\alpha > \theta - \delta - 35$ 度来计算（θ 为地理纬度，δ 为太阳赤纬）。但实际上，由于太阳赤纬每时每刻都在发生变化，在温室设计中很难确定固定的理想屋面角。实验证明，只要直射光线的入射角不大于 40 度，就可以保证温室有较高的透光率，因此，也没有必要追求所谓的理想屋面角度。根据计算，只要温室前屋面角度满足 $\alpha > \theta - \delta - 35$ 度，就能保证一天内大部分时间温室内有较高的透光率。这样，对于北纬 32 ~ 43 度地区来说，要保证"冬至"日光温室内有较大的透光率，其温室南屋面角度（屋脊至透明屋面与地面交角处的连线）应确保在 20.5 ~ 31.5 度以上。当然，确定温室前屋面角度还应考虑温室整体结构、造型及使用面积和作业空间等是否合理，所以，优型日光温室前屋面底角地面处的切线角度应在 60 ~ 68 度。

此外，温室前屋面的形状以采用自前底角向后至采光屋面的 2/3 处为圆拱形坡面，后部 1/3 部分采用抛物线形屋面为宜。6 米跨度、3 米高的温室可保证前屋面底角处切线角达到 65 度以上，距前底角 1 米处切线角达 40 度以上，距前底角 2 米处切线角达 25 度左右。冬季温室内大部分光线是靠距温室前底角 2 米范围内进入温室中的，因此，争取这一段有较大的角度对提高透光率有利。

日光温室后屋面角度（后坡角）是指温室后屋面与后墙顶部水平线的夹角。后屋面角度以大于当地"冬至"正午时刻太阳高度角大 5~8 度为宜。在北纬 32~43 度地区，后屋面角应为 30~40 度，温室屋脊与后墙顶部高度差应为 80~100 厘米。这样可使寒冷季节有更多的直射光照射到后墙及后屋面上，以利于增加墙体及后屋面蓄热和夜间保温。

（4）墙体和后屋面的厚度

日光温室的墙体和后屋面既可起到承重作用，又可起到保温蓄热作用。因此，在设计建造日光温室墙体和后屋面时，除了要注意考虑承重强度外，还要考虑建筑材料的导热、蓄热系数和足够的厚度。通常墙体最好是温室内层采用蓄热系数大、外层采用热导率小的异质材料，如内侧用石头或砖墙，外侧应培土或堆积秸秆柴草等，有条件的可采用空心墙或珍珠岩、炉渣、聚苯板等夹心墙。如果是土墙、石墙或砖墙，其总厚度以当地冻土层厚度加 50 厘米为宜；如果是空心墙或夹心墙，则以 12 厘米砖墙+12 厘米珍珠岩（或炉渣、聚苯板）或 6 厘米空心+24 厘米砖墙为宜。后屋面宜采用作物秸秆、稻草等热导率低的材料，厚度以 40~70 厘米为宜。

（5）后屋面水平投影长度

由于温室后屋面常采用热导率低的不透明材料，而且较厚，因此，其传热系数远比前屋面小。后屋面越长，晚间保温越好。但后屋面过长，春夏秋太阳高度角较大时，就会出现遮光现象，而使温室后部出现大面积阴影，影响作物的生长发育。另外，后屋面过长也会使前屋面采光面减小、透光率降低，从而使白天温室内升温慢。根据计算认为，在北纬 38~43 度地区，温室高度在 3~3.5 米范围内，后屋面在水平面上的投影长度以 1~1.6 米为宜。

4. 日光温室主要类型

根据不同地区的太阳高度角和优型日光温室应具备的特点，不同纬度地区优型日光温室断面尺寸规格不同。

（1）长后坡矮后墙日光温室

这是一种早期的日光温室，后墙较矮，只有 1 米左右，后坡面较长，可达 2 米以上，保温效果较好，但栽培面积小，现已较少使用。这类温室的代表类型有辽宁省海城市感王式日光温室、永年2/3式全柱日光温室、海城新 I 型日光温室和海城新 II 型日光温室等。

这一类型日光温室的优点是取材方便、造价较低、温室后坡仰角大，冬季光照充足，保温性能好，特别是遇到寒流强降温或连阴雾天时，保温效果十分明显。如果建成半地下式，在高寒地区冬季仍可进行喜温蔬菜生产。不加温可在冬季进行蔬菜生产。当外界气温降至 –25℃时，室内可保持5℃以上。其缺点是后部弱光区面积大，土地利用率低。尤其是3月份以后，后部弱光区不能利用。但良好的采光和保温性能，足以弥补种植面积的不足。适于北纬38～41度地区冬季不加温生产喜温蔬菜。

（2）短后坡高后墙日光温室

20世纪80年代中期起，人们从增大温室后坡下的空间、提高土地利用率出发，逐步形成了一种跨度5～7米，后坡面长1～1.5米，后墙高1.5～1.7米左右的温室。这类温室较典型的有冀优Ⅱ型日光温室、潍坊改良型日光温室等。这种温室加大了前屋面采光屋面，缩短了后坡，提高了中屋脊，透光率、土地利用率明显提高，对春夏季果蔬生产明显有利，操作更加方便，是目前各地重点推广的改良型日光温室。但这种温室是建造后墙用工用料多，夜间温度下降快，保温不如长后坡矮后墙日光温室。

（3）无后坡日光温室

该类温室不设置后屋面，其后墙和山墙一般为砖砌，也有用泥筑的。有些地区则借用已有的围墙或堤岸作后墙，建造无后坡的温室。该温室骨架多用竹木结构、竹木水泥预制结构或钢架结构作拱架。由于不设后屋面，温室造价降低，但是，该温室对温度的缓冲性较差，只能用于冬季生产耐寒叶菜，或用于早春晚秋，属于典型的春用型日光温室。

（4）琴弦式日光温室

这种温室跨度7米，后墙高1.8～2米，后坡面长1.2～1.5米，每隔3米设一道钢管桁架，在架上按40厘米间距横拉8号铁丝固定于东西山墙；在铁丝上每隔60厘米设一道细竹竿做骨架，上面盖薄膜，在薄膜上面压细竹竿，并与骨架细竹竿用铁丝固定。该温室采光好，空间大，作业方便，起源于辽宁瓦房店市郊。

（5）钢竹混合结构日光温室

这种温室吸收了以上几种温室的优点。跨度为6米左右，每3米设一道钢拱杆，矢高2.3米左右，前屋面无支柱，设有加强桁架，结构坚固，光照充足，便于内部保温。

（6）全钢架无支柱日光温室

这种温室是近年来研制开发的高效节能型日光温室，跨度6～8米，矢高3米左右，后墙为空心砖墙，内填保温材料。钢筋骨架，有三道花梁横向拉接，拱架间距80～100厘米。温室结构坚固耐用，采光好，通风方便，有利于内保温和室内作业，属于高效节能日光温室，其代表类型有辽沈Ⅰ型、冀优Ⅱ型日光温室。

二、日光温室的设计与建造

1. 日光温室的设计

日光温室主要作为冬季春季生产应用，建一次少则使用 3～5 年，多则 8～10 年，所以，在规划、设计和建造时，都要求考虑和注重可靠、牢固。日光温室由后墙、后坡、前屋面和两山墙组成，各部分的长宽、大小、厚薄和用材决定了它的采光和保温性能，其合理结构的参数具体可归纳为"五度、四比、三材"。

（1）五度

即角度、高度、跨度、长度和厚度，主要指各个部位的大小尺寸。

①角度：包括前屋面角、后屋面仰角及方位角。

前屋面角度　又称前坡角度，指温室前屋面底部与地平面的夹角，屋面角决定了温室采光性能，屋面角的大小决定太阳光线照到温室透光面的入射角，而入射角又决定太阳光线进入温室的透光率。入射角愈大，透光率就愈小。对于北纬 32～43 度地区而言，要保证"冬至"时（太阳高度角最小日）日光温室内有较大的透光率，其温室前屋面角（屋脊至透明屋面与地面交角处的连线）应确保在 20.5～31.5 度。所以，日光温室前屋面角地面处的切线角度应在 60～68 度。此外，温室前屋面的形状以采用自前底脚向后至采光屋面的 2/3 处为圆拱形坡面，后部 1/3 部分采用抛物线形屋面为宜。这样 6 米跨度、3 米高的温室可保证前屋面底脚处切线角达到 65 度以上，距前底脚 1 米处切线角达 40 度以上，距前底脚 2 米处切线角达 25 度左右。冬季温室内大部分光线是靠距温室前底脚 2 米范围内进入温室中的，因此，争取这一段有较大的角度对提高透光率有利。

后屋面角　是指温室后屋面与后墙顶部水平线的夹角。日光温室后屋面角的大小，对后部温度有一定的影响，屋面角过小则后屋面平坦，靠近后墙部在冬至时常见不到阳光，影响热量的储蓄；屋面角过大，阳光直射时间长，对后部温度升高有利，但是，如果后屋面过陡，不但铺箔抹泥不方便，卷放草苫也困难。后屋面角以大于当地冬至正午时刻太阳高度角 5～8 度为宜。例如，北纬 40 度地区，冬至太阳高度角为 26.5 度，后屋面仰角应为 31.5～33.5 度。温室屋脊与后墙顶部高度差应在 80～100 厘米，以保证寒冷季节有更多的直射光照射到后墙及后屋面上，增加墙体及后屋面蓄热和夜间保温。

方位角　指一个温室的方向定位，确定方位角应以太阳光线最大限度地射入温室为原则，以面向正南为宜。温室方位角向东或向西偏斜 1 度，太阳光线直射温室的时间出现的早晚相差约 4 分钟，偏东 5 度则提早 20 分钟左右，偏西 5 度则延晚 20 分钟左右。作物上午光合作用最强，采取南偏东方位角是有利的，但是，在严寒冬季揭开草帘过早，温室内室温容易下降，下午过早的光照减弱对保温不利，所以，南偏东方位角只宜在北纬 39 度以南地区采用；北纬 40 度地区可采用正南方位角。北纬 41 度以北地区应采用南偏西方位角。一般而言，温室坐北朝南、东西向排列，向东或向西偏斜的角度不应大于 7 度。全光连栋温室或塑料棚方位多为屋脊南北延长，屋面东西朝向。倾角一般为 25 ~ 30 度。

②高度：包括脊高和后墙高度，脊高是指温室屋脊到地面的垂直高度。温室高度直接影响前屋面的角度和温室空间大小。跨度相等的温室，降低高度会减小前屋面角度和温室空间，不利于采光和作物生育；增加高度会增加前屋面角度和温室空间，有利于温室采光和作物生育，但温室过高，不仅会增加温室建造成本，而且还会影响保温。因此，一般认为，6 ~ 7 米跨度的日光温室，在北纬 40 度以北地区，若生产喜温作物，高度以 2.8 ~ 3 米为宜；北纬 40 度以南，高度以 3 ~ 3.2 米为宜。若跨度 >7 米，高度也相应再增加。后墙的高度为保证作业方便，以 1.8 米左右为宜，过低影响作业，过高时后坡缩短，保温效果下降。

③跨度：日光温室的跨度是指从温室北墙内侧到南向透明屋面前底脚间的距离。温室跨度的大小，对于温室的采光、保温、作物的生育以及人工作业等都有很大的影响。在温室高度及后屋面长度不变的情况下，加大温室跨度，会导致温室前屋面角度和温室相对空间的减小，因而不利于采光、保温、作物生育及人工作业。目前认为日光温室的跨度以 6 ~ 8 米为宜，若生产喜温的园艺作物，北纬 40 ~ 41 度以北地区以采用 6 ~ 7 米跨度最为适宜，北纬 40 度以南地区可适当加宽。

④长度：是指温室东西山墙间的距离，以 50 ~ 60 米为宜，也就是一栋温室净栽培面积为 350 平方米左右。如果太短，不仅单位面积造价提高，而且东西两山墙遮阳面积与温室面积的比例增大，影响产量，一般最短的温室也不能小于 30 米长。但过长的温室往往温度不易控制，并且每天揭盖草苫占时较长，不能保证室内有充足的日照时数。另外，在连阴天过后，也不易迅速回苫，所以，最长的温室也不宜超过 100 米。长度过长，作业时跑空的距离增加，也会给管理上带来不便。

⑤厚度：包括 3 方面的内容即后墙、后坡和草苫的厚度，厚度的大小主要决定保温性能。后墙的厚度根据地区和用材不同而有不同要求。单质土墙厚度应以比当地冻土层厚度增加 30 厘米左右为宜。在黄淮地区土墙应达到 80 厘米以上，东北地区应达到 1.5 米以上，有时以推土机建墙，轧道机压实的，下部厚达 2 米以上，砖结构的空心异质材料墙体厚度应达到 50 ~ 80 厘米，才能起到吸热、贮热、防寒的作用。后坡为草坡的厚度，要达到 40 ~ 50 厘米；对预制混凝土后坡，要在内侧或外侧加 25 ~ 30 厘米厚的保温层。草苫的厚度要达到 6 ~ 8 厘米，即 9 米长、1.1 米宽的稻草苫要达到 35 千克以上，1.5 米宽的蒲草苫要达到 40 千克

以上。

（2）四比

即指各部位的比例，包括前后坡比、高跨比、保温比和遮阳比。

①前后坡比：指前坡和后坡垂直投影宽度的比例。在日光温室中前坡和后坡有着不同的功能。温室的后坡由于有较厚的厚度，起到贮热和保温作用；而前坡面覆盖透明覆盖物，白天起着采光的作用，但夜间覆盖较薄，散失热量也较多，所以，它们的比例直接影响着采光和保温效果。从保温、采光、方便操作及扩大栽培面积等方面考虑，前后坡投影比例以 4.5：1 左右为宜，即一个跨度为 6～7 米的温室，前屋面投影占 5～5.5 米，后屋面投影占 1.2～1.5 米。

②高跨比：即指日光温室的高度与跨度的比例，二者比例的大小决定屋面角的大小，要达到合理的屋面角，高跨比以 1：2.2 为宜。即跨度为 6 米的温室，高度应达到 2.6 米以上；跨度为 7 米的温室，高度应为 3 米以上。

③保温比：是指日光温室内的贮热面积与放热面积的比例。在日光温室中，虽然各围护组织都能向外散热，但由于后墙和后坡较厚，不仅可以向外散热，而且可以贮热，所以在此不作为散热面和贮热面来考虑，则温室内的贮热面为温室内的地面，散热面为前屋面，故保温比就等于土地面积与前屋面面积之比。日光温室保温比（R）=日光温室内土地面积（S）/日光温室前屋面面积（W），保温比的大小说明了日光温室保温性能的大小，保温比越大，保温性能越高。所以要提高保温比，就应尽量扩大土地面积，而减少前屋面的面积，但前屋面又起着采光的作用，还应该保持在一定的水平上。根据近年来日光温室开发的实践及保温原理，以保温比值等于 1 为宜，即土地面积与散热面积相等较为合理，也就是跨度为 7 米的温室，前屋面拱杆的长度以 7 米为宜。

④遮阳比：指在建造多栋温室或在高大建筑物北侧建造时，前面地物对建造温室的遮阳影响。为了不让南面地物、地貌及前排温室对建造温室产生遮阳影响，应确定适当的无阴影距离。

（3）三材

指建造温室所用的建筑材料、透光材料及保温材料。

①建筑材料：主要视投资大小而定，投资大时可选用耐久性的钢结构、水泥结构等，投资小时可采用竹木结构。不论采用何种建材，都要考虑有一定的牢固度和保温性。

②透光材料：指前屋面采用的塑料薄膜，主要有聚乙烯和聚氯乙烯两种。近年来又开发出了乙烯—醋酸乙烯共聚膜，具有较好的透光和保温性能，且质量轻，耐老化，无滴性能好。

③保温材料：指各种围护组织所用的保温材料，包括墙体保温、后坡保温和

前屋面保温。墙体除用土墙外，在利用砖石结构时，内部应填充保温材料，如煤渣、锯末等。对于前屋面的保温，主要是采用草苫加纸被进行保温，也可进行室内覆盖。对冬春多雨的黄淮地区，可用防水无纺布代替纸被，用两层 300 克/平方米的无纺布也可达到草苫的覆盖效果，对于替代草苫的材料有些厂家已生产了聚乙烯高发泡软片，专门用于外覆盖，有条件时可使用保温被，不同覆盖材料保温效果不同。

2. 日光温室的建造

修建日光温室多在雨季过后进行，根据设计要求选定场地和备料，然后按下列顺序施工。

(1) 修筑墙体

①确定方位：雨季过后开始修筑墙体。首先要确定好墙基的走向，在准备修筑墙基的位置垂直立一根木杆，正午 12 时，木杆阴影所指的方向为正南正北，以此为准做偏西 5 度的基础线。

②钉桩放线：确定好温室方位后，先整平土地再钉桩放线。确定出后墙和山墙的位置，关键是要将 4 个屋角做成直角。钉桩时可用勾股定律验证：从后墙基线一端定点用绳子量 8 米长，再拉向山墙基线一侧量 6 米长，然后量这两点的斜线，若长度为 10 米即为直角，否则调整山墙基线位置，调整好后钉桩放线，确定出后墙和山墙的位置。

③筑墙基：墙基深 60～80 厘米，宽度应稍大于墙体的宽度。挖平夯实后先铺上 10～20 厘米厚的沙子或炉渣防潮，再用石头或砖砌成高 60 厘米的墙基。墙基的宽度应稍大于墙体的宽度，以使墙体稳固。

④筑墙体：分砖墙和土墙两种。资金充足多用砖墙，为提高保温性能，砖墙要砌成空心墙，里墙砌筑二四墙，外侧砌筑十二墙。两道墙的距离因地区纬度而定，如北纬 40 度地区墙体总厚度为 1 米，则里外墙距离为 64 厘米。为了便于春夏季通风，后墙每 3 米设一通风口，通风口距地面 1 米，高宽各 40 厘米或 50 厘米，提前做成特制的预制板装入通风口中。砖墙外侧勾缝，内侧抹灰，内外墙间填干炉灰渣、锯末、珍珠岩等保温材料，墙顶预制板封严，防止漏进雨水。在预制板上沿外墙筑 50～60 厘米高的女儿墙。山墙按屋面形状砌筑，填炉渣后也要用预制板封顶。目前，塑料日光温室多数为土筑墙，分为夯土墙和草泥垛墙两种方法。夯土墙是用厚 5 厘米的木板夹在墙体两侧，向两木板间填土，边填边夯，不断把木板抬高，直至夯到规定高度为止。另一种是把麦秸铡成 15～20 厘米长的段，掺入黏土中，和好后，用钢叉垛墙，每次垛墙高度 1 米左右，分两次垛成。不论夯土墙或草泥垛墙，后墙顶部外侧都要高于内侧 40 厘米，使后墙与后屋面连接处严密。墙体最好做成下宽上窄的梯形。温室后墙和山墙要有地基，地

基深度要和当地冻土层相等，宽度要比墙略宽。

（2）立屋架

土木结构温室，后屋面骨架由立柱、桁和檩构成。前屋面由立柱、横梁、竹片或竹竿（拱杆）构成。一般每3米设1立柱，立柱深入土中50厘米，向北倾斜85度，下端设砖石柱基，为防止埋入土中部分腐烂，最好用沥青涂抹。在立柱上安桁，桁头伸出中柱前20厘米，桁尾担在后墙顶的中部。桁面找平后上脊檩、中檩和后檩。利用高粱秸、玉米秸或芦苇以及板皮作箔，扎成捆摆在檩木上，上端探出脊檩外10～15厘米，下端触到墙头上，秸秆要颠倒摆放挤紧，上面压3道横筋绑缚在檩木上，然后用麦秸、乱草等把空隙填平，抹2厘米厚的草泥。上冻前再抹第二遍草泥，草泥要等干后再铺一层乱草，再盖玉米秸。

前屋面为拱圆式设两道横梁，前面的一道横梁设在距前底脚1米处，后一道横梁设在前柱和中柱之间，横梁下每3米设一支柱，与中柱在一条线上。横梁上按75～80厘米间距设置小吊柱，用竹片做拱杆，上端固定在脊檩上，下端固定在前底脚横杆上，中部由两排20厘米长的小吊柱支撑。

前屋面为斜面式的琴弦式温室，在前底脚每3米钉一木桩，上边设一道方木或圆木横梁，横梁中间再用两根立柱支撑，构成80厘米高的前立窗，每3米设一木杆或竹竿的加强梁，梁上端固定在脊檩上，下端固定在前立窗上。在骨架上按间距30厘米东西向拉8号铁丝，铁丝两端固定在东西山墙外的地锚上，用紧线钳拉紧铁丝。在铁丝上按间距75～80厘米铺直径为2.5厘米的竹竿，用细铁丝拧在8号铁丝上。

（3）覆盖棚膜

在无风的晴天覆盖薄膜。

①棚膜的准备：棚膜宽度要比其实际坡长余出1.5米。以便埋入土中和固定在脊檩以上的后屋顶处，并留出通风口的重叠部分。膜长要比温室长出2米（包括山墙），以便将棚膜固定在墙外侧（包卷木条）。薄膜一般截成3幅，各幅幅宽分别为：上幅宽1.2米、下幅宽1.8米，中幅为实际棚膜宽度减去上下幅宽之和。各通风口处都要粘入一条细绳，以便于经常拉动通风，并防止膜边磨损导致漏风。

②压膜材料的准备：拱圆形温室宜用聚丙烯压膜线或用8号铁丝外缠塑料做压膜线。用10号铁丝按温室长度加1米准备公用地锚线。先在每间温室外埋设一个地锚，地锚露出地上部分拧成一个圈，将公用地锚线穿过各间的地锚后在东西两侧固定。顶部将压膜线拴在固定于后屋面处的公用10号铁丝上，铁丝两端固定在东西山墙外侧的木桩上。

③覆膜：从下部开始，带线绳的膜边向上，下部预留出30厘米，对直拉紧，

而后在东西端各卷入一根细竹竿，在山墙外固定。依次往上扣中段和上段棚膜，在上段棚膜与脊檩结合处用草泥封好，压在后屋面前缘上，将底角膜下端埋入土中。再于每两根拱杆间拴一根压膜线，压膜线上端固定在后坡事先准备好的固定压膜线上端的木桩或铁丝上，下端固定在前底脚预埋的地锚上，压膜线必须压紧，才能保证大风天薄膜不被损坏。斜面式温室覆盖薄膜不用压膜线，在薄膜上用直径1.5厘米的细竹竿做压杆，同薄膜下的竹竿相对应，用细铁丝穿过薄膜拧在拱杆上，屋顶和前底脚处的薄膜埋在土中，东西墙外用木条卷起，用铁丝拧在8号铁丝上。

（4）通风口

通风换气是日光温室生产中重要而又经常的一项工作。日光温室通风主要是依靠在温室屋面上开通风口进行自然通风，通风口通常是分上下两排，上排通风原则上应设在棚面最高处，也就是屋脊部，这排通风口主要是起出气作用，因为热空气比重轻，多聚集在温室的顶部，打开上排通气口，这部分热空气就很容易排到室外。下排通风口以设在离地面1米高处为宜，因为下排通气口主要是起进气口的作用。此通风口设置太高，会降低通风效果；设置太低，容易使近地面处的低温空气进入室内，形成所谓的"扫地风"，给正在生育的作物带来冻害和冷害。通风口面积应根据使用季节略有不同，冬季通风口应占前屋面的5%～6%，春季通风口应占10%。

通风口的开设方法，一是在靠近脊部设通风筒，即事先用塑料薄膜做成下口直径25厘米，上口直径20厘米，高为40～50厘米的风洞，再将靠近脊部的薄膜打开1个相应的圆洞，把通风筒下口粘在圆洞上边，通风时将风筒支起来，闭风时落下。通风筒只是在严寒季节风量小时应用，天气转暖，要求通风量加大时就不适应了。另一种通风方法是扒缝通风。上排通风口是将屋脊处的薄膜扒开，不通风时拉紧。下排的进气口是在覆盖薄膜时先将薄膜分成上下两大片，膜的边缘各粘成一条圆筒，内穿一根细绳，在扣膜时将绳拉紧，上边的一块膜压在下边一块膜上，互相重叠20～30厘米，再加上压膜线，两片薄膜之间平时没有缝隙，并不影响保温，待需要通风时，从两块薄膜搭缝处用手扒开，就变成一个通风孔。这种扒缝通风的方式，薄膜不易受损，风量可大可小，操作方便，是一种较为实用的通风方法。

（5）培防寒土和挖防寒沟

覆盖薄膜以后，在北纬40度以北地区，需要在后墙外培土，培土厚度相当于当地冻土层厚度，从基部培到墙顶以上。在前底脚外挖30～40厘米宽，50～60厘米深的防寒沟，为便于放置拱架，内侧沟壁最好砌砖，然后用旧薄膜衬垫内壁填充隔热材料，踏实后再用薄膜包好沟口，用土压实，成为向南倾斜的缓坡，以便于排出积水，防止隔热物受潮失效。

（6）安门

温室的出入口要预先在山墙处留出高 1.5 ~ 1.7 米、宽 70 厘米的门，装上门框和门。

（7）建作业间

在温室的一侧，建一工作间，其高度不应超过温室脊高。作业间宽 2.5 ~ 3 米，跨度 4 米，高度以不遮蔽温室阳光为原则。

建作业间，既可防止冷风直接吹入室内，又可供人员休息用，还可放置工具和部分生产资料。

（8）防寒覆盖物

高效节能型日光温室冬季必须用草苫覆盖，稻草苫的保温效果好于蒲席，一般厚度约 7 厘米，覆盖时要互相压茬 20 厘米，顺序由东向西覆盖，可防止西北风透入膜内。

（9）安装辅助设备

①灌溉系统：日光温室的灌溉以冬季和早春寒冷季节为重点，不宜利用明水灌溉，最好采用管道灌溉或滴灌。在每栋温室内安装自来水管，直接进行灌水或安装滴灌设备。地下水位比较浅的地区，可在温室内打小井，安装小水泵抽水灌溉。不论采取哪种灌溉系统，都应在田间规划时确定，并在温室施工前建成。

②卷帘机：利用卷帘机揭盖草苫，可以在很短时间内完成草苫的揭盖工作。卷帘机分为人工卷帘和电动卷帘两种。使用卷帘机的温室长度以 50 ~ 60 米为宜。

③反光幕：节能日光温室栽培畦的北侧或靠后墙部位张挂反光幕，可利用反光改善后部弱光区的光照，有较好的增温补光作用。

④蓄水池：节能日光温室冬季灌溉由于水温低，灌水后常使地温下降，影响作物根系正常发育。在日光温室中建蓄水池用于蓄水灌溉，避免用地下水灌溉引起的不良后果（用明水灌溉的地区尤为重要）。采用 1 米宽、4 ~ 5 米长、1 米深的半地下式蓄水池，内用防水水泥砂浆抹平，防止渗漏，白天揭开池口晒水，夜间盖上，既可提高水温又可防止水分蒸发。

第三节 塑料大棚栽培结构设施建设

一、塑料大棚结构类型与环境调控

棚宽 6 ~ 15 米，棚高 2 ~ 3 米，长 30 ~ 60 米，面积在 333.5 ~ 667 平方米的

塑料棚叫塑料大棚，简称大棚。塑料大棚一般南北延长，多不能覆盖草苫。

1. 结构类型

塑料大棚的结构主要有两大类：一类是用钢材或水泥预制件组装而成的无柱式结构，另一类是竹与木或与水泥柱结合的有柱式结构。钢结构无柱式大棚的骨架是用镀锌钢管或直径 12～15 毫米圆钢装配和焊接而成，有柱式结构大棚的骨架是由竹子与木或水泥柱构成。

2. 结构要点

大棚的稳固性除与建造材料有关外，还与设计时的棚体跨度、棚面弧度和高跨比有密切关系。

（1）适宜的棚体宽度

不同地区由于温度条件不同而采用不同的棚体宽度。一般黄淮地区多为 6～8 米，北京地区多为 8～10 米，沈阳地区为 10～12 米，更偏北的地区为 12～15 米。

（2）合理的高跨比

在一定的风速下，棚面弧度小时，掠过棚面的风速快，造成棚内和棚外的压力差大，棚膜会因出现频繁的摔打而破损；弧面大时，掠过棚面的风速被削弱，内外压力差小，棚膜被损坏的机会就小，抗风能力就强。大棚的高跨比直接影响到大棚的棚面弧度。大棚的高跨比等于大棚的中高与大棚跨度的比值。中国北方高跨比以 0.2～0.25 为宜。带肩大棚在计算高跨比时需要将中高减去肩高，所以带肩大棚的棚面弧度一般较小，抗风能力就差，一般不提倡使用。

（3）长宽比

大棚长宽比决定了在覆盖相同面积下，薄膜被埋入土中长度的多少。计算表明，大棚长度与宽度的比值在 5 左右时，薄膜被埋入土中的长度最大，因而抗风能力相对就强一些。

3. 塑料大棚的建造

（1）竹木结构大棚

竹木结构大棚每 667 平方米用料数：各种杂木杆 720～750 根，竹竿 750 根，8 号铁丝 40 千克。建造施工的程序步骤如下。

①埋立柱：立柱多选用直径 5～6 厘米的木杆或竹竿做柱材用。一般每排由 5～7 根组成，分为中柱、腰柱和边柱，各种立柱的高度由棚架的高度决定，实际高度应比大棚各部位的高度多 30～40 厘米。埋柱前先把柱上端锯成"U"形豁口，以便固定拱杆，豁口的深度以能卡住拱杆为宜。在豁口下方 5 厘米处钻眼以备穿铁丝绑住拱杆。立柱下端成十字形钉两个横木，以固定立柱防风拔起，埋入土中部分涂上沥青，以防止腐烂。立柱应在土壤封冻前埋好。施工时，先按设

计要求在地面上确定埋柱位置，然后挖 35 ~ 40 厘米深的坑，坑底应设基石。要先埋中柱，再埋腰柱和边柱。腰柱和边柱要依次降低 20 厘米，以保持棚面成拱形。边柱距棚边 1 米，并向外倾斜 70 度角，以增强大棚的支撑力。为减少立柱的数量，在两排立柱间利用小支柱连接拉杆和拱杆。小立柱一般用直径 5 ~ 7 厘米、长 20 厘米的短木柱，其上下两端以互相垂直的方向，各开一个 U 形缺口，在缺口下方 3 ~ 5 厘米处各钻一个与上端缺口垂直方向的穿孔，下端固定在拉杆上，上端固定拱杆。

②绑拉杆：纵拉杆一般采用直径 5 ~ 6 厘米、长 2 ~ 3 米的竹竿或木杆，绑在距立柱顶端 20 ~ 30 厘米处。

③上拱杆：多用直径 5 ~ 8 厘米的竹竿弯成拱形或接成拱形。放入立柱或小立柱顶端的缺刻里，用铁丝穿过豁口下的孔眼固定好，拱杆两端埋入土中 30 ~ 40 厘米。在覆盖薄膜前，所有用铁丝绑接的地方，都要用草绳或薄膜缠好，以免磨损薄膜。

④扣膜：薄膜幅宽不足时，可用熨斗加热粘接。为了以后放风方便也可将棚膜分成三四大块，相互搭接在一起（重叠处宽≥20 厘米，每块棚膜边缘烙成筒状，内可穿绳），以后从接缝处扒开缝隙放风。接缝位置通常是在棚顶部及两侧距地面约 1 米处。若大棚宽度小于 10 米，顶部可不留通风口；若大棚宽度大于 10 米，难以靠侧风口对流通风，就需在棚顶设通风口。扣膜时选 4 级风以下的晴暖天气一次扣完。薄膜要拉紧、拉正，不出皱褶。棚四周塑料薄膜埋入土中约 30 厘米并踩实。

⑤上压膜线：扣膜后，用专用压膜线于两排拱架间压紧棚膜，两端固定在地锚上。地锚用砖、石块做成，上面绑一根 8 号铁线，埋在距离大棚两侧 5 厘米处，埋深 40 厘米。

⑥安门：棚的两头应各设一扇门，一般高 1.8 ~ 2 米，宽 0.6 ~ 0.9 米。

（2）水泥柱钢筋梁竹拱大棚

建此大棚需用水泥 1.5 吨，钢筋 0.75 吨，其他同竹木大棚。立柱全部用内含钢筋的水泥预制柱代替，但拱杆仍是竹竿，骨架比纯竹木大棚坚固、耐久、抗风雪能力强，一般可用 5 年以上。一般棚长 40 米以上，宽 12 ~ 16 米，棚高 2.2 米左右。水泥预制立柱，柱体断面为 10 厘米×8 厘米，顶端制成凹形，以便承担拱杆。立柱对称或不对称排列；两排柱间距离 3 米，中柱总长 2.6 米，腰柱 2.2 米，边柱 1.7 米，分别埋入土中 40 厘米。钢筋焊成的单片花梁，上弦用直径 8 毫米钢筋，下弦及中间的拉花用直径 6 毫米圆钢，中间拉花焊成直角三角形。花梁上部每隔 1 米焊接 1 个用钢筋弯成的马鞍形的拱杆支架，高 15 厘米（相当于竹木结构大棚的小支柱）。

4. 环境特点和调控管理

（1）温度

在北京市，12月下旬至翌年1月下旬，棚内平均最低温度在0℃以下，不能进行苦瓜生产。到3月中旬，棚内旬平均气温达到10℃左右，地温5~8℃。3月中旬至4月下旬，棚内平均温度在15℃以上，最高可达40℃，最低在0~3℃。5~8月份棚内温度可高达50℃左右。9月中旬至10月中旬温度逐渐下降，但棚内最高气温仍可达到30℃，夜间18~10℃。10月下旬到11月中旬棚内夜温降至3~8℃，11月中下旬逐渐降至0℃。

就上述大棚内温度周年变化规律而言，中国北方大多数地区春季大棚里可以比当地露地提早40天左右定植。秋季覆盖栽培时可比露地后延40天左右。但是，如果能进一步完善大棚内的多层覆盖，则可以进一步延长其提早和延后的时间。晴天太阳出来后，大棚内温度会迅速上升，一般每小时可上升5~8℃，13~14时达到最高，以后逐渐下降。日落到黎明前每小时降低1℃左右，黎明前达到最低。夜间棚内温度通常比外界高3~6℃。

（2）光照

大棚一般是南北向延长，棚内光照比日光温室明显均匀。钢结构无柱式大棚比竹木有柱式结构的光照要高10%左右；薄膜结露有水滴和黏附灰尘时，光照要下降20%~30%；薄膜老化后，透光率要下降23%~30%。大棚由南北向改为东西向时，北侧光照明显不足，需要把大棚的最高采光点向北适当推移。

（3）湿度

同日光温室一样，大棚内也呈高湿状态，空气相对湿度一般为70%~100%，夜间明显高于白天。

二、塑料中棚

跨度在3~6米，高度在1.5~1.8米，面积多在133~200平方米的塑料棚叫塑料中棚，简称中棚。拱形塑料中棚的设计和建造可以参照拱形塑料大棚，其高跨比可以适当加到0.25~0.3。该棚的环境特点基本与塑料大棚一样，所以管理和利用方式也与大棚基本相同。

三、两膜一苫塑料中棚

多层覆盖塑料中棚是目前正在兴起的一种保护地设施，与日光温室、塑料大小棚比较，它具有如下优势：一是结构简单，建设费用低，单位面积建造费用只及日光温室的1/3到1/10，这与当前大多数农民的经济和心理承受能力相吻合。二是与塑料大棚相比，它保温性能好，在黄淮地区可以进行冬季生产。三是与小棚比，它温度变化比较平稳，棚体高，人员可以在其中站立作业。四是它不受地块走向限制，为一家一户经营选用地块和轮作倒茬提供了方便。这在目前日光温室普遍受连作障碍困扰的情况下，显得更有现实意义。五是中棚内套小棚，小棚上覆盖草苫。冬季作业几乎全在棚内进行，改善了劳动条件。六是投入产出比高，是塑料大棚的 1 倍、日光温室的 2 倍以上。

1. 两膜一苫塑料中棚的构造

标准的两膜一苫塑料中棚的跨度是 6 米，脊高 1.8 米，走向可以是南北向，也可以是东西向。中棚的拱杆是用 2 根竹竿弯曲搭接而成，共设有 3 道横拉杆。拱下只在中间设 1 排顶柱，每个顶柱相距 3 米左右。没有边柱，这样才能在中柱的两边安排 2 个小拱棚。小拱棚覆盖在 2 个栽培畦上，每个栽培畦宽 2 米，其外畦埂距中棚底边 0.7 米。设置这一部分有两个作用，一是隔离外界低温对栽培畦的影响；二是冬季用来放置草苫。2 个栽培畦在中间相距 0.6 米，这一部分留做走道用。每个小拱棚宽 2 米，高 0.7 ~ 0.8 米，拱架是用竹片弯曲而成的，也设有 3 道横拉杆，因为冬季上面需要覆盖草苫，必须有一定的坚固程度。

（1）棚体走向

用于一般蔬菜栽培的两膜一苫塑料中棚可以是东西延长，也可以南北走向，可因地制宜。东西走向的棚体内冬季和早春温度状况要比南北走向的好一些，但棚内光照均匀性差一些，往往是南强北弱。南北走向的棚光照比较均匀，但冬季和早春温度状况不如东西延长的棚好。从生产上看，两者的生产效果是一样的。

（2）棚长

一般不少于 50 米，也不超过 100 米，一般以 60 ~ 70 米为好。

（3）棚间距离

东西走向的棚在南北向上的棚间距离一般不少于 2 米。如果需要在棚的北侧架设风障，前后两棚的距离需要达到 4 米。建议东西走向的棚间距 3 米左右，这样不仅有利于减少遮阴，而且便于车辆通行。南北走向的中棚在东西向上的棚间距离一般不少于 1.5 米，南北向上棚头距离最好达到 3 米。

（4）棚面弧度

多层覆盖塑料中棚一般没有边柱，而且应该尽量地减少中柱，有条件的最好采用钢拱架、复合材料预制拱架，或者将它们与竹木拱结合的无柱式结构。多层覆盖中棚的稳固性除了与使用的建筑材料有关外，还与棚形有着密切关系。如果棚面比较平缓，不仅棚体的稳固性差，棚膜也极易受到风害而破损。棚面平缓对采光也不利，还会使棚膜上的水滴大多滴落到小棚的草苫上，降低了草苫的保温能力。按照合理轴线进行计算和修正，从棚的一侧起算，1 米、2 米、3 米、4 米、5 米处的垂直高度，相应依次是 1.3 米、1.6 米、1.8 米、1.6 米和 1.3 米。

2. 建造

（1）架设拱架

每0.5米设置1道拱，每道拱是用2根长为6米左右，底根部直径为3～4厘米的竹竿搭接而成的。安装时须先将竹竿根部向外倾斜着埋入土中，而后再人工弯曲搭接绑缚固定。

在各拱之间，再用3道或5道横拉杆从棚内连接起来。横拉杆一般是用直径3厘米左右、长8米左右的圆竹充当的，分别与各拱绑缚固定后，就可使整个棚架形成一个牢固的整体。设置3道横拉杆时，中央一道横拉杆最好采用吊柱的形式，两边的横拉杆可以直接与拱架绑缚固定，这样就可以较好的压紧棚膜。目前采用5道横拉杆的，基本都是把横拉杆与竹拱直接绑缚固定。

（2）修筑两棚头

两棚头都要设置1个门框，安装1个高1.3～1.5米、宽0.8米的门。

（3）埋设地锚

每2道拱杆之间需要安装1条压膜线，压膜线的两端分别连接在地锚上。采用一根铁丝的公用地锚更容易压紧棚膜。

（4）覆膜

棚膜多采用厚度0.08毫米、幅宽8米的长寿无滴膜，膜长要比实际棚长多出4米多，以用来覆盖棚头。采用2幅宽4米的棚膜，在棚顶搭接形成扒缝通风的结构，更有利于今后的管理。

（5）放风口的设置

对于中棚来说，除了利用棚两头的门和棚顶扒缝通风外，还可以将棚底薄膜撩起通风。

为了防止棚头开门时的冷风直接吹入，通常需要在门内80～100厘米的地方设置一道高80厘米的薄膜墙，用于阻挡冷风。

（6）中棚内小棚的建造

小棚覆盖在栽培畦上，一般宽2米，高70～80厘米，长可与栽培畦同长，也可分割成2～3截。小棚骨架是用宽3～5厘米、长3米的竹片弯曲后将两头插入土中而成，拱间距离50～60厘米。通常是用3道横拉杆将各拱联结起来。棚上覆盖膜厚度0.05毫米、幅宽3米的无滴膜。严冬时，在小拱棚上横着搭上厚3～4厘米、长3米的草苫进行保温。

在中棚内最低气温不足10℃时，将小拱棚的棚膜覆盖上去，小棚内的气温不能保证在10℃时，需要加盖草苫。在撩起中棚地脚棚膜进行通风时，通常需要将相应地段小拱棚的棚膜从里侧提起，吊到中棚拱架上，用以阻挡冷风直接吹入。生产实践表明，在黄淮流域冬季小棚内的温度可保持5℃以上。

四、塑料小棚

跨度在 3 米以下，高度在 1 米左右的塑料棚叫塑料小棚，简称小棚。塑料小棚的一个显著特点是人不能在里面站着干活。

1. 结构

小棚一般是用细竹竿、毛竹片或直径 8～10 毫米的钢筋焊制组成的骨架，上覆塑料薄膜。小棚在使用时多不再覆盖不透明保温物，但也有覆盖柴草和草苫的。也有小棚与风障结合使用的风障畦，效果更好一些。

2. 环境条件及管理

（1）温度

塑料小棚主要是利用太阳能来提高地温和气温，夜间是靠塑料薄膜和草苫或作物秸秆来进行保温的。生产上大多不用不透明覆盖材料，只覆盖薄膜，因此，保温能力比较差。在这种情况下，塑料小棚一般表现为白天升温快，最大增温能力可达 30℃以上；夜间温度低，昼夜温差可达 20℃以上，在阴雪雾天，棚内温度有时只比露地高 1～3℃。低温时期，塑料小棚温度多不稳定，忽高忽低，只有当自然界日平均温度稳定在 8℃以上时，塑料小棚才进入比较可靠的安全生产期。所以，塑料小棚在投入使用的前半期必须注意保温，防止低温伤害；后半期又要注意放风，防止高温伤害。栽培苦瓜时，一般当自然界温度稳定通过 20℃时，才可撤除薄膜。

（2）光照

塑料小棚的光照明显低于自然界，棚内的光照直接受薄膜内表面附着水雾、外表面附着的灰尘以及薄膜老化程度的影响。无水雾附着、新膜覆盖的小棚，平均透光率为 76.8%，而附着水雾时只有 52.7%。光照不均匀是小棚光照又一特点，南北光照可相差达 7%。

（3）湿度

高湿是小棚环境的一个显著特点，密封的塑料小棚里空气相对湿度一般为 70%～100%，白天通风时一般为 40%～60%，比露地高约 20%。塑料小棚里空气相对湿度的变化规律是：夜间高，白天低；不通风时高，通风时低；浇水后高，以后随着时间推移而逐渐降低。鉴于塑料小棚的热量条件和空间大小，塑料小棚可以作为低秆作物的秋延后和多种蔬菜作物的春提早熟栽培，但目前大多用于蔬菜春提早半程覆盖栽培。作为半程覆盖栽培一般可比当地露地提早 20 天左右播种或定植。如果棚内加 1 层地膜覆盖，还可再提早 3～5 天。如果再加草苫，则可进一步延长使用时间。

第六章　苦瓜的逆境生理及其防治

第一节　苦瓜生理病害诊断和防治

一、苦瓜营养缺乏症

1. 缺素症状与防治

(1) 缺氮

氮元素是组成蛋白质、核酸、叶绿素、酶等有机化合物的重要组分，因此，它有"生命元素"的美称。氮是限制植物生长和形成产量的首要因素，在氮磷钾元素中，苦瓜对氮素的需求量是最多的。

①症状：苦瓜缺氮时，叶片小，上位叶更小；从下往上逐渐变黄，生长点附近的节间明显短缩；叶脉间黄化，叶脉突出，后扩展至全叶；坐果少，膨大慢，果畸形。

②发生原因：质地粗糙的沙性土壤容易缺氮，多是因为这类土壤保肥能力差，速效氮容易流失。生产上常见的是土壤中施入大量未经腐熟的稻壳、麦糠、锯末等，它们在发酵过程中，微生物大量地抢占了土壤中的速效氮而发生的缺氮现象。

③防治方法：少量多次地补施氮肥，叶面喷洒尿素 300~500 倍液，可以迅速缓解缺氮症状。

(2) 缺磷

①症状：磷可以促进苦瓜根系生长，提高植株的抗逆性。苦瓜缺磷时，根系发育差，植株细小，叶小，叶深绿色，叶片僵硬，叶脉呈紫色。尤其是底部老叶表现更明显，叶片皱缩并出现大块水渍状斑，并变为褐色干枯。花芽分化受到影响，开花迟，而且容易落花和化瓜。

②发生原因：土壤有效磷含量低、石灰性土壤磷的固定作用造成有效性低、堆肥施用量少、磷肥施用量少等因素易发生缺磷症；地温常常影响对磷的吸收。温度低，对磷的吸收就少，大棚等保护地冬春或早春易发生缺磷。

③诊断要点：注意症状出现的时期，由于温度低，即使土壤中磷素充足，苦瓜也难以吸收充足的磷素，易出现缺磷症。在生育初期，叶色为浓绿色，后期出

现褐斑。

④防治方法：可将水溶性过磷酸钙与 10 倍的优质有机肥混合施入植株根系附近，同时与叶面喷肥相结合，可喷 0.2% 磷酸二氢钾或 0.5% 过磷酸钙水溶液。

（3）缺钾

①症状：苦瓜缺钾时，生育前期叶缘现轻微黄化，后扩展到叶脉间；生育中后期，中位叶附近出现上述症状，后叶缘枯死，叶向外侧卷曲，叶片稍硬化，呈灰绿色或黄褐色；瓜条短，膨大不良。

②发生原因：忽视施用钾肥是缺钾的主要原因；地温低、日照不足、土壤过湿等条件，也会阻碍植株对钾肥的吸收；氮肥施用过多，发生离子拮抗作用，也会使钾吸收受阻。

③防治方法：增施农家肥和钾肥。采用配方施肥技术，确定施肥量时应予注意。土壤中缺钾时，每 667 平方米条施入硫酸钾 10 ~ 15 千克，一次性施入。应急时也可叶面喷洒 0.2% ~ 0.3% 磷酸二氢钾或 10% 草木灰浸出液。

2. 苦瓜缺素症的诊断

苦瓜营养缺乏症状与相似症状的区别见表 6 - 1。

表 6 - 1　果菜类蔬菜营养缺乏症状诊断

症状发生部位	主要特异症状	诊　断	与相似症的区别	土壤性质
整株生长不良，尤其老叶容易出现症状	基部叶片开始变黄，逐渐向新叶发展，植株生长势弱，叶小，果小	缺氮症		
	叶小，顶叶浓绿，在生育初期叶色为浓绿色，后期出现褐斑	缺磷症		
从果实膨大开始，在成熟的叶片上出现症状	下部叶尖缘变黄，有黄色小斑，而后向叶中肋部发展，叶尖和叶缘呈黄褐色，与叶脉附近的浓绿色部分形成鲜明对比，植株下部叶片脱落	缺钾症	与缺镁症的区别：缺钾从叶缘开始失绿，并向叶中部发展，褪色部分与绿色部分对比清晰；缺镁是从叶子中间开始失绿	
	叶脉出现黄斑，叶缘向内侧卷曲，硝态氮多时容易发生	缺钼症		土壤酸性容易发生，中性和碱性土壤多不出现
症状出现在开始结果实的叶片上。生长初期多不发生，直到果实膨大时症状才会出现	果实膨大时，靠近果实的叶片的叶脉间才开始发黄。在生长后期除叶脉残留绿色外，叶脉间均已变为黄色，严重时黄化部分变为褐色，叶片脱落	缺镁症	与缺锌症的区别：缺镁症状不在新叶上出现；缺镁症多在 pH 值较低（pH < 5）的时候发生	

（续表）

症状发生部位	主要特异症状	诊 断	与相似症的区别	土壤性质
顶端新叶上表现症状	幼叶和新叶呈黄白色，叶脉残留绿色	缺铁症	与缺锰症的区别：缺铁的顶叶近黄白色；叶面喷硫酸亚铁2~3天可使叶色变绿，可以判定为缺铁症	
	顶部叶缘黄化，叶片变小，节间拉长，生长点枯死	缺硼症		中性到偏碱性土壤易发生
从新叶开始出现症状，并逐渐向较大的叶片上发展	新叶的叶脉间变为黄绿色，但叶脉仍为绿色。变黄部分不久即变为褐色	缺锰症	缺锰时新叶变黄	
	叶小呈丛生状，新叶上发生黄斑，逐渐向叶缘发展，致使全叶黄化	缺锌症	缺锌时黄斑部分与绿色部分对比鲜明	
茎及叶柄上出现症状	顶端茎及叶柄折断看时，内部变黑色。茎上有木栓状龟裂	缺硼症		中性到偏碱性土壤易发生
果实上出现症状	果实顶部腐烂	缺钙症		多发生在酸性土壤上

二、苦瓜生理病害

1. 苦瓜裂瓜

（1）症状

苦瓜开花后2周至苦瓜收获前，经常可见苦瓜果实纵裂或龟裂，果实转红脐部开裂，种子暴露或脱落。

（2）病因

一是成熟后开裂；二是夏季苦瓜果实进入商品瓜成熟后期突然遇有风雨袭击；三是染有蔓枯病的果实遇风雨袭击，更易开裂；四是纵条瘤品种在土壤缺硼时，瓜易开裂。

（3）防治措施

苦瓜一般开花后14~16天即达到商品成熟度。应在太阳出来之前采收，中午或下午采收的苦瓜易变黄，不耐贮运，影响商品价值。夏季应掌握在暴风雨来临前及时采收以减少裂瓜。苦瓜染蔓枯病会使果实易开裂，生产上要及时防治蔓枯病，具体方法参见本章第二节苦瓜蔓枯病的防治。

2. 苦瓜沤根

沤根是由于长时间低温、多湿和光照不足造成的苗期生理病害。

（1）为害症状

幼苗或成株根部不发新根和不定根，根皮呈锈褐色，易脱落，以后逐渐腐烂。病株地上部萎蔫，易拔起，叶缘枯焦。

（2）发病条件

地温长期持续低于12℃，灌水过量或遇连阴雨天，光照不足，致使植株根系在低温、高湿、缺氧状态下呼吸作用受阻，根系吸水能力降低，生理功能被破坏，造成沤根。

（3）防治措施

一是温床育苗的床温应控制在16℃以上；适当浇水，防止苗床过湿；注意通风降湿，改善幼苗生态环境，增强光照。二是阴雨天要及时排水，适时松土，增加根部氧气含量；如发生沤根，要暂停浇水。三是施用生根粉或2.85%硝·萘酸（爱多收）等药剂，促使新根发生。

3. 苗期生理障碍

该病系由于苗期高温干旱等不适宜条件而引起的生理病害。

（1）为害症状

受害幼苗子叶肥大，生长点无真叶发生，或发生2片真叶后，生长点变成盲点，不再发生真叶。真叶皱缩卷曲，或变大变厚；根系稀疏，侧根少。幼苗发生生理障碍后，不能长成正常植株。

（2）发病条件

苗床高温干旱，光照过强，土壤板结或温度波动过大等，均可诱发此病。

（3）防治措施

一是加强苗床管理，合理浇灌，保持苗床土壤疏松湿润。在夏秋高温季节，育苗应覆盖遮阳网，避免光照过强，并喷淋地下水降温。温度波动大时，应注意苗床保温。二是用高美施（有机营养活性肥料）600倍液作叶面喷施或淋施，每7～10天喷（淋）1次，连续喷（淋）2～3次，可促进幼苗根系发育，提高幼苗抗逆性。

4. 苦瓜低温障碍

（1）为害症状

苦瓜遇低温，表现出多种症状，轻微者叶片组织虽未坏死，但呈黄白色；低温持续时间较长，多不表现局部症状，往往不发根或花芽不分化，有的可导致弱寄生物侵染，较重的导致外叶枯死或部分叶枯死，严重的植株呈水浸状，随后干枯死亡。

（2）防治措施

一是选用抗寒耐低温品种，如成都大白苦瓜、夏丰3号，大顶苦瓜等。二是对幼苗实行低温锻炼。三是选择在晴天定植；霜冻前浇小水；地膜覆盖，高畦栽植；早春注意保温增温。四是受冻后应特别注意缓慢升温，日出后用布帘等遮光，使苦瓜生理机能慢慢恢复。

5. 苦瓜烧根

（1）为害症状

烧根在苦瓜苗期和成株期均有发生。发生烧根时根尖变黄，不发新根，前期一般不烂根，只表现在地上部生长慢，植株矮小，形成小老苗。有的苗期发生烧根，到7~8月份高温季节才表现出来。烧根轻的植株中午打蔫，早晚尚可恢复，后期由于温度高，地下根系吸收水分不能及时补充地上茎叶蒸腾掉的水分，植株便发生干枯，其症状虽似青枯病或枯萎病，但纵剖茎部看不到维管束变褐的异常。

（2）发生原因

主要是因为施用了大量未经腐熟的有机肥，特别是施用未经腐熟的鸡禽粪。但有时也会因为过量且集中施用速效化肥，加之土壤供水不足所致。

（3）防治措施

其一，施用的有机肥特别是鸡禽粪等一定要充分腐熟；施用的肥料一定要与土壤混匀。

其二，定植后不久发现肥烧根时，最好的办法是将秧苗统一移栽到行间，原来的栽培行变为新的行间。

其三，发现烧根要增加浇水量，必要时分株灌入萘乙酸和2.85%硝·萘酸混合液，促进新根的发生。

6. 苦瓜涝害

（1）为害症状

受到涝害的植株发生萎蔫，轻的中午萎蔫，早晚尚可恢复，严重时凋萎死亡。

（2）发生原因

地势低洼，地下水位高，田间长时间积水，或大、暴雨过后，田间积水不能及时排出。

（3）防治措施

其一，采用高畦育苗，或在苗床四周开挖排水沟；选择地势高，排水良好的地块种植苦瓜；尽量采用垄作和高畦作或在有可能受淹的地块用无底编织袋装土垫高栽培。

其二，科学灌水，严禁大水漫灌；雨后要及时排除田间积水，抓紧中耕松土。

其三，发现根系受伤时，要分株灌入萘乙酸和2.85%硝·萘酸混合液，促进新根发生和根系恢复。叶面喷用惠满丰多元复合有机活性液肥或垦易微生物活性有机肥等，连用2~3次。

第二节　苦瓜侵染性病害及其防治

由于苦瓜的茎叶中含有一种抗菌成分，因此它是一种病虫害较少的蔬菜，但在栽培中，由于茬口安排不当、环境条件不适宜、菜园不清洁、栽培管理不当等原因，常会引起一些病虫害的发生。

一、苦瓜侵染病害检索

苦瓜侵染病害检索见表6-2。

表6-2　苦瓜侵染性病害检索

发病部位		症　状	诊　断
叶片发病	产生病斑，病斑上有霉状物	病斑淡黄，受叶脉限制呈多角形，叶背有白霉	霜霉病
		病斑灰白色，多角形，上有浅黑色霉层	白斑病
	产生病斑，病斑上粉斑	产生近圆形白色粉斑，严重时扩展至全叶	白粉病
	产生病斑，病斑上有小黑点	近圆形褐色小斑，扩大后成不定形状或汇合，致使叶片部分干枯，湿度大时有小黑点	斑点病
		圆形或不规则形，黄褐色至棕褐色病斑，病斑上有不太清晰的小黑点	炭疽病
	产生病斑，病斑上无霉状物、粉状物和小黑点	叶片上产生黄褐色水浸状小斑点，多角形，易穿孔	细菌性角斑病
		叶片上有褐色轮纹斑，圆形或不规则形，病斑连片致使叶片干枯	叶枯病
	花叶、畸形	花叶，叶片变小，皱缩	病毒病
茎蔓发病	产生病斑，病斑上有霉状物	病茎水浸状发软，高湿时有白霉	疫病
		病斑褐色水浸状，有白色菌丝，有鼠粪状黏菌核	菌核病
	产生病斑，病斑上有小黑点	病斑椭圆形，边缘褐色，凹陷，高温有小黑点	炭疽病
		病斑椭圆形或梭形，灰褐色，边缘褐色，潮湿时生小黑点，病斑处会开裂，溢出胶质物	蔓枯病

（续表）

发病部位		症　状	诊　断
茎蔓发病	产生病斑，病斑上无霉状物或小黑点	病斑浅黄色，水浸状，纵裂，高湿有菌脓	细菌性角斑病
	植株萎蔫	全株枯萎，病茎上缠绕白色菌索或菜籽褐色小菌核	白绢病
		整株萎蔫，茎基维管束变褐色	枯萎病
花和果实发病	产生病斑，病斑上有霉状物	残花部水浸状，有白色菌丝，生鼠粪样菌核	菌核病
	产生病斑，病斑上有小黑点	病斑黄褐色，凹陷，有小黑点，易开裂、破碎	蔓枯病
		病斑初期呈水浸状，淡绿色，近圆形，扩大后变黄褐色或暗黄色，病部稍凹陷，但不深入果皮内部，中部常开裂。在潮湿环境中，病斑表面常产生粉红色黏状物	炭疽病

二、苦瓜主要病害识别与防治

侵染苦瓜的主要病害有炭疽病、白粉病、白绢病、斑点病、病毒病、猝倒病、褐斑病、灰霉病、枯萎病、霜霉病、线虫病和疫病等。

1. 猝倒病

又叫卡脖子、绵腐病。育苗畦中的苦瓜幼苗，往往会感染此病，造成幼苗成片死亡，导致缺苗断垄，影响用苗计划。

（1）病原与为害症状

猝倒病的病原为真菌中藻状菌的腐霉和疫霉菌，以卵孢子在土壤中越冬，由卵孢子和孢子囊从苗基部浸染发病。病菌在土壤中能存活 1 年以上。种子如在出土前被浸染发病，造成烂种。幼苗发病，茎基部产出水渍状暗色病斑，绕茎扩展后，病部收缩成线状而倒伏。在子叶以下发病，出现卡脖子现象。倒伏的幼苗在短期内仍保持绿色，地面潮湿时，病部密生白色绵状霉，病初局部死苗，严重时幼苗成片死亡。

（2）发病条件

腐霉菌侵染发病的最适温度为 15～16℃，疫霉菌为 16～20℃，一般在苗床低温、高湿时最易发病，育苗期遇阴雨或下雪，幼苗常发病。通常是苗床管理不善、漏雨或灌水过多，保温不良，造成床内低温潮湿条件时，病害发展快。

（3）防治措施

①加强管理：选择地势高燥、水源方便，旱能灌、涝能排，前茬未种过瓜类蔬菜的地块做育苗床，床土要及早翻晒，施用的有机肥料要充分腐熟、均匀，床

面要平，无大土粒，播种前早覆盖，提高床温到20℃以上。

②培育壮苗：以提高植株抗性。幼苗出土后进行中耕松土，特别在阴雨低温天气时，要重视中耕，以减轻床内湿度，提高土温，促进根系生长。连续阴雨后转晴时，应加强放风，中午可用草席遮阴，以防烤苗或苗子萎蔫。如果发现有病株，要立即拔除烧毁，并在病穴撒石灰或草木灰消毒。

③实行苗床轮作：用前茬为叶菜类的阳畦或苗床培育冬季瓜苗。旧苗床或常发病的地畦，要换床土或改建新苗床，否则要进行床土消毒保苗。方法是，按每平方米用托布津、苯来特或苯并咪唑5克，和50倍干细土拌匀，撒在床面上。也可用五氯硝基苯与福美双（或代森锌）各25克，掺在半潮细土50千克中拌成药土，在播种时下垫上盖，有一定保苗效果。

④喷药防治：当幼苗已发病后，为控制其蔓延，可用铜铵合剂防治，即用硫酸铜1份、碳酸铵2份，磨成粉末混合，放在密闭容器内封存24小时，每次取出铜铵合剂50克对清水12.5升，喷洒床面。也可用硫酸铜粉2份，硫酸铵15份，石灰3份，混合后放在容器内密闭24小时，使用时每50克对水20升，喷洒畦面，每7～10天喷一次。也可用72.2%普力克1 000倍或58%甲霜灵·锰锌可湿性粉剂500倍液，或75%百菌清可湿性粉剂600倍液，或64%杀毒矾可湿性剂500倍液喷洒畦面。

2. 疫病

疫病在苦瓜、冬瓜、节瓜、南瓜上都可为害，尤其苦瓜疫病近年有发展蔓延的趋势，可为害植株的每一部位。在苦瓜将成熟时的多雨季节，突然发病烂瓜，造成损失很大。

（1）病原与为害症状

苦瓜疫病的病原属真菌中的藻状菌，主要在土壤中或病株残体上越冬，苦瓜种子也能带菌，第二年育苗时直接侵染幼苗。病斑上的病菌，借雨水灌溉水传播蔓延。叶片发病病斑成黄褐色，在潮湿环境下长出白霉并腐烂；蔓基部和嫩蔓节部发病初为暗绿色，水浸状，后变淡褐色，缢缩变细，病部以上叶片萎蔫枯死；果实发病生暗绿色近圆形水渍状病斑，无明显边缘，很快扩展至整个果面，产生黏稠状液，逐渐软腐缢缩凹陷，表面生灰白色稀疏霉状物（孢子囊及孢囊梗），迅速腐烂。

（2）发病条件

病原菌致病适温为27～31℃。通常在7～9月间发生。前旱后雨或者果实进入成长期浇大水，土壤含水量突然增高，容易引起发病。在低洼、排水不良、重茬地块发病严重，地爬苦瓜比架苦瓜发病严重。

（3）防治措施

①选好地块：要选择地势高、排水良好的壤土或砂壤土栽培苦瓜。

②实行轮作：对苦瓜的种植地要求实行 3~4 年以上的瓜菜或瓜粮轮作。

③加强田间管理：多施有机肥，促进植株生长健壮、根深叶茂，提高抗性，实行高垄（畦）栽培。雨季适当控制浇水，雨后及时排涝，做到雨过地干；遇干旱及时浇水，浇水时严禁大水漫灌，并应在晴天下午或傍晚进行。

④消灭中心病株：平时注意观察，发现病株，立即拔除，病穴用石灰消毒。

⑤喷药防治：发病前喷洒 1：1：250 倍（硫酸铜：生石灰：水）的波尔多液，发病期间可选用 25% 甲霜灵、70% 乙磷锰铝锌、58% 甲霜灵锰锌、72.2% 普力克、64% 杀毒矾、安克锰锌等药剂轮换交替使用，要求喷药周到、细致，所有叶片、果实及附近地面都要喷到，每隔 7~10 天喷 1 次，连喷 3~4 次。灌根用 25% 甲霜灵 +40% 福美双各 800 倍。

3. 枯萎病

又叫蔓割病、萎蔫病等。主要为害苦瓜的根和根颈部。

（1）病原与为害症状

病原属真菌中的半知菌亚门的苦瓜专化型尖镰孢菌。以菌丝体、菌核、厚垣孢子在土壤中的病株残体上过冬。病菌的生活力很强，可存活 5~6 年，种子、粪肥也可带菌。一般病菌从幼根及根部、茎基部的伤口侵入，在维管束内繁殖蔓延。通过灌水、雨水和昆虫都能传病。自幼苗到生长后期都能发病，尤以结瓜期发病最重。幼苗发病时，先在幼茎基部变黄褐色并收缩，然后子叶萎垂；成株发病时，茎基部水浸状腐烂缢缩，后发生纵裂，常流出胶质物，潮湿时病部长出粉红色霉状物（分生孢子），干缩后成麻状。感病初期，表现为白天植株萎蔫，夜间又恢复正常，反复数天后全株萎蔫枯死。也有的在节茎部及节间出现黄褐色条斑，叶片从下向上变黄干枯，叶边缘的叶脉黄化特别明显。切开病茎，可见到维管束变褐色或腐烂。这是菌丝体侵入维管束组织分泌毒素所致，常导致水分输送受阻，引起茎叶萎蔫，最后枯死。

（2）发病条件

病菌在 4~38℃ 之间都能生长发育，但最适温度为 28~32℃，土温达到 24~32℃ 时发病很快。凡重茬、地势低洼、排水不良、施氮肥过多或肥料不腐熟、土壤酸性的地块，病害均重。

（3）防治措施

①轮作：严格实行三四年以上的轮作，注意选择地势高，排水良好的地块种植苦瓜。

②选种：选用抗病品种，采种时必须从无病植株上留种瓜。

③种子消毒：播种前严格种子消毒，一般可用40%甲醛100倍液浸种30分钟，或用50%多菌灵1 500倍液浸种1～2小时，然后取出用清水冲洗干净后催芽播种。

④田间管理：高垄栽培，多施磷、钾肥，少施氮肥。以充分腐熟的有机肥作底肥。发病期间适当减少浇水次数，严禁大水漫灌，雨后及时排水。

⑤消灭病株：注意观察，发现病株则连根带土铲除销毁，并撒石灰于病穴，防止扩散蔓延。

⑥嫁接栽培：采用丝瓜或南瓜类专用砧木进行嫁接栽培。

⑦药剂防治：在苦瓜生长期或发病初期可选用恶霉灵（土菌消）、敌克松、适乐时、20%抗枯宁、根腐必治、50%多菌灵或甲基硫多灵800～1 000倍液浇灌植株根际土壤，灌药量为每株300毫升左右。

4. 炭疽病

整个生产期间，叶片、叶柄、茎蔓、瓜条均可发病。

（1）病原与为害症状

病原属真菌中的半知菌，以菌丝体、拟菌核随病残体残留在土壤里越冬，菌丝体潜伏于种子内越冬或腐生在温室的棚架上。越冬后菌丝体和拟菌核发育形成分生孢子盘，产生分生孢子，借风雨、昆虫传播，可直接侵入表皮细胞而发病。幼苗发病多在子叶边缘出现半椭圆形淡褐色病斑，稍凹陷，周围有黄白晕环，上生红粉色黏状物，重者幼苗近地面茎基部变黄褐色，逐渐细缩，导致幼苗折倒。真叶感病时，最初出现水浸状纺锤形或圆形斑点，叶片干枯成黑色，外围有一紫黑色圈，似同心轮纹状，湿度大时病斑淡灰至红褐色，略呈湿润状，严重时叶片干枯。主蔓和叶柄上病斑呈椭圆形或长圆形，黄褐色，稍凹陷，严重时病斑连接包围主蔓使植株部分或全部枯死。果实上病斑初期呈水浸状，淡绿色，近圆形，扩大后变黄褐色或暗褐色，病部稍凹陷，但不深入果皮内部，中部常开裂，周缘有时隆起。在潮湿环境中，病斑表面常产生粉红色黏状物。

（2）发病条件

病菌在10～30℃均能生长发育，但最适温为22～27℃，平均气温达18℃以上便开始发病。气温在23℃、湿度在85%～95%时，病害流行严重。所以，此病在高温多雨季节，低洼、重茬、植株过密、生长弱的地块，发病均重。湿度低于54%时则不能发病。气温30℃以上，相对湿度低于60%时，病势发展缓慢。

（3）防治措施

①种子处理：在无病健壮的植株上留种瓜。播种前进行种子消毒，可用40%甲醛100倍液浸种30分钟，冲洗净后播种。

②田间管理：选择干燥肥沃的地块种苦瓜。用有机肥做底肥并增施磷、钾

肥，生长中期及时追肥，严防脱肥，苗期发现病株应及早拔除。定植后注意摘除病叶、病果。拉秧后及时清洁田园，重病地块要实行三四年轮作。

③病株处理：发病初期，随时摘除病叶，选用 50% 施宝功、10% 世高、50% 甲基硫菌灵、80% 多菌灵、80% 炭疽福美、2% 农抗 120、代森锰锌等。交替轮换使用，7~10 天喷 1 次，共喷 3~4 次即可。

5. 霜霉病

瓜类霜霉病又叫露水病，主要为害瓜类的功能叶，特别在结瓜期叶片重叠度较大时发病严重。

（1）病原与为害症状

病原菌为真菌中鞭毛菌亚门的藻状菌。主要来自两个途径：一是以孢子囊形态传播发病，二是以卵孢子形态在土中病残叶上越冬，第二年通过风、雨传播侵染植株下部老叶片，然后向上蔓延。一般病菌从叶片的气孔侵入，最初在叶上产生水浸状淡黄色小斑点，扩大后受叶脉限制呈多角形斑，黄褐色，潮湿时病斑背面长出灰色至紫黑色霉（孢子囊），遇连续阴雨则病叶腐烂，如遇晴天则干枯易碎，一般从下往上发展，病重时则全株枯死。

（2）发病条件

发病与降雨早晚、空气湿度、温度有密切关系。苦瓜霜霉病的孢子是在高湿的黑暗条件下形成，病斑上的孢子囊萌发力从傍晚到夜间最高。当春季气温回升达到 15℃ 以上且多雨，空气湿度达 85% 以上时，便开始发病。一般孢子囊形成的适温为 15~19℃，萌发适温为 22~24℃；气温 20℃ 时，潜育期只有四五天。多雨潮湿或忽晴忽雨、昼夜温差大的天气，最利于病害蔓延。平均气温高于 30℃，或低于 15℃，病害很少发生。

（3）防治措施

①选种：选用抗病品种，培育壮苗，提高抗病能力。

②加强栽培管理：施足有机底肥，生长前期适当控制浇水，结瓜时期适当多浇水，但要严禁大水漫灌。

③合理密植：植株适当稀植，增强通风透光，可明显降低霜霉病的发生，增加中后期苦瓜产量。

④药剂防治：幼苗在定植前喷一次药，可用 50% 福美双 500 倍液。发病后可选用 75% 百菌清、50% 安克、72.2% 普力克、70% 安泰生、甲酸灵锰锌、乙磷铝锰锌、10% 科佳、66.8% 霉多克等农药交替轮换使用，重点喷洒叶的背面，连续喷 2 次，以控制蔓延。保护地苦瓜可用百菌清烟雾剂熏蒸，每 667 平方米用量 150~200 克，分成七八个点燃烧熏烟。

6. 病毒病

主要侵害植株叶片和生长点。目前，国外已报道的自然界为害苦瓜的毒原有：菜豆金黄花叶病毒属病毒（Begomovirus）（Khan，et al.，2002）、黄瓜花叶病毒（CMV）（Takami，et al.，2006）、番木瓜环斑病毒 P 型（PRSV）（Chin，et al.，2007）、南瓜脉黄化病毒（SqVYV）（Adkins，et al.，2008）、甜瓜黄斑病毒（MYSV）（Takeuchi，et al.，2009）、苦瓜脉黄化病毒（BGYVV）（Tahir，et al.，2010）等。

（1）病原与为害症状

在中国主要病原为黄瓜花叶病毒（CMV 或 CGMV）和西瓜花叶病毒（WMV）单独或复合侵染引起。病状表现分为花叶型、皱缩型和混合型。花叶型最为常见，全株受害，尤以顶部幼嫩茎蔓症状明显。早期感病植株叶片变小、皱缩，节间缩短，全株明显矮化，不结瓜或少结瓜；中期或后期感病，中上部叶片皱缩，叶片浓绿不匀，幼嫩蔓稍畸形，生长受阻，瓜变小或变形扭曲。严重影响瓜的产量和品质。

（2）发病条件

病毒由蚜虫、粉虱、蝴蝶等昆虫以及人工摘花、摘果、整枝、绑蔓等田间作业传播，种子也能传染。高温、强日光、干旱、土壤水分不足有利于病害发生。

（3）防治措施

①选种：选用抗病品种，从无病株上留种，播种前进行种子消毒。

②田间管理：加强苗床肥水管理，施用腐熟的有机肥，前期加强中耕，促进根系发育，植株健壮，增强抗病能力。田间整枝、绑蔓实行专人流水作业，减少交叉传染。

③轮作：实行 3~5 年的轮作，消灭田间寄主杂草，发现病株立即拔除烧毁。

④害虫防治：苗期注意防治蚜虫和温室白粉虱。可选用 2.5% 溴氰菊酯乳油 1 500 倍液、10% 吡虫啉或 3% 啶虫脒 800 倍液喷洒，重点喷叶背和生长点部位。

⑤药剂防治：可选用 20% 病毒 A、病毒 K、1.5% 植病灵、高锰酸钾 1 000 倍液、2% 好普、0.5% 抗毒号等农药交替使用。

7. 白粉病

在苦瓜等瓜类作物上普遍发生，主要发生于叶片上，其次为叶柄和茎蔓。

（1）病原与为害症状

该病为真菌单丝壳属侵染所致。本菌为专性寄生菌，只能在活体上寄生生活。除为害瓜类蔬菜外，还可为害豆类蔬菜、多种草本和观赏植物。它先在植株下部叶片的正面或背面长出小圆形的粉状霉斑，逐渐扩大、厚密，不久连成一片。发病后期使整片叶布满白粉，后变灰白色，最后整个叶片变成黄褐色干枯。

叶柄、茎蔓染病时也长出白色粉，病部褪绿，严重时可使茎蔓萎缩。病害多从中下部叶片开始发生，以后逐渐向上部叶片蔓延。

（2）发病条件

该病在田间流行的温度为16～24℃。对湿度的适应范围广，当空气湿度在45%～90%，湿度越大发病越重，超过95%时显著抑制病情发展。遇到晴雨交替的闷热天气时病害发展迅速。在植株长势弱或者徒长的情况下，也容易发生白粉病。

（3）传播途径

病菌以菌丝体和分生孢子在田间瓜类或一些杂草的寄主上越冬成为来年的初侵染源，分生孢子通过气流传播进行侵染。

（4）防治方法

①选用抗病品种：不同苦瓜品种对白粉病的抗性不同。一般早熟品种抗性弱，中晚熟品种抗性较强。

②加强栽培管理：要重视培育壮苗，合理密植，及时整枝打叶，改善通风透光条件，使植株生长健壮，提高抗病能力。底肥需增施磷、钾肥，生长期间避免过量使用氮肥。

③药剂防治：常用的药剂有15%粉锈宁可湿性粉剂或20%三唑酮乳油2 000～3 000倍液、75%十三吗啉乳油1 000～1 500倍液、30%特富灵湿性粉剂或12.5%腈菌唑乳油1 500倍液、可湿性硫黄粉300倍液、25%乙嘧酚悬浮剂1 000倍液、75%百菌清可湿性粉剂600～800倍液，在保护地中用百菌清烟剂熏烟，兼治霜霉病和白粉病。喷药时要注意中下部老叶和叶背处喷洒均匀。在发病初期，每隔7～10天喷1次，连续2～3次，可达到较好的防治效果。

8. 斑点病（白斑病和叶枯病）

（1）病原与为害症状

白斑病由苦瓜尾孢引起的真菌性病害。主要为害叶片，叶片初现近圆形褐色小斑，后扩大为椭圆形至不定形，色亦转呈灰褐至灰白，严重时病斑汇合，致叶片局部干枯。潮湿时斑面现小黑点，即病原菌分生孢子器，斑面常易破裂或成穿孔。

叶枯病又名褐斑病，由瓜链格孢菌引起的真菌性病害，主要为害叶片。起初在叶面现圆形至不规则形褐色至暗褐色轮纹斑，后扩大到直径2～5毫米，病情严重的，病斑融合成片，致叶片干枯。

（2）发病条件

白斑病以菌丝体和分生孢子器随病残体遗落土中越冬，成为翌年的初侵染源。在南方温暖地区，周年都有苦瓜种植，病菌越冬期不明显。分生孢子借雨水溅射辗转传播，进行初侵染和再侵染，高温多湿的天气有利本病发生，连作地、低洼郁蔽处，或偏施氮肥发病重。

叶枯病由瓜链格孢菌以菌丝体、分生孢子在病残体上或种子表面越冬，成为初侵染源。病菌借气流或雨水传播，直接侵入叶片，并进行再侵染。气温 14～36℃，相对湿度 80% 以上始发病。相对湿度大于 90% 易发病。连作地，偏施氮肥，排水不良，湿气滞留处发病重。

（3）防治方法

①田间管理：在重病区避免连作，注意田间卫生和清沟排渍。

②施肥管理：避免偏施氮肥，适当增施磷钾肥，在生长期定期喷施植宝素或喷施宝等促植株早生快发减轻为害。

③药剂防治：结合防治苦瓜炭疽病喷洒 70% 甲基硫菌灵（甲基托布津）可湿性粉剂 800 倍液加 75% 百菌清可湿性粉剂 800 倍液，或 40% 多硫悬浮剂 500 倍液，或 64% 杀毒矾可湿性粉剂 800 倍液，或 80% 大生可湿性粉剂 600 倍液，或 40% 灭菌丹可兼治本病。

9. 白绢病

（1）病原与为害症状

病原为半知菌亚门的齐整小菌核，有性世代为担子菌，但很少出现，菌丝白色棉絮状或绢丝状，属高温菌，主要为害茎基部。病菌在茎基部缠绕白色菌索或菜子状茶褐色小核菌，患部变褐腐烂。土表可见大量白色菌索和茶褐色菌核。

（2）发病条件

病菌以菌核或菌索随病残体遗落土中越冬，翌年条件适宜时，菌核或菌索产生菌丝进行初侵染，病株产生的绢丝状菌丝延伸接触邻近植株或菌核借水流传播进行再侵染，使病害传播蔓延，高温多湿、连作地、土壤偏酸、通透性好的沙壤土、施用未腐熟的土杂肥发病重。

（3）防治方法

①田间管理：重病地避免连作。

②病株防治：及时检查，发现病株及时拔除、烧毁，病穴及其邻近植株淋灌 5% 井冈霉素水剂 1 000～1 600 倍液，或 50% 田安水剂 500～600 倍液，或 20% 甲基立枯磷乳油 1 000 倍液，或 90% 敌克松可湿性粉剂 500 倍液，每株（穴）淋灌 0.4～0.5 千克。

③控制扩展：用培养好的哈茨木霉 0.4～0.45 千克，加 50 千克细土，混匀后撒覆在病株基部，能有效地控制该病扩展。

10. 蔓枯病

（1）病原与为害症状

无性世代为瓜类壳二孢 *Ascochyta citrutllna*（*Chester.*）*Smith*，有性世代为 *Didymella bryoniae*（*Auersw.*）*Rehm.*，是一种子囊菌。菌丝体生长温度 5~35℃，最适温度 25℃。分生孢子在 5~40℃ 萌发，最适温度 26~30℃，各地均有发生，近年来有日趋严重的趋势。产量损失一般达 5%~10%，严重的可达 50%。主要为害叶片、茎蔓和果实。叶片受害，初现褐色圆形病斑，中间多为灰褐色。茎蔓发病，病斑初为椭圆形或梭形，扩展后为不规则形，灰褐色，湿度大时常溢出胶质物，引起蔓枯，病茎折断或全株枯死。果实发病初生水渍状小圆点，逐渐变为黄褐色凹陷，后期病瓜组织软化，呈心腐症。

（2）发病条件

病菌以子囊壳或分生孢子器随病残体在土壤中或种子上越冬，次年病菌通过气流、浇水传播，从气孔、水孔或伤口侵入，引起苦瓜发病。田间发病后，病部产生分生孢子进行再侵染。气温 20~25℃，相对湿度大于 85%，土壤湿度大易发病。连作地，种植过密，通风不良，病害发生较重。

（3）防治方法

①选用抗病品种：如滑身苦瓜、英引苦瓜等对蔓枯病抗性较强。

②种子处理：选用无病种子，播种前种子可用 50% 过氧化氢（H_2O_2）浸种 3 小时，然后用清水洗净后播种，或用 55~60℃ 温水浸种 5~10 分钟。

③农业防治：与非瓜类作物轮作 2~3 年。收获后彻底清除瓜类作物病残体。施用充分腐熟的有机肥。

④药剂防治：发病初期，可选用 70% 甲基托布津可湿性粉剂 600 倍液，或 75% 百菌清可湿性粉剂 600 倍液，或 60% 防霉宝超微可湿性粉剂 800 倍液，或 80% 大生可湿性粉剂 800 倍液喷雾。也可用 5% 百菌清粉尘剂，或 5% 加瑞农粉尘剂，每 667 平方米用药 1 千克喷粉。隔 7~10 天 1 次，连续用药 2~3 次。

11. 灰霉病

灰霉病是非常多犯性菌，其特点是腐生性极强，容易在各种动植物的死体上繁殖。由于有强腐生的繁殖力，容易形成传染源，发病条件适宜时发病会很严重，此时防治就比较困难了。是棚室苦瓜的主要病害，多在冬春季发生，一般病瓜率达 15%~25%，重的可达 40% 以上。灰霉病寄主范围广。

（1）症状识别

主要为害花、果实、叶片及茎。病菌多从开败的花瓣处浸入，病花腐烂变软，并产生灰色霉层。随后由病花向幼瓜扩展，使病瓜初期顶尖褪绿，呈水渍状软腐，枯萎病部生出霉层；叶片染病多始于叶尖，病斑呈"V"字形向内扩展，初呈水浸状、浅褐色、边缘不规则、具深浅相间轮纹，后干枯表面生有灰霉致叶片枯死。由于脱落的烂花或病须附着在叶面上引起发病，产生大圆形枯死斑，病斑22～45毫米，边缘明显。烂瓜，烂花等带菌物附着在茎上引起茎部染病，开始亦呈水浸状小点，后扩展为长椭圆形或长条形斑，湿度大时病斑上长出灰褐色霉层。严重的茎蔓折断，整株死亡。

（2）病原及发病规律

该病为半知菌亚门灰葡萄孢菌浸染所致。主要以菌核在土壤中或以菌丝及分生孢子在病残体上越冬或越夏。次年适宜条件下浸染苦瓜。在冬春季可在棚室多种蔬菜上发病。病菌靠气流、水溅及农事操作传播蔓延。该病菌2～31℃可发育，适温为23℃，当棚室温度为15～23℃，湿度为90%以上时发病严重。

（3）防治方法

①控制侵染源：本病的分生孢子在健壮的茎叶和果实上的寄生能力弱，主要是从伤口和没有活力的异常组织容易直接侵入。通常从花瓣（花后2～3天）开始发病。所以发病前期应及时摘除病叶、病花、病果和下部黄叶、老叶，带到室外深埋或烧毁，保持棚（温）室清洁，减少初侵染源。在田间操作时也要注意区分健株与病株，以防人为传播病菌。

②加强管理：合理密植，变温通风，降低棚（温）室的湿度。

③药剂防治：选用30%嘧霉胺500倍液、50%咯菌腈4000倍液、灰亮800倍液、50%扑海因1000倍液、特立克600～800倍液、万霉灵800倍液、65%甲霉灵（甲硫乙霉威）可湿性粉剂1000～1500倍液、速克灵、菌核净800倍液等农药交替轮换使用。

12. 细菌性角斑病

细菌性角斑病是棚室苦瓜易流行的一种病害，各地均有发生。一般发病率达30%～50%，严重时可使植株中下部叶片全部坏死。除为害苦瓜外，还为害黄瓜、西瓜、甜瓜等多种瓜类。

（1）症状识别

主要为害叶片，也可为害茎和果实，全生育期都可发生。叶片发病，初生黄褐色水浸状小斑点，扩大时受叶脉限制呈多角形或不规则形灰褐色斑，易穿孔或破裂。茎部发病，呈水渍状浅黄褐色条斑，后期易纵裂，清晨或湿度大时可见到乳白色菌脓，果实发病，初呈水渍状小圆点，迅速扩展，小病斑融合成大斑；果实软化腐烂，湿度大时瓜皮破损，种子外露，病部呈油渍状凹陷，最后全瓜腐烂脱落。有时病菌表面产生灰白色菌液，干燥条件下，病部坏死下陷，病瓜畸形干腐。

（2）病原及发病规律

该病由丁香假单胞杆菌黄瓜角斑病致病变种侵染所致，属细菌病害。病菌随病残体在土壤中或在种子上越冬。病菌可在种皮内外存活 1～2 年，若播种带菌种子，病种萌发侵染子叶引起幼苗发病，后扩展到真叶上。借雨水或灌溉水传播，病菌经气孔、水孔或伤口侵染瓜秧下部叶片或瓜条引起发病。发病后，病部溢出菌脓，借风雨、浇水、叶面结露和叶缘吐水再次传播，媒介昆虫、农事操作也可传播。棚室内空气相对湿度 90% 以上，温度 24～28℃ 时会引发该病。重茬田、种植过密、通风不良、排水不畅、管理粗放，会加重发病。

（3）防治方法

①种子处理：从无病田选取无病的种子。对可能带菌种子，可用 40% 甲醛 150 倍液浸种 1.5 小时，或用农用硫酸链霉素或氯霉素 500 倍液浸种 2 小时，用清水洗净后催芽播种，也可用种子重量 0.4% 的 47% 加瑞农可湿性粉剂拌种。

②农业防治：与非瓜类作物轮作 2～3 年，采用高畦地膜覆盖栽培，适时放风排湿，避免田间积水和漫灌，收获后清洁田园。

③药剂防治：采用喷粉法可在发病初期，棚室可选用 5% 加瑞农粉尘剂或 5% 脂铜粉尘剂喷粉，每 667 平方米用药 1 千克，隔 7～10 天 1 次，连续或与其他方法交替使用 2～3 次；采用喷雾法可在发病初期，喷洒 47% 加瑞农可湿性粉剂 800 倍液，或 72% 农用硫酸链霉素 4 000 倍液，或 77% 可杀得可湿性粉剂 800～1 000 倍液，或 50% 琥胶肥酸铜可湿性粉剂 500 倍液，或新植霉素可湿性粉剂 4 000 倍液，或 25% 的叶枯唑（叶青双）500 倍液，或 20% 龙克菌（噻菌铜）400～600 倍液，隔 7～10 天 1 次，连续 3 次。

13. 菌核病

近年在保护地发病较重，引起死秧，而露地栽培很少发生。

（1）症状

主要在茎和瓜上发病。茎蔓发病时初在病部产生褐色水浸状褪色病斑，湿度大时病部长出茂密白色菌丝，病部以上叶萎凋枯死。瓜上发病多从花器感染，初呈水浸状软化，其表面密生绒毛状白霉，后期亦产生黑色菌核。

（2）病原发病条件

由子囊菌亚门核盘菌引起，本菌的发育适温是 15～24℃，子囊孢子的发芽温度是 16～28℃，湿度为 100%。子囊孢子在幼果上接种试验：在 10～15℃ 时迅速发病，20～25℃ 时发病较缓慢，30℃ 以上不发病。所以，大棚冬季栽培在 11 月至翌年 3 月的低温期发病多，特别是室内最低气温 10℃ 以下连续数日时，发病严重。由于子囊盘上的子囊孢子在空气中喷发，附着在作物的各个部位，但子囊孢子一般只在老衰的花瓣、枯死的雌蕊、生理上枯死的腋芽和卷须、受伤的茎、昆虫的尸体上，在适宜的温湿条件下迅速萌发侵入作物，形成菌丝，但健壮部不发病。也就是说子囊孢子入侵的门户，腐生物是必要条件。

（3）防治方法

①田间管理：深翻，使菌核不能萌发。实行轮作，培育无病苗。

②控制侵染源：及时清除田间杂草，铺地膜覆盖栽培，抑制菌核萌发及子囊盘出土。发现子囊盘出土，及时铲除，集中销毁。

③通风排湿：加强管理，注意通风排湿，减少病菌传播蔓延。

④烟雾法或粉尘法：棚室采用烟雾法或粉尘法于发病初期，每667平方米用10%速克灵烟剂250～300克，熏1夜，也可于傍晚喷洒5%百菌清粉尘剂，每667平方米1千克，隔7～9天1次。

⑤药剂防治：早发现，早预防，看到病斑后再治疗往往较困难。可选用菌核净、50%腐霉利、50%扑海因、50%咯菌腈、万霉灵、65%甲霉灵等农药交替轮换使用。

第三节　苦瓜虫害及其防治

一、苦瓜主要害虫

苦瓜的主要害虫有温室白粉虱、瓜蚜、美洲斑潜蝇、瓜亮蓟马、黄守瓜、地老虎、红蜘蛛、苦瓜绢螟、苦瓜实蝇、苦瓜根结线虫等。

二、苦瓜害虫识别与防治

1. 温室白粉虱

温室白粉虱又名温室粉虱，属同翅目粉虱科。20世纪70年代后期，随着温室、塑料大棚等保护地蔬菜面积的扩大，白粉虱的发生与分布呈扩大蔓延趋势，目前中国大部分地区都有发生与为害，已成为棚室栽培蔬菜的重要害虫。温室白粉虱主要以成虫和若虫群集在叶片背面吸食植物汁液，使叶片褪绿变黄，萎蔫甚至枯死，影响作物的正常生长发育。同时，成虫所分泌的大量蜜露堆积于叶面及果实上，引起煤污病的发生，严重影响光合作用和呼吸作用，降低作物的产量和品质。此外，该虫还能传播某些病毒病。温室白粉虱的寄主植物很多，蔬菜、花卉等农作物就有200多种。在蔬菜上主要为害黄瓜、番茄、茄子、辣椒、西瓜、冬瓜、甘蓝、白菜、豇豆、扁豆、莴苣、芹菜等。

（1）形态识别

①成虫：成虫体长约0.8～1.4毫米，淡黄白色到白色，雌雄均有翅，翅面

覆有白色蜡粉。雌成虫停息时两翅合平坦，雄虫则稍向上翘成屋脊状。

②卵：卵长椭圆形，长径0.2~0.25毫米，初产时淡黄色，以后逐渐转变为黑褐色。卵有柄，产于叶背面。

③若虫：若虫长卵圆形，扁平。1龄体长0.29毫米；2龄长0.38毫米；3龄长0.52毫米。淡绿色，半透明，在体表上被有长短不齐的丝状突起。

④蛹：蛹即4龄若虫。体长0.7~0.8毫米，椭圆形，乳白色或淡黄色，背面通常生有8对长短不齐的蜡质丝状突起。

（2）发生规律

温室白粉虱在温室条件下一年可发生10余代，能以各种虫态在温室蔬菜上越冬，或继续进行为害。冬季在温暖地区，卵可以在菊科植物上越冬。次年春天，从越冬场所向阳畦和露地蔬菜及花卉上逐渐迁移扩散。5~6月份虫口密度增长比较慢，7~8月份间虫口密度增长较快，8~9月份为害最严重，10月下旬以后，气温下降，虫口数量逐渐减少，并开始向温室内迁移，进行为害或越冬。温室白粉虱成虫对黄色有强烈趋性，但忌白色、银白色，不善于飞翔。在田间先星点分布，然后逐渐扩散蔓延。田间虫口密度分布不均匀，成虫喜群集于植株上部嫩叶背面并在嫩叶上产卵，随着植株生长，成虫不断向上部叶片转移，因而植株上各虫态分布就形成了一定规律：最上部嫩叶，以成虫和初产的淡黄色卵为最多；稍下部的叶片多为深褐色的卵；再下部依次为初龄若虫、老龄若虫、蛹。成虫羽化时间集中于清晨。雌成虫交配后经1~3天产卵。卵多产于叶背面，以卵柄从气孔插入叶片组织内，与寄主保持水分平衡，极不易脱落。每头雌虫产卵120~130粒，最多可产卵534粒。

温室白粉虱成虫活动最适温度为25~30℃，卵、高龄若虫和"蛹"对温度和农药抗逆性强，一旦作物上各虫态混合发生，防治就十分困难。温室白粉虱对寄主有选择性，在黄瓜、番茄混栽的温室大棚中，发生量大、危害重。单一种植或栽植白粉虱不喜食的寄主则发生较轻。据调查，温室白粉虱的虫口数量，一般秋季温室大棚内比春季温室大棚内的多；距温室近的菜地比远得多，为害也重。

（3）防治方法

①农业防治：可通过培育无虫苗、合理布局栽培蔬菜种类、控制虫源等方式预防。

培育无虫苗　定植前对温室、苗木进行消毒。每667平方米温室用80%敌敌畏0.4~0.6千克熏杀。

合理布局　在棚室附近的露地避免栽植瓜类、茄果类、菜豆类等白粉虱易寄生、发生严重的蔬菜，提倡种植白粉虱不喜食的十字花科蔬菜。棚室内避免黄瓜、番茄、菜豆等混栽，防止白粉虱相互传播，加重为害和增加防治难度。

控制虫源　在棚室通风口密封尼龙网，控制外来虫源。虫害发生时，结合整枝打杈，摘除带虫老叶，携出棚外深埋或烧毁。

②物理防治：利用温室白粉虱趋黄习性，在白粉虱发生初期，将涂有机油的黄色板置于棚室内，高出蔬菜植株，诱杀粉虱成虫。

③生物防治：棚室内蔬菜的白粉虱发生量在 0.5～1 头/株时，可释放丽蚜小蜂"黑蛹"，每株 3～5 头，每隔 10 天左右放 1 次，共释放 3～4 次，寄生率可达 75% 以上，控制白粉虱的效果较好。

④药剂防治：可采用烟雾法、喷雾法等。

烟雾法　每 667 平方米温室用 22% 敌敌畏烟剂 0.5 千克，于傍晚闭棚熏烟；或每 667 平方米用 80% 敌敌畏乳油 0.4～0.5 千克，浇洒在锯木屑等载体上，再加几块烧红的煤球熏烟。

喷雾法　可用 10% 扑虱灵乳油 1 000 倍液，或 10% 吡虫啉可湿性粉剂 800 倍液，或 2.5% 天王星乳油 2 000 倍液，或 2.5% 功夫乳油 3 000 倍液，或 20% 灭扫利乳油 2 000 倍液或 40% 乐果乳油 1 000 倍液，或 80% 敌敌畏乳油 1 000 倍液，或 25% 灭蜗猛乳油 1 000 倍液，隔 5～7 天喷洒 1 次，连续用药 3～4 次。由于白粉虱世代重叠，在同一时间同一作物上存在各种虫态，而当前采用的药剂没有对所有虫态均适用的种类，所以在药剂防治上，必须连续几次用药，才能取得良好防效。

2. 瓜蚜

也叫棉蚜，俗称蜜虫、油虫、油汗等，属同翅目蚜科。瓜蚜是世界性的害虫，在中国也遍布各地。瓜蚜的寄主种类很多，主要为害温室、大棚的多种瓜类及茄科、豆科、菊科、十字花科等多种蔬菜。瓜蚜的成虫及若虫栖息在瓜类叶片背面和嫩梢嫩茎上吸食汁液。瓜前嫩叶及生长点被害后，植株提前枯死，大大缩短了结瓜期，减少瓜的产量。此外，瓜蚜能传播病毒病。

（1）形态识别

①干母体：长 1.6 毫米，宽约 1.1 毫米。无翅，全茶褐色。触角 5 节，约为体长一半。

②无翅胎生雌蚜：体长 1.5～1.9 毫米，宽约 0.65～0.85 毫米。夏季为黄绿色，春秋季为墨绿色至蓝褐色。体背有斑纹，腹管、尾片均为灰黑至黑色。全体被有蜡粉。腹管长圆筒形，具瓦纹。尾片圆锥形，近中部收缩，具刚毛 447 根。

③有翅胎生雌蚜：体长 1.2～1.9 毫米，宽 0.45～0.68 毫米。体黄色或浅绿色。前胸背板黑色，夏季虫体腹部多为淡黄绿色。春季、秋季多为蓝黑色，背面两侧有 3～4 对黑斑。腹部圆筒形，黑色，表面具瓦纹。尾片与无翅胎生雌蚜相同。

④卵：长 0.49 ~ 0.69 毫米，宽 0.23 ~ 0.36 毫米，呈椭圆形。初产时黄绿色，后变为深褐色或黑色，具光泽。

⑤若蚜：无翅若蚜共 4 龄。末龄若蚜体长 1.63 毫米，宽 0.89 毫米。夏季体黄色或黄绿色，春季、秋季蓝灰色。复眼红色。有翅若蚜共 4 龄，第 3 龄若蚜出现翅芽，翅芽后半部灰黄色。

（2）发生规律

瓜蚜每年发生代数因地区及气候条件不同而有差异，华北地区一年发生 10 ~ 20 代，长江流域 20 ~ 30 代。由于瓜蚜无滞育现象，因此，只要具有瓜蚜生长繁殖的条件，无论南方还是北方都可周年发生。北方冬季可在温室大棚的瓜类上继续繁殖。在中国北部和中部地区一般以卵在木棉、花椒、石榴、木芙蓉、扶桑、鼠李的枝条和夏枯草的基部越冬。第二年春季，当气温稳定到 6℃ 以上（南方在 2 月间，长江中下游在 3 月中旬，北方在 4 月间），越冬卵开始孵化。越冬卵孵化一般多与越冬寄主叶芽的萌芽相吻合。当气温达 12℃ 时，在冬寄主上行孤雌胎生繁殖 2 ~ 3 代。在 4 ~ 5 月初，产生有翅胎生雌蚜，从冬寄主迁飞到瓜田和棚室内繁殖为害。秋末冬初气温下降，不适于瓜蚜生活时，瓜蚜就产生有翅蚜，逐渐有规律地向冬寄主转移。在北方地区，越冬期间棚室内的瓜蚜是春季棚室和露地瓜类作物的主要虫源。瓜蚜活动繁殖的温度范围为 6 ~ 27℃，16 ~ 22℃ 最适于繁殖。内陆地区超过 25℃，南方地区超过 27℃，空气相对湿度 75% 以上，不利于瓜蚜繁殖。瓜蚜繁殖速度与气温关系密切，夏季 4 ~ 5 天 1 代，春秋季 10 余天 1 代，冬季棚室内蔬菜上 6 ~ 7 天 1 代。每头雌蚜可产若蚜 60 ~ 70 头，且世代重叠严重，所以瓜蚜发展迅速。

瓜蚜具有较强的迁飞和扩散能力。瓜蚜的扩散主要靠有翅蚜的迁飞、无翅蚜的爬行及借助于风力或人力的携带。瓜蚜对葫芦科瓜类的为害时间主要在春末夏初，秋季一般轻于春季。春末夏初正是大田瓜类的苗期，受害最烈。干旱气候有利于瓜蚜发生，夏季在温度和湿度适宜时，也能大量发生。一般离瓜蚜越冬场所和越冬寄主植物近的瓜田和温室大棚受害重，窝风地也重。有翅蚜对黄色有趋性，对银灰色有负趋性，有翅蚜迁飞还能传播病毒。瓜蚜的天敌很多。在捕食性天敌中，蜘蛛占有绝对优势，约占天敌总数的 75% 以上。此外，还有瓢虫、草蛉、食蚜蝇、蚜茧蜂等多种天敌。

（3）防治方法

①生物防治：选用高效低毒的农药，避免杀伤天敌。有条件的地方可人工助迁或释放瓢虫（以七星瓢虫和异色瓢虫为好）和草蛉来消灭蚜虫。

②物理防治：育苗时小拱棚上覆盖银灰色薄膜，定植后，大棚四周挂银灰膜条，棚室的放风口设置纱网，减少蚜虫迁入。用 30 厘米 × 60 厘米的木板或纸

板，漆成黄色，外涂机油，均匀插于棚室内，可诱杀有翅蚜，减少为害。

③药剂防治：可采用烟雾法、喷雾法等。

烟雾法　用22%敌敌畏烟剂每667平方米0.5千克，或灭蚜宁每667平方米0.4千克，分放4~5堆，用暗火点燃，闭棚熏烟3~4小时。

喷雾法　用10%吡虫啉可湿性粉剂1 000倍液，或50%灭蚜松乳油1 000倍液，或2.5%功夫乳油3 000倍液，或20%速灭杀丁乳油3 000倍液，或2.5%天王星乳油3 000倍液。或5%鱼藤精乳油500倍液喷雾。喷洒时应注意使喷嘴对准叶背，将药液尽可能喷到瓜蚜体上。为避免瓜蚜产生抗药性，应轮换使用不同类型的农药。

3. 侧多食跗线螨

侧多食跗线螨又名茶黄螨、茶半财线螨、白蜘蛛等，属蛛形纲真螨目跗线螨科。北京市、江苏省、四川省、浙江省、湖北省、广东省、贵州省、天津市、中国台湾等地均有分布。寄主约有70多种植物，主要为害瓜类、茄果类、豆类、萝卜、蕹菜、芹菜等，此外，还为害茶叶。近年来，侧多食跗线螨对黄瓜、西瓜等瓜类蔬菜的为害日趋严重，在茄子、辣椒上发生普遍，成为蔬菜的主要害虫之一。

成螨和幼螨聚集在植株幼嫩部位，特别是生长点周围，以刺吸式口器吮吸植物汁液，轻度为害时叶片张开较慢，叶缘增厚，浓绿皱缩；严重为害时，瓜蔓顶部叶片变小变硬，叶片背面黄褐色至灰褐色，有油质光泽，叶缘向下翻卷，最后生长点呈暗褐色枯死，不发新叶，植株停止生长。幼茎受害变为黄褐色，植株扭曲变形。由于此虫个体小，肉眼难以观察识别，作物上发生此虫后，常被误认为生理病害或病毒病。

（1）形态识别

①雌成螨：长0.2毫米，宽0.15毫米，椭圆形。成螨初期，呈淡黄色，后渐变为半透明，沿背中内有白色条纹。第4对足纤细，跗节末端有1根鞭状刚毛，比足长。腹面后足体有4对刚毛。

②雄成螨：长0.19毫米，宽0.09毫米，淡黄色或橙黄色，半透明。体近六角形，体末端有一锥台形尾吸盘，尾部腹面有很多刺状突。

③卵：长0.11毫米，宽0.08毫米，椭圆形、灰白色。背面有6排白色突出的刻点，底面光滑。

④幼螨：椭圆形，乳白色，3对足，腹末尖，具1对刚毛。

⑤若螨：梭形，半透明。雄若螨瘦尖，雌若螨较丰满。若螨是一个静止的生长发育阶段。被幼螨的表皮所包围，有人称之为"静止期"。

（2）发生规律

侧多食跗线螨以雄成螨在避风的寄主植物的卷叶中、芽心内、芽鳞内和叶柄的缝隙中越冬，龙葵、三叶草等杂草也是越冬寄主。各地发生代数不一，四川省一年发生约25代，江苏省也可发生20多代。在热带及温室条件下，全年都可发生，但冬季的繁殖力较低。在北方地区，大棚内5月下旬开始发生，6月下旬至9月中旬为盛发期，露地以7～9月受害最重。冬季主要在温室、大棚的越冬茄果、瓜苗上继续繁殖和越冬。次年3月份，越冬的雌螨开始向新抽发的嫩芽上转移，4月下旬到5月上旬可在野外的龙葵草上发现该螨活动繁殖，以后逐渐向葫芦科的瓜类植物和茄科植物上转移。在江苏省、西南地区的黄瓜、西瓜、辣椒上，一般6月发生，为害盛期为7～9月，10月以后气温逐渐下降，虫口数量逐渐减少。

侧多食跗线螨以两性生殖为主，也进行孤雌生殖。卵多散产于叶背、幼果凹处或幼芽上。产卵4～9粒，产卵历期3～5天，平均每头雌螨产卵17粒，多的可达56粒。该螨在夏季发育较快，卵经2～3天孵化，幼螨期只有1～2天，若螨期只有0.5～1天。完成一个世代通常只需5～7天。该螨的传播蔓延除靠本身爬行外，还可借助于风力及人为的携带作远距离传播。发育的适宜温度为25～30℃，温度超过35℃对其有抑制作用。湿度影响螨卵的孵化，其卵的孵化要求相对湿度在80%以上。同时，高湿对幼螨和若螨的生存皆有利。湿度影响该螨的发育历期，叶面上积水可严重影响其行动，雨水对其有冲刷作用。棚室蔬菜，以棚室内空气相对湿度达85%～95%的冬季和早春时期发生重。

（3）防治方法

①清洁田园：及时铲除田间、地头杂草，在前茬瓜类和茄果类收获后及时清除枯枝落叶，集中烧毁或深埋，以减少越冬虫源。

②培育无虫苗：参见温室白粉虱。

③药剂防治：关键是及早发现及早防治。

烟雾法　用20%敌敌畏塑料块缓释剂，每立方米7～10克熏蒸。

喷雾法　可用20%双甲脒乳油1 000倍液，或73%螨特乳油1 200倍液，或5%尼索朗乳油2 000倍液在植株上部嫩叶背面、嫩茎及幼果上喷雾。

4. 朱砂叶螨

朱砂叶螨又名棉红蜘蛛、棉叶螨、火烧等，属蛛形纲婢螨目叶螨科。朱砂叶螨寄主植物多达110多种，是棉花上的主要害虫。在蔬菜中，为害葫芦科的西瓜、甜瓜、黄瓜、冬瓜、丝瓜，茄科的茄子、辣椒、马铃薯，豆科的蚕豆、豌豆等。不仅在大田为害，也是保护地栽培蔬菜和温室蔬菜的主要害虫。朱砂叶螨以成虫、若虫在蔬菜的叶背吸取汁液，造成叶面水分蒸腾增强，叶绿素变色，光合作用受到抑制，从而使叶面变红、干枯、脱落、甚至枯死，降低产量和影响品质。

（1）形态识别

①成螨：雌成虫体长 0.42~0.51 毫米，宽 0.26~0.33 毫米。背面卵圆形。体色一般为深红色或锈红色。常可随寄主的种类而有变异。体躯的两侧有两块黑褐色长斑，从头 8 部开端起延伸到腹部的后端，有时分为前后两块，前块略大。雄成螨体长 0.37~0.42 毫米，宽 0.21~0.23 毫米，雌螨小。体色为红色或橙红色。背面呈菱形，头胸部前端圆形，腹部末端稍尖。

②卵：直径 0.13 毫米，圆球形。初产时无色透明，后变为淡黄至深黄色。孵化前呈微红色。

③幼螨：体长约 0.15 毫米，宽 0.12 毫米。体近圆形，色泽透明，取食后变暗绿色。足 3 对。

④若螨：长约 0.21 毫米，宽 0.15 毫米。足 4 对。雌成螨分前若螨和后若螨期，雄若螨无后若螨期，比雌若螨少蜕一次皮。

（2）发生规律

朱砂叶螨发生代数随地区和气候差异而不同。北方一般发生 12~15 代，长江中下游地区发生 18~20 代，华南可发生 20 代以上。长江中下游地区以成螨、部分若螨群集潜伏于向阳处的枯叶内、杂草根际及土块裂缝内过冬。温室、大棚内的蔬菜苗圃地也是重要越冬场所。越冬成螨和若螨多为雌螨。冬季气温较高，朱砂叶螨仍可取食活动，不断繁殖为害。

早春温度上升到 10℃时，朱砂叶螨开始大量繁殖。一般在 3~4 月，先在杂草或蚕豆、草莓等作物上取食，4 月中下旬开始转移到瓜类、茄子、辣椒等蔬菜上为害。春季棚室由于温度较高，害螨发生早，初发生时由点片向四周扩散，先为害植物下部叶片，后向上部转移。成、若螨靠爬行、风雨及农事作业进行迁移扩散。

朱砂叶螨以两性生殖为主，也可行孤雌生殖。卵散产，多产于叶背，1 头雌螨可产卵 50~100 粒。不同温度下，各虫态的发育历期差异较大。在最适温度下，完成一代一般只要 7~9 天。高温低湿有利于繁殖。温度在 25~28℃，相对湿度在 30%~40%，产卵量、存活率最高。温度在 20℃以下，相对湿度在 80%以上，不利其繁殖。温度超过 34℃停止繁殖。早春温度回升快，朱砂叶螨活动早繁殖快，蔬菜受害也较重。保护地栽培蔬菜由于温度高，发生早，因而为害也比露地蔬菜重。朱砂叶螨的天敌很多，主要有各种捕食螨、食卵赤螨、瓢虫、蓟马、草蛉及各种蜘蛛等。

（3）防治方法

①农业防治：清除棚室四周杂草，前茬收获后，及时清除残株败叶，用以沤肥或烧毁。避免过于干旱，适时适量灌水，注意氮、磷、钾肥的配合施用。

②生物防治：朱砂叶螨天敌很多，有应用价值的种类有瓢虫、草蛉、蜘蛛、食螨瘦蚊、塔六点蓟马等。有条件的地方可以引进释放或田间保护利用。

③药剂防治：在瓜田点片发生阶段及时进行防治，以免暴发为害。近几年由于连年使用有机磷农药，朱砂叶螨已产生了抗性，要经常轮换化学农药，或使用复配增效药剂和一些新型的特效药剂。目前，防治效果较好的药剂有40%菊马乳油2 000～3 000倍液，或20%复方浏阳霉素乳油1 000～1 200倍液，或73%克螨特1 000倍液，或5%的尼索朗乳油3 000倍液，或25%灭螨锰可湿性粉剂1 000～1 500倍液，或螨虫素可湿性粉剂1 000倍液喷雾，或50%托尔克乳油3 000倍液喷杀，效果很好。此外，可将40%乐果乳油1 500倍液或50%敌敌畏乳油1 000倍液等有机磷农药与其他药剂轮换使用。

5. 美洲斑潜蝇

美洲斑潜蝇又名蔬菜斑潜蝇、甘蓝斑潜蝇，属双翅目潜蝇科。自1994年广东省、海南省发现以来，目前，已蔓延20多个省（市），成为瓜类、豆类蔬菜的主要害虫之一。已知寄主植物60余种，其中，以葫芦科、茄科和豆科作物受害最重，也为害十字花科的萝卜、青菜、白菜等。瓜类减产可达30%～50%。

美洲斑潜蝇以幼虫蛀食叶片上下表皮间的叶肉为主，形成黄白色蛇形斑，坑道长达30～50毫米，宽3毫米。成虫产卵取食也造成伤斑。虫体的活动还能传播病毒。

（1）形态识别

①成虫：体小，长1.3～2.3毫米，浅灰黑色。头部、额略突于复眼上方，触角和颜面为亮黄色，复眼后深黑色。胸部的中胸背板亮黑色；中胸侧板黄色，有一变异的黑色区；小盾片鲜黄色。腹侧板几乎为一大型的黑色三角形斑所充满，但其上缘常具有宽的黄色区。翅长1.3～1.7毫米。腹部大部分为黑色，背板两侧为黄色。

②卵：长径为0.2～0.3毫米。椭圆形，短径为0.10～0.15毫米，米色，略透明。

③幼虫：长约3毫米，蛆状。初孵幼虫无色，逐渐变为淡绿色，后期变为橙黄色，后气门突呈圆锥状突起，顶端三分叉，各具一个开口，两端的突起呈长形。共3龄。

④蛹：长1.7～2.3毫米。椭圆形，围蛹，腹面稍扁平，橙黄色，后气门突与幼虫相同。

（2）发生规律

在低纬度地区或温室，全年都能繁殖。在广东省一年可发生 15～16 代。北方及长江中下游地区露地蔬菜的虫源除通过瓜果、蔬菜的运输携带、气流传播外，主要来自温室蔬菜。美洲斑潜蝇成虫大部分在上午羽化，成虫羽化后 24 小时即可交尾产卵。雌虫刺伤植物寄主叶片，形成刺孔，成刻点状，雌虫通过刻点取食和产卵。幼虫取食导致大量叶片受害。严重时叶片死亡。美洲斑潜蝇造成的叶片伤口中，约有 15% 的活卵。

雄虫不能形成刻点，但可在雌虫造成的伤口上取食。雌虫产卵于叶片表皮下或裂缝内，有时也产于叶柄。产卵的数量随温度和寄主植物而异，在 25℃ 下，雌虫一生平均可产 164.5 粒卵。根据温度的高低，卵在 2～5 天内孵化。幼虫发育历期一般为 3～8 天，蛹历期一般为 6～10 天，完成一代约 15 天。

影响美洲斑潜蝇发生的主要因素是温度、湿度和食料。环境温度对斑潜蝇的发育速度有明显的影响。在 12～35℃ 条件下，美洲斑潜蝇能完成生活史。20℃以下发育很慢，30℃ 以上种群增长急剧下降。北方日光温室中 2～3 月能见到该虫的虫道。在自然界中，该虫的世代重叠明显，种群发生高峰期与衰退期极为突出。

美洲斑潜蝇主要靠卵和幼虫随寄主植物、叶菜、带叶的瓜果豆类，以及作为瓜果豆菜的铺垫、填充、包装物的叶片，或蛹随盆栽植株的土壤、交通工具等作远距离的传播。气流、风雨也可以使该虫传播扩散。

（3）防治方法

①农业防治：棚室栽培要培育无虫苗，收获后清洁田园，把被潜叶蝇为害的植株残体集中深埋、沤肥或烧毁。合理布局，瓜类、茄果类、豆类蔬菜与其不为害的作物进行套中或轮作。适当稀植，增加田间通透性。

②黄板诱杀：棚室内用 30 厘米 ×60 厘米的木夹板涂黄色油漆制成黄板，黄板上加粘蝇纸或不干胶和凡士林等黏性物质诱杀成虫。

③植物检疫：在未发生斑潜蝇地区建立保护区，对来自疫区的瓜果豆菜类，要严禁带叶，禁用寄主植物的叶片、茎蔓作为铺垫、包装材料。

④药剂防治：可选用 48% 乐斯本乳油 1 000 倍液，或 30% 毒蝉乳油 1 000 倍液，或 10% 吡虫啉可湿性粉剂 1 000 倍液，或 50% 蝇蛆净水溶粉剂 2 000 倍液，或 1.8% 害极灭乳油250 倍液，或 1.0% 灭虫素乳油 2 500 倍液喷雾。还可用 10%氯氰菊酯乳油 2 000 倍液，或 10% 二氯苯醚菊酯乳油 2 000 倍液喷雾。用 90% 巴丹可湿性粉剂 1 000 倍液和 40% 杀虫双水剂 500 倍液也有一定的防治效果。用药适期掌握在成虫产卵高峰期至初孵幼虫期。

6. 瓜亮蓟马

瓜亮蓟马又名橙黄蓟马、瓜蓟马，属缨翅目，蓟马科。过去此虫主要分布于中国华南、华中、华东南部的各省。近年来随着中国北方地区棚室瓜类和茄果类蔬菜面积扩大，瓜亮蓟马在华北地区发生比较普遍，成为棚室瓜类和茄果类蔬菜的主要害虫之一。瓜亮蓟马的主要寄主作物有节瓜、黄瓜、苦瓜、西瓜、冬瓜等瓜类作物和茄子、甜椒、番茄等茄科作物，还有少数豆类作物和十字花科蔬菜等。

成虫和若虫锉吸植物生长顶心、心叶、嫩梢、嫩芽及花蕾和幼果的汁液，被害株的生长点嫩梢变硬而萎缩，植株生长缓慢，节间缩短，茸毛呈褐色或黑褐色。受害叶片向正面卷缩，受害的心叶不能展开，幼瓜幼果受害后出现畸形，毛茸变黑，有的脱落。瓜亮蓟马对产量和品质都影响极大。

（1）形态识别

①成虫：雌虫体长1.0毫米，雄虫略小，体淡黄色。复眼稍突出，褐色，单眼3只，红色，排成三角形，单眼间鬃位于三角形连线外缘。触角7节。

②卵：长0.3毫米。长椭圆形，淡黄色，产于嫩叶组织内。

③若虫：体黄白色。1~2龄若虫无翅芽。3龄触角向两侧弯曲，复眼红色，鞘状翅芽伸达第3至第4腹节。4龄触角往后折于头背上，鞘状翅芽伸达腹部近末端，行动迟钝。

（2）发生规律

瓜亮蓟马在南方一年可发生20代以上，多以成虫潜伏在土块、土缝下或枯枝落叶间越冬，少数以若虫越冬。越冬成虫在次年气温回升至12℃时开始活动，瓜苗出土后，即转至瓜苗上为害。在中国华北地区棚室蔬菜生产集中的地方，由于棚室保护地蔬菜生产和露地蔬菜生产衔接或交替，给瓜亮蓟马创造了能在此终年繁殖的条件，在冬暖大棚瓜类或茄果类蔬菜越冬茬栽培中，可发生瓜亮蓟马为害，但为害程度一般比秋茬和春茬轻。全年为害最严重时期为5月中下旬至6月中下旬。初羽化的成虫具有向上、喜嫩绿的习性，且特别活跃，能飞善跳，爬动敏捷。白天阳光充足时，成虫多数隐藏于瓜苗的生长点及幼瓜的毛茸内。雌成虫具有孤雌生殖能力，每头雌虫产卵30~70粒。瓜亮蓟马发育最适温度为25~30℃。土壤湿度与瓜亮蓟马的化蛹和羽化有密切的关系，土壤含水量在8%~18%的范围内，化蛹和羽化率均较高。瓜亮蓟马常见的天敌种类有捕食性的花蝽和草蛉两种。花蝽的食量颇大，对瓜亮蓟马的发生有很大的抑制作用。

（3）防治方法

①农业防治：清除温室中的残茬落叶，减少虫源；加强水肥管理，使植株生长健壮，提高抗虫力；在成虫迁入高峰时用纱网阻隔棚室门窗，以减少侵入

虫量。

②培育无虫苗：育苗时，清除苗床杂草，密封四壁，集中喷药，消灭残存虫源，培育无虫苗。

③药剂防治：关键是早发现早防治。

烟雾法 在棚室中可用20%敌敌畏塑料块缓释剂，每立方米7~10克熏蒸。

喷雾法 可用20%双甲脒乳油1 000倍液，或73%克螨特1 200倍液，或20%复方浏阳霉素1 000倍液，或40%环丙杀螨醇可湿性粉剂1 000倍液，或25%灭螨猛可湿性粉剂1 000~1 500倍液，或40%乙酰甲胺磷乳油1 000倍液，或75%乐果乳油1 000~1 500倍液喷雾，均有效。10~14天1次，连喷2~3次。喷药的重点是植株的上部，尤其是嫩叶背面和嫩茎。

7. 黄守瓜

在瓜类蔬菜上常见的守瓜类害虫有4种：黄足黄守瓜、黄足黑守瓜、黑足黄守瓜、黑足黑守瓜。均属鞘翅目，叶甲科。其中棚室栽培中最主要的守瓜类害虫是黄足黄守瓜，又名萤火虫、瓜守、黄守瓜等。该虫分布广，几乎中国各省均有发生。该虫食性杂，主要为害葫芦科的黄瓜、南瓜、西葫芦、芋葫、丝瓜、苦瓜、西瓜、甜瓜、佛手瓜等，也可为害十字花科、茄科、豆科等蔬菜。成虫取食瓜苗的叶和嫩茎。把叶片食成环或半环形缺刻，咬食嫩茎造成死苗，还为害花及幼瓜。幼虫常在土中咬食根茎和瓜根，常使瓜秧萎蔫死亡。也可蛀食贴地面生长的瓜果。对此虫防治不及时，往往造成较大幅度减产和降低瓜果品质。

（1）形态识别

①成虫：体长8~9毫米。椭圆形。全体除复眼、上唇、后胸腹面、腹部等呈黑色外，其余皆呈黄色或橙色且带有光泽。前胸背板长方形。鞘翅基部比前胸阔。

②卵：长0.8~1毫米。卵圆形，淡黄色。卵壳表面有六角形蜂窝状网纹。

③幼虫：体长12毫米。长圆筒形。头部黄褐色，胸腹部白色微黄。前胸背板黄色。腹部末节臀板长椭圆形，向后方伸出。

④蛹：体长9毫米。乳白色带淡黄色，羽化前变为浅黑色。翅芽达第五腹节。各腹节背面疏生刚毛，腹末端有巨刺2枚。

（2）发生规律

黄足黄守瓜在华北及长江流域一年发生1代，部分地区发生2代，华南地区一年发生3代，以成虫在地面杂草丛中群集越冬。在北方棚室保护地瓜菜与露地瓜菜栽培茬相衔接或交替、全年栽培瓜类蔬菜的地区，黄守瓜于棚室保护地转移露地，或从露地转入棚室保护地，可一年发生2代，甚至于冬暖大棚内出现3代幼虫。在露地年1代区，越冬成虫5~8月产卵，6~8月为幼虫为害期，以7月为害最甚，8月成虫羽化后咬食为害秋季瓜菜，10~11月逐渐进入越冬场所。在冬暖大棚及温室内，成虫多于2~6月产卵，3~6月为幼虫为害期，以5月冬春茬瓜类作物结瓜盛期为害最甚，6月下旬至7月上旬羽化为成虫，第二代幼虫为害期在7~11月，主要为害秋冬茬和越冬茬瓜类蔬菜秧苗和伏茬的瓜果，11月后又以成虫寄生于棚室内，冬季咬食瓜叶。黄足黄守瓜成虫喜在温暖的晴天活动，早晨露水干后取食。成虫的飞翔力较强，稍受惊扰即坠落，一段时间后再展翅飞翔。成虫具有假死性。越冬成虫寿命很长，在北方可达1年左右。成虫对黄色有趋性且喜欢取食瓜类的嫩叶，常常咬断瓜苗的嫩茎，因此瓜苗在5~6片真叶以前受害最严重。在开花前主要取食瓜叶，成虫常以自己的身体为半径旋转咬食一圈，使叶片成干枯的环形，或半圆形食痕及圆形孔洞，这成为黄守瓜为害的典型特性。该虫在苦瓜开花后还可为害瓜花和幼瓜。雌虫一生可产卵150~2 000多粒。卵多产在寄主根部附近的土表凹陷处，成堆或散产。幼虫蛀食主根后，叶子瘪缩，蛀入茎基则地面瓜藤枯萎，甚至全株死亡。幼虫可转株为害。高龄幼虫还可蛀食地面的瓜果。

（3）防治方法

①阻隔成虫产卵：采用全田地膜覆盖栽培，在瓜苗茎基周围地面撒布草木灰、麦芒、麦秆、木屑等，以阻止成虫在瓜苗根部产卵。

②适当间作套种：瓜类蔬菜与十字花科蔬菜、莴苣、芹菜等蔬菜套种间作，瓜苗期适当种植一些高秆作物。

③药剂防治：瓜类蔬菜对不少药剂比较敏感，易产生药害，尤其苗期抗药力弱，要注意选用适当的药剂，严格掌握施药浓度。

防治成虫 可用90%敌百虫晶体1 000倍液，或80%敌敌畏乳油1 000倍液，或50%辛硫磷乳油1 000倍液，或50%马拉松乳油1 000乳液，或2.5%溴氰菊酯乳油3 000倍液，或10%氯氰菊酯乳油3 000倍液喷雾。

防治幼虫 可用50%辛硫磷乳油1 000倍液，或40%毒死蜱乳油800倍，或90%敌百虫晶体1 000倍液，或5%鱼藤精乳油500倍液，或烟草浸出液30~40倍液灌根，可杀死土中幼虫。

8. 蜗牛

为害棚室蔬菜的蜗牛主要有同型巴蜗牛和灰巴蜗牛两种，属软体动物门、巴蜗牛科，俗称蜒蚰螺、水牛。各地均有分布，食性杂，主要为害瓜类、茄科、十字花科等蔬菜。以成虫、幼虫取食，常将嫩叶、嫩茎啃成不规则的洞孔或缺刻，苗期能咬断幼苗，造成缺苗断垄。

（1）形态识别

①同型巴蜗牛：贝壳高12毫米，宽16毫米。贝壳坚实而质厚，呈扁球形，

有 5~6 个螺层。前几处螺层缓慢增长，略膨胀，螺旋部低矮，在体螺层周缘或缝合线上常有一暗色带，壳顶钝。壳面黄褐色至红褐色，壳口马蹄形，口缘锋利，轴缘上部和下部略外折，略遮盖。脐孔小而深，呈洞穴状。

②灰巴蜗牛：贝壳高 19 毫米，宽 21 毫米。卵圆形，有 5~6 螺层，壳面呈黄褐色或琥珀色。壳顶尖，缝合线深，壳口椭圆形，口缘完整，略外折，锋利，易碎。脐孔狭小，呈缝隙状。

（2）发生规律

成贝与幼贝均能用齿舌和额片刮锉瓜类、蔬菜的幼芽、嫩叶、茎、花、根、果，形成不整齐的缺刻或孔洞，叶脉部常残存，并分泌有光泽的白色的黏液，食痕部易受细菌感染而发病。

蜗牛生活在潮湿的灌木、草丛、石块、花盆下及作物根部的土块、缝隙和温室四壁阴暗潮湿且多腐殖质的地方。年生活周期有两种类型，种群大多数在 4~5 月间交配，产卵 30~35 粒。初孵幼螺只取食叶肉，留下表层，幼螺历期 6~7 个月，成螺历期 5~10 个月。夜出性，白天常潜伏在落叶、花盆、土块砖块下、土隙中，成虫也在这些场所越冬。完成 1 世代 1~1.5 年。秋季产卵型均以幼螺越冬，春夏季继续生长，秋季成螺交尾产卵，温暖、潮湿的环境有利于它的发生，雨后活动增强。

（3）防治方法

①农业防治：提倡地膜覆盖栽培，棚室要通风透光，清除各种杂物与杂草，保持室内清洁干燥。进行秋季耕翻，使越冬成贝、幼贝暴露冻死，卵被晒爆裂。

②人工诱捕：蜗牛昼伏夜出，在黄昏为害。在棚室中可用瓦块、菜叶、杂草、树叶等做成诱集堆，天亮前集中捕捉。

③药剂防治：每 667 平方米可用 5~7.5 千克生石灰粉，在温室四周、农田沟边做成封锁带；也可用稀释 70~100 倍的氨水喷洒杀灭；或用多聚乙醛配成含有效成分 2.5%~6% 的豆饼或玉米粉毒饵，在傍晚撒施在蜗牛经常出没处；或每 667 平方米用 0.75% 除蜗灵粉 0.5 千克，或 6% 密达杀螺颗粒剂 0.6 千克拌成毒土或与米糠、青草等混合拌成毒饵撒施，效果也很好。

9. 蛞蝓

在棚室或田间经常发生的蛞蝓有野蛞蝓、黄蛞蝓、双线嗜黏液蛞蝓，属软体动物门，蛞蝓科，俗称无壳蜒蚰螺、鼻涕虫。食性杂，取食蔬菜叶片，将叶吃成缺刻、孔洞，严重时仅剩叶脉。

（1）形态识别

①野蛞蝓：体长 30~60 毫米，宽 4~6 毫米。体表暗灰色、黄白色或灰红色，少数有不明显的暗带或斑点。触角 2 对，暗黑色，外套膜为体长的 1/3，其

边缘卷起，上有明显的同心圆线生长线，黏液无色。

②黄蛞蝓：体长 100 毫米，宽 12 毫米。体表为黄褐色或深橙色，布有零星浅黄色点状斑，靠近足部两侧的颜色较淡。在体背前端的 1/3 处有一椭圆形外套膜。

③双线嗜黏液蛞蝓：体长 35～37 毫米，宽 6～7 毫米。体灰白色或淡黄褐色，背部中央和两侧有 1 条黑色斑点组成的纵带，外套膜大，覆盖整个体背，黏液为乳白色。

（2）发生规律

成、幼体均能为害多种农作物及蔬菜的叶、茎，偏嗜含水量多的幼嫩部位，形成不规则的缺刻与孔洞，爬行过的地方有白色的黏液带。发生环境与蜗牛类似。以成体或幼体越冬。春季、秋季产卵，卵为白色，小粒，具卵囊，每囊 4～6 左右。产卵在杂草及枯叶上。黄蛞蝓产卵在盆钵、土块、石下面。孵化后幼体待秋后发育为成虫。温度 19～29℃、对湿度 88%～95% 时最为活跃，雨后活动性增强。对低温有较强的忍受力，在温室中可周年生长繁殖。

（3）防治方法

参见蜗牛防治。

10. 种蝇

又叫根蛆、地蛆、粪蛆等。通常见到为害的是种蝇的幼虫。

（1）发生规律

一般幼虫在土壤中钻食播下萌动的种子造成烂籽。或从幼苗根部蛀入，顺着幼茎向上为害，引起死苗。种蝇的成虫喜欢腐烂发酵的臭味，所以，施用的厩肥、人粪、豆饼等最易吸引成虫产卵，种蝇一般以卵、蛹在潮湿土中或粪肥内越冬。春季气温回升后，卵经过 2～5 天便孵化为幼虫并开始为害，幼虫期 20 天左右。

（2）防治措施

①土肥管理：重视施肥，一定要施用高温堆制成的腐熟有机肥，要注意施撒均匀，并适当深施，以减少种蝇产卵的机会。

②田间管理：早春土壤解冻后，立即耕地、耙地，苗床或定植地也常进行中耕松土，以减少蝇、虫羽化的机会和数量。

③药剂防治：发现幼虫为害时，可用 90% 敌百虫 1 000 倍液喷洒苗床或苗根部土壤。随浇水追施氨水液肥，连浇 2 次，也可减轻蛆害。在成虫发生期，可用敌杀死或速灭杀丁 1 500 倍液喷洒。

11. 地老虎

有小地老虎、黄地老虎、白边地老虎、警纹地老虎、大地老虎等。为害蔬菜的主要是小地老虎和黄地老虎，而分布最广、为害最严重的是小地老虎。

（1）发生规律

小地老虎又叫地蚕、土蚕、黑土蚕，是一种杂食性为害较大的地下害虫。主要以初孵化的幼虫群集在瓜苗心叶和幼嫩根茎部昼夜为害，将叶吃成小孔或缺刻，或将嫩茎咬断，造成缺苗断垄。3龄前幼虫大多在植株的心叶里，也有的藏在土表、土缝中，昼夜取食植物幼嫩部位。3龄后昼间潜伏在表土中，夜间出来为害，动作敏捷，性残暴，能自相残杀，以天刚亮多露水时为害最重，常造成幼苗近地面的茎部被咬断，使植株死亡，造成缺苗断垄，严重时甚至毁种。在福建省前茬为西芹或甘蓝的地块，4月中下旬至5月中旬，苦瓜伸蔓上架期要特别注意地老虎为害。小地老虎以蛹或者熟幼虫在土中越冬，一年可发生3~4代，成虫有喜欢吃糖蜜、飞扑黑光灯的习性。一般白天藏在土缝、草丛等阴暗处，夜间出来飞翔、取食、交尾。雌蛾多在土块下或杂草上产卵。卵为散产或成块，一般每头可产卵800粒左右。幼虫期共6龄。土壤黏重、低洼、潮湿，特别是耕作粗放、草荒严重的地块，均有利于小地老虎的滋生。

（2）防治措施

①勤中耕清除杂草：早春特别是夏季高温多雨，杂草丛生，要及时铲除田间及其附近野草，以消灭小地老虎的产卵场所和食料来源。

②冬耕晒垄和深翻：瓜地实行冬耕晒垄或前茬作物收完后深翻可冻死或深埋一部分蛹和幼虫，减轻为害。

③人工捕捉：发现瓜苗被咬断或缺苗时，小心轻轻扒开被害株附近表土，捕捉幼虫，连续捕捉数天，效果很好。但因苗已被咬断，是消极办法。

④诱杀成虫：用1∶1糖醋液加适量速灭杀丁药液或安装专用黑光灯。

⑤药剂防治：3龄前可用灭杀毙6 000倍液、2.5%溴氰菊酯或20%氰戊菊酯3 000倍液，90%敌百虫800倍液，或50%辛硫磷800倍液喷施。3龄后可用80%敌敌畏乳剂，或二嗪农乳剂，或辛硫磷乳油各1 000~1 500倍液喷灌。灌根用50%辛硫磷600~800倍液，每株灌0.25千克左右，可杀死苦瓜根际及周边的地老虎，效果非常理想。

12. 蝼蛄

蝼蛄属昆虫纲直翅目蟋蟀总科蝼蛄科，为大型、土栖昆虫。触角短于体长，前足开掘式，缺产卵器。俗名拉拉蛄、土狗。主要咬食幼苗的根部或茎基部，使幼苗地上部枯死。有时也为害种子。在苦瓜育苗期间，往往有蝼蛄在苗床中打洞筑隧道，常使幼苗被咬断主根，或根悬空与土壤分离，造成呼吸十分困难，以至萎蔫、干枯而死苗。

（1）发生规律

蝼蛄一般以若虫或成虫在土中越冬，春暖后出来活动。北京地区一般在三四月开始活动，4月中旬前后为害严重，约在6月上中旬成虫开始产卵，孵化出来的若虫在卵室内由成虫哺育，经40～60天后离开卵室开始为害。若虫需经过2年的生长发育，第三年8月才羽化为成虫。通常蝼蛄白天藏在土里，夜间才出地面活动，天冷时越冬。最适宜蝼蛄生长活动的环境条件是有草丛遮蔽的产卵地，特别是含有机质丰富、质地肥沃疏松的砂壤土，土层以下10厘米的地温为20～22℃，无光、无风、无雨时最有利其活动。

（2）防治措施

①土肥管理：施有机粪肥必须充分腐熟，必须分布均匀并与土掺匀，可减轻蝼蛄为害。

②施用毒饵诱杀：一般用90%敌百虫30倍液，与炒香的谷子、豆饼、棉籽饼等拌成毒饵，于傍晚时撒在蝼蛄出没的地方，或者在育苗期撒在害虫的隧道口。

③用灯光诱杀：在傍晚特别是下雨前的闷热天，气温达到18～22℃的夜间，可用黑光灯诱杀成虫。

④灌药触杀：在蝼蛄出没为害的洞口处注入药液，可杀灭成虫或若虫。药液可用敌杀死和速灭杀丁10～100倍液浇灌，或在受害植株根际或苗床浇灌50%辛硫磷乳油1 000倍液。

⑤人工捕捉：趁浇水时蝼蛄从土内爬出之机，进行捕捉。

13. 红蜘蛛

红蜘蛛俗称火蜘蛛、火龙、沙龙等，属蛛形纲蜱螨目叶螨科，成螨、幼螨、若螨可在叶背吸食汁液，并结成丝网。红蜘蛛可使苦瓜叶面出现零星褪绿斑，严重时遍布白色小点，叶面变为灰白色，全叶干枯脱落。

（1）发生规律

红蜘蛛一年可繁殖10～20代，气温10℃以上时开始繁殖，最适温度为29～31℃、相对湿度为35%～55%，高温低湿的条件有利于其发生。起初为点片发生，再向四周扩散，先为害植株的下部叶片，再向上部叶片转移。管理粗放，植株叶片含氮量高或老衰时，红蜘蛛繁殖加快，为害加重。

（2）防治措施

清除田间杂草及枯枝落叶，结合翻耕晒土整地，消灭越冬虫源。合理灌溉，增加湿度和增施磷肥、钾肥，可使植株提高抗螨能力。在红蜘蛛点片发生时即应防治，可用20%三氯杀螨醇乳油1 000倍液，45%硫胶悬剂或20%～30%哒嗪硫磷乳油1 000倍液。也可用2.5%天王星乳液2 000倍液，21%灭杀毙乳油

2 000 ~ 4 000倍液、50%马拉硫磷乳油或40%乐果乳油800 ~ 1 000倍液等喷杀。

14. **苦瓜实蝇**

该蝇属于双翅目实蝇科的害虫。成虫体形似蜂,黄褐色,在福建省以6 ~ 11月为害严重。成虫白天活动,夏日中午高温烈日时,静伏于瓜棚或叶背,对糖、酒、醋及芳香物质有趋性。

(1) 为害症状

主要以幼虫为害,首先成虫以产卵管刺入幼瓜表皮内产卵,幼虫孵化后钻进瓜肉取食,受害瓜先局部变黄,而后全瓜腐烂变臭。使植株大量落瓜。即使瓜不腐烂时,刺伤处凝结着流胶,畸形下陷,果皮硬化,瓜味苦涩品质下降。

(2) 防治方法

在成虫盛发期用毒饵等诱杀成虫,如糖醋毒饵、实蝇蛋白、稳粘等。幼瓜套纸袋保护,以防成虫产卵。摘除被害瓜销毁。同时用50%敌敌畏乳油1 000倍液、2.5%溴氰菊酯3 000倍液或2.5%功夫乳油2 000 ~ 3 000倍液喷洒植株,隔3 ~ 5日1次,连喷2 ~ 3次,防治成虫有良效。

15. **苦瓜绢螟**

(1) 为害症状

以幼虫为害植株,幼虫初期在叶背啃食叶肉,呈灰白斑。三龄后吐丝将叶或嫩梢缀合,隐居其中取食,使叶片穿孔或缺刻。为害严重时,只留叶脉。幼虫常蛀入瓜内,取食瓜肉,影响产量及品质。

(2) 防治方法

清洁田园残株败叶,消灭越冬蛹减少虫源。在幼虫期可用20%氰戊菊酯3 000倍液,或50%马拉硫磷1 000倍液喷洒植株,防治效果好。

16. **苦瓜根结线虫**

为害苦瓜的病原线虫以根结线虫为主,根腐线虫次之,线虫以成虫或卵在病组织里或以幼虫在土壤里越冬,翌年由根部侵入。在福建省、海南省苦瓜种植地里,常常可以看到苦瓜根系被南方根结线虫为害的现象,在苦瓜头部形成肥大念珠状的鸡爪形根系,在沙性土壤中线虫为害更加严重。根结线虫的2龄幼虫侵入苦瓜根部14 ~ 16天即发育为雌成虫,随后的两星期中可产卵3 ~ 4次,每次产卵数500 ~ 2 000个,孵化率近100%,孵化后的2龄幼虫游移于土壤颗粒间的水膜之中,伺机侵入新根;若包埋在根瘤组织中,则就地发育,使根瘤越发膨大。在根瘤腐烂期才出现雄虫。病土和病肥是线虫的来源,以沙土或沙壤土居多。该线虫发育适温25 ~ 30℃,幼虫遇10℃的低温即失去生活能力,48 ~ 60℃经5分钟致死。

（1）为害症状

轻者植株生长缓慢，重者植株明显矮小。叶片发黄，结瓜不良，植株萎蔫，最后枯死。在侧根及须根上，形成许多小瘤状虫瘿，表面粗糙，浅黄色或深褐色。

（2）防治方法

①农业防治：水旱轮作，深翻土层，收获后及时清除病残体，深埋或烧毁。

②药剂防治：穴施或整畦前畦面撒施克线丹颗粒剂，每667平方米施用5～6千克，或3%米乐尔颗粒剂每667平方米4～6千克。福气多（噻唑磷）是一种内吸传导型杀线虫剂，在作物定植前1～2天每667平方米按1.5～2千克的量，将药剂均匀撒于土壤表面，再用旋耕机或手工工具将药剂和土壤充分混合，深度达20厘米。在发病初期用50%辛硫磷乳油1 500倍液或1.8%阿维菌素2 000～3 000倍液灌根，每株可灌药液250～500毫升，可有效防控苦瓜的线虫病。

17. 灰斑螟

该虫属于鳞翅目螟蛾科的害虫，以幼虫为害苦瓜植株，初生幼虫群集于叶背蛀食，3龄后幼虫蛀食果实，老熟幼虫蛀入果内为害。严重影响果实产量及品质。

防治方法与瓜绢螟相同。

18. 苦瓜叶足缘蝽

该虫属于半翅目缘蝽科的害虫。以成虫及若虫在苦瓜果实上刺吸汁液为害。被害果实在吸汁虫口处硬化，影响果实膨大，常常形成弯曲果实，严重时被害果实变黄不能食用，降低产量和品质。

在发生期可用75%乐果乳油1 000倍液，或巴丹可溶粉剂2 000倍液喷洒植株防治，均有良效。

第七章　苦瓜遗传与育种

第一节　苦瓜育种方法

一、品种提纯

苦瓜为虫媒花，属常异交作物，在 20 世纪 80 年代前，各地苦瓜种植多为当地的常规品种，品种间的流动性较少，当时的苦瓜选留种，多结合商品瓜生产在大田里进行选择。在相对隔离较好的计划留种地块里，栽培同一品种的苦瓜。随着苦瓜规模化、商业化种植的迅猛发展，春秋露地栽培，高海拔越夏栽培，大棚和日光温室等设施栽培的推进，目前，基本上实现了苦瓜的周年供应。栽培品种由单一的当地主栽品种，向多品种或杂交一代品种分化推进，符合消费者多元化的需求。由于品种间的串粉加快，品种混杂、种性退化进一步加快，为满足生产上对苦瓜优良品种的需求，需要育种工作者对苦瓜优良地方品种进行提纯和繁殖。通过优良单株自交、分系比较、单株或混系选择的方法使混杂的农家品种变纯，保持原有品种的优良种性。

二、有性杂交育种

对具有不同优良性状的亲本进行人工杂交，再从杂交一代的自交分离后代中进行多代定向筛选和系统选育，以获得综合双亲性状或超亲性状且遗传性相对稳定的新品种，是苦瓜育种的一条重要途径，也是实现苦瓜优良性状互补的重要方法之一。通过有性杂交育成的苦瓜新品种有穗新 2 号、青翠 1 号、新翠、如玉系列等。同时有性杂交育种也是苦瓜育种资源创新利用的有效途径之一，是多元杂交育种的亲本来源。

三、杂种优势育种

杂种优势的利用，是现代育种中成果比较突出而研究得较深的领域，目前，在园艺植物方面，尤其是种子繁殖的蔬菜和花卉，取得了显著的进展。不论是自花授粉、常异花授粉或异花授粉植物都得到了应用。近年来国内外利用一代杂种的蔬菜种类已达 18 种以上，其中以番茄、黄瓜、西瓜、甜瓜、洋葱、胡萝卜、甘蓝、白菜、萝卜、甜椒、辣椒、茄子、花椰菜、菠菜、南瓜、苦瓜、西葫芦等蔬菜取得的成就更大。日本的 220 个蔬菜品种中杂交一代占 71.3%，其中，番茄、白菜、甘蓝占 90% 以上，黄瓜为 100%；美国的胡萝卜、洋葱、黄瓜一代杂种占 85% 左右，菠菜为 100%；中国近年蔬菜杂种一代的研究、发展也非常迅速，在西瓜、甜瓜、黄瓜、甘蓝、白菜、甜椒、辣椒、茄子、西红柿、苦瓜、丝瓜、南瓜、西葫芦等产品领域先后育成了一大批高产、优质、生长势和抗逆性强、产品整齐一致的杂交一代瓜菜新品种，并已在生产上推广应用，对生产起到了重大的推动作用。

目前，人们已普遍认识到利用杂交种优势是提高作物产量、品质、抗逆、抗病等性状的有效方法。周微波等最早对苦瓜的杂种优势进行研究，发现通过杂交组合选配可以育成丰产、早熟、抗病的苦瓜一代杂种，且经过多代自交纯化，其后代的生活力无明显衰退，自交系一般经 5～6 代单株或集团选择，基因型纯合程度都较高，可保证亲本的纯度以确保杂交种子的质量。随后，育种学家相继选育出一批综合性状优良的苦瓜一代杂种，如大肉、桂农科、湘苦瓜、如玉等新品种。

四、其他育种方法

诱变育种是人为地利用物理诱变因素和化学诱变剂诱发变异，在较短的时间内获得有利用价值的突变体，而后根据育种目标要求，选育出新品种直接生产利用。目前，苦瓜的诱变育种研究仍处于初级阶段。陈小凤等对经[60]Co辐射的花粉进行短期保存研究，并用经辐射的花粉进行授粉，为培养单倍体奠定基础，也期望获得有利用价值的变异。目前，利用生物技术进行苦瓜目标性状遗传转化的研究以及苦瓜分子标记辅助育种鲜有报道。

第二节　苦瓜育种目标研究

一、果实性状遗传特点

1. 果色

苦瓜资源丰富，品种类型多样。按采收时果皮的颜色可分为墨绿、深绿、绿、浅绿、黄绿、黄白、白绿、白等多种类型。胡开林等用苦瓜两个绿色自交系和两个白色自交系作亲本配制杂交组合，研究表明，苦瓜果实绿色与白色受 1 对核基因控制，绿色对白色为显性。

2. 果形

不同品系苦瓜单瓜种子数、果形、瓜瘤、单果质量之间也存在较大差异。依照果形则可分为长棒形、纺锤形和大顶形等类型；依照果皮瘤状突起又可分为条形瘤、粒瘤、条粒瘤相间及刺瘤 4 种；依照果实大小可分为大果型苦瓜和小果型苦瓜。龚秋林和刘上信研究指出苦瓜果实发育呈单 s 曲线，果实粗度随长度的伸长而相应增粗，果实产量与子房大小呈正相关。张玉灿等研究指出苦瓜的膨大规律基本上呈 3 个阶段，第一阶段在花后 8 天左右，为果实质量、果长和果径增长的缓慢期，第二阶段在花后 8～20 天，为果实质量、果长和果径的快速膨大期，第三阶段在花后 20～25 天，为果实外观基本定型、转色和内容物的充实阶段。

张长远等对苦瓜果长遗传效应的研究发现，控制果长性状的基因对数最少为 5 对，果长性状的基因效应符合加性—显性遗传模型，且以加性效应为主，显性方差所占分量极小，属不完全显性，因此，开展苦瓜果长的品质育种宜采用杂交育种方法。张玉灿等研究指出，以性状差异大的高代自交系为父母本，正反交组配获得的 F_1 果形介于双亲之间，长形果相对短形果为显性遗传，尖瘤相对圆瘤为显性遗传。

张凤银等研究指出在形态学性状方面，果形、果色、单果质量、瓜瘤的大小，单瓜的种子数在品种（系）之间差别大，而植株的分枝性、瓜横径以及种子的花纹等性状则差别小。此外，研究证实 10～50 毫克/升 CPPU（果实膨大剂）处理苦瓜子房，有加速苦瓜的果实生长、促进果实膨大、增加单果质量和促进商品果提早成熟的效果，其中，以 20 毫克/升 CPPU 处理效果最好。CPPU 处理提高了子房内源激素 GA、IAA 水平，是 CPPU 处理引起授粉失败或不能正常授粉的子房仍然能正常坐果并生长发育形成无籽果实的重要原因，同时 CPPU 处理对内源 CTK（细胞分裂素）水平具有抑制作用。

3. 其他果实相关性状

苦瓜第一雌花节位、单株前期产量、单株坐果数、单果质量、果长、果径、果肉厚、果形指数的遗传均符合加性—显性效应模型，且均以加性效应为主。第一雌花节位、单株坐果数、单果质量、果长、果径在苦瓜遗传中表现部分显性、倾大值亲本，果肉厚则表现倾小值亲本的负向超显性。产量性状（单株前期产量、单株产量、结果数）的加性×环境互作明显大于显性×环境互作，果实性状（单瓜质量、果实纵径、果实横径和果形指数）只存在显性×环境的互作，因此果实性状的表现在不同环境下波动更大，只有在多个环境下对性状表现进行综合鉴定，才能客观反映新品种的利用价值和适用范围。

刘政国等提出可以通过降低果实的苦味和有机酸含量来提高风味品质，通过水分含量和果瘤两个性状的直接选择来实现对维生素 C 的间接选择。随后，刘政国以绿苦瓜高代自交系为亲本配制杂交组合，产量和果长的杂种优势与遗传距离之间分别为显著和极显著直线关系，单果质量和果径的杂种优势与遗传距离之间无相互关系。宋晓燕等研究发现，苦瓜数量性状的杂种优势普遍存在，其中，果实横径杂种优势最明显，与苦瓜单株结果数相关最为密切的性状为果实硬度和果肉厚度，与边缘可溶性固形物含量关联较大的性状依次为果实横径、单果质量、果实硬度，与果肉厚度关联最大的性状是果实硬度，与维生素 C 含量关联较大的性状依次为果实纵径、果实横径、单果质量。张凤银等对不同品系苦瓜营养成分的研究表明，含水量在品种（系）间差别最小，蛋白质含量差别最大，其次是维生素 C 含量。

二、抗病育种

1. 枯萎病

枯萎病是苦瓜生产中的一种严重土传病害。通常采用苗期人工接种的方法进行苦瓜抗枯萎病鉴定，接种方法包括病原菌滤液浸根法、茎基部针刺法、浸土法，其中以浸根法鉴定为主。在枯萎病防治方面，生产上常采用种子消毒、种苗嫁接、土壤消毒、化学药剂处理等方法，但目前仍缺乏特效防治的化学药剂。研究表明，以威龙 2 号南瓜和黑籽南瓜为砧木可有效防治苦瓜枯萎病的发生。致病病原菌鉴定结果表明，苦瓜枯萎病致病病原菌为尖镰孢菌。尖镰孢菌寄主范围广泛，可以引发 100 余种植物维管束褐变、植株萎蔫，国内外已经报道有黄瓜、西瓜、甜瓜、葫芦、丝瓜等 50 多个尖镰孢菌专化型。苦瓜枯萎病病原菌是尖镰孢苦瓜专化型，该病菌高度侵染苦瓜，除苦瓜外不侵染其他瓜类作物。病原菌在苦瓜体内总的侵染过程是通过幼根侵入体内，再随着体内水分由下而上运输，在根茎维管束中传导。镰孢菌在植物体内的侵染过程可通过体内的菌量分布得到反映，有研究指出苦瓜枯萎病病株茎基部含菌量最高，根部次之，其他部位相对较少。对苦瓜枯萎病菌的生物学特性研究表明，营养条件是尖镰孢菌孢子萌发的主要因素，病菌对氮源利用能力强，对碳源要求不高，苦瓜茎叶中含有最适宜孢子萌发的营养物质或刺激物质。

2. 白粉病

苦瓜白粉病属白粉菌目单囊白粉菌属，是为害苦瓜的另一重要病害，其致病病原菌为瓜类单囊壳（*Sphaerotheca cucurbitae*）和葫芦科白粉菌（*Erysiphe cucurbitacearum*）。苦瓜在感染白粉病后，产生叶片内抗氧化酶活性逐渐增加的抗病生理反应，外源水杨酸处理通过提高苦瓜叶片抗氧化酶活性，进而增强苦瓜对白粉病的抗性，显著降低白粉病病情指数，研究表明 1 000 微摩尔/升水杨酸处理对苦瓜植株抗病性的提高效果最好。同时，感病苦瓜叶片中叶绿素、类胡萝卜素含量随发病程度的增加而降低。此外，研究者从白粉病病菌侵染过的苦瓜叶片中克隆得到编码核糖体失活蛋白 RIPs 的基因，RIPs 是一些高等植物体内含有的防御蛋白，其表达受到茉莉酸甲酯和水杨酸的调控，研究发现该核糖体失活蛋白在大肠杆菌中表达，经纯化后可以起到抑制试管内病菌生长的作用。对苦瓜苗期白粉病抗性遗传规律研究表明，苦瓜对白粉病的抗性受两对以上基因控制，两对主基因抗病相对感病为不完全隐性，符合加性—显性模型，加性效应较大，抗性效应在亲本和 F_1 之间存在极显著正相关，表现为数量性状遗传的特点，据此提出苦瓜抗白粉病育种时应首先利用加性效应累加亲本的抗性基因，使得双亲均抗白粉病，然后配制杂交组合。在病害防治方面，目前，防治的药剂比较多，如 25% 乙嘧酚、30% 特富灵、12.5% 腈菌唑、翠贝（醚菌酯）和三唑酮等，对防治苦瓜白粉病是比较理想的杀菌剂。

3. 病毒病

目前，国外已报道的自然界为害苦瓜的毒原有：菜豆金黄花叶病毒属病毒、黄瓜花叶病毒（CMV）、番木瓜环斑病毒 P 型（PRSV）、南瓜脉黄化病毒（SqVYV）、甜瓜黄斑病毒（MYSV）、苦瓜脉黄化病毒（BGYVV）等。对病毒病毒原鉴定常采用病毒颗粒形态学、血清学、病毒核酸分子杂交及 PCR 技术。菜豆金黄花叶病毒属病毒侵染苦瓜，易造成叶片向上卷曲缩短变形、果实扭曲发育不良。黄瓜花叶病毒侵染苦瓜，易造成苦瓜叶片出现绿色斑点及花叶，该病毒包含 CMVIA 亚组 RNA3 的全基因组序列。番木瓜环斑病毒 P 型属马铃薯 Y 病毒科，其传播媒介主要为蚜虫，寄主主要为番木瓜科、藜科和葫芦科植物。南瓜脉黄化病毒的越夏寄主包括南瓜、西瓜、苦瓜等，粉虱也可以传播病毒。甜瓜黄斑病毒侵染苦瓜，易造成植株叶片斑点性黄化枯萎，该病毒基因组由 3 个单链 RNA 组成，病毒互补链上的开放阅读框位于 sRNA 的 3′末端，编码 N 蛋白，N 蛋白由 279 个氨基酸组成，分子量为 31.0kD，与番茄斑萎病毒属（Tospovirus）病毒很相似。苦瓜脉黄化病毒是菜豆金黄花叶病毒属中的一种，该病毒 DNA A 核酸序列与两种番茄曲叶病毒 ToLCNDV 和 ToLCBDV 相似性很高，DNA B 核酸序列与南瓜卷叶病毒的一个株系相似。此外，印度学者对苦瓜中发现的病害致病菌进行了鉴定、分析，其中一例病害表现为黄色花叶，致病菌与孟加拉胡椒曲叶病毒（PepLCBV）有较高同源性，另外一例病害表现为缺绿症、叶卷曲、叶脉增厚以及植株发育不良，致病菌和番茄曲叶病毒（ToLCPaV）有较高同源性。

三、苦瓜其他育种相关研究

1. 单倍体育种

苦瓜花药培养起步较晚，目前国内外研究均处于初级阶段，迄今为止还没有利用苦瓜花药及游离小孢子培养获得完整植株的报道。陈佳等利用大白苦瓜为材料进行花药培养获得愈伤组织分化产生三倍体不定根。何艳利用碧秀、长白和大白3个四川省主栽苦瓜品种为材料进行花药培养获得了愈伤组织，一些愈伤组织分化生根。王博等利用四川主栽的碧秀、翠妃、九杂翠绿、胖妞4个苦瓜品种进行花药培养，胖妞分化产生不定根，其中含有单倍体和混倍体。何艳等进行苦瓜花药培养，结果表明，单核中、晚期的花药愈伤诱导率显著高于小孢子发育的其他时期，新鲜花药愈伤诱导率高于4℃预处理后的花药，且2,4-D对苦瓜花药愈伤组织诱导起着关键作用，低浓度2,4-D处理出愈率较低，高浓度2,4-D处理出愈率较高，但浓度越高愈伤组织的褐化速度越快。此外，刘鹍等尝试利用诱导苦瓜雌核的离体发育来获得单倍体，发现用普通丝瓜作外源花粉对苦瓜子房生长的刺激效果显著优于其他葫芦科作物，甲苯胺蓝溶液（80~100毫克/升）能显著地抑制苦瓜花粉正常萌发，导致花粉管异常，并刺激苦瓜子房进一步发育，但离体培养仅分化出愈伤组织，并未得到单倍体完整植株。陈小凤等利用辐照花粉授粉结合胚挽救技术，发现辐照花粉授粉诱导离体雌核发育的适合辐照剂量为150戈瑞，胚抢救最佳时期为授粉后第10天，但试验未获得单倍体植株。

2. 杂种优势利用

产量品质熟性是苦瓜育种的重要目标，中国学者在这些方面研究较多，自从周微波等首先报道了苦瓜产量的杂种优势，随后许多学者对产量品质熟性的相关性状进行遗传分析，利用与这些性状相关的指标对苦瓜杂种优势进行了研究，分析这些性状指标与目标性状的关系，研究结果为苦瓜新品种的选育提供了理论依据。刘政国等提出要提高栽培苦瓜的产量，关键在于最有效地利用苦瓜的杂种优势，拓宽现有育种材料的血缘距离并利用不同自交系之间的特殊配合力。张长远等认为，在苦瓜丰产性选育中，应重点对结果数、延收期、单瓜质量3个性状进行选择，其中，结果数是丰产性选育的首选性状。刘政国等认为，苦瓜维生素C、还原糖、有机酸、果瘤、果色、果刺和苦味遗传变异系数大，可通过杂交组合的后代分离选择可降低果实的苦味和有机酸含量来提高风味品质；通过对水分和果瘤两性状的直接选择来实现对维生素C的间接选择。胡开林等认为，苦瓜绿色对白色为完全显性，为一对核基因控制。胡开林和付群梅对6个世代群体的第一雌花节位、单株结果数、单果质量、果长、果径和果肉厚的遗传效应进行了分析，认为这6个性状均符合加性显性遗传模型，以加性效应为主；除果肉厚外，其他5个性状均无超显性现象，认为对这6个经济性状直接开展杂种优势利用是难以奏效的。对于苦瓜早熟性、丰产性及品质育种，应首先侧重于利用其加性效应，即首先培育早熟、丰产或优质的亲本，然后再与具有其他优良性状的亲本杂交，才能间接培育出具有早熟、丰产或优质等综合优良性状的一代杂种。而印度学者却认为，上位性效应对植株高度、果长、果径、单果质量和单株产量都很重要。

在葫芦科瓜类中，苦瓜的遗传育种研究基础相对比较薄弱，主要是利用常规育种杂种一代优势等方法进行丰产、果色、抗病及品质等性状的育种，生物技术育种在苦瓜上的应用研究目前还处于初始阶段，没有实质性的进展。近几年对苦瓜杂种一代的主要经济性状表现的研究，对苦瓜主要性状遗传规律的研究比较多，对提高苦瓜育种的可预见性起到一定的指导作用，各地苦瓜育种者根据当地种植和消费习惯，选育出一批符合各地生产需求的杂交一代苦瓜新品种。由于苦瓜的品种类型分布有明显的地域性，如绿色和浓绿色果皮的苦瓜以华南栽培较多；绿白色及白色果皮的苦瓜以长江流域及中国台湾栽培较多，因此，须对市场进行调研，开展有针对性的育种目标进行资源收集与定向选育。

3. DNA 分子标记在苦瓜遗传育种中的研究

DNA 分子标记已普遍用于农作物遗传育种研究，主要是在各种目标性状的标记鉴定和定位等方面。在苦瓜上最早是利用 RAPD 技术对品种纯度进行鉴定。随后印度学者 Behera 等对 38 个苦瓜品种进行了 RAPD 和 ISSR 分子标记研究，结果发现在 RAPD 分析中扩增获得的 208 条带中，有 76 条表现为多态性，而在 ISSR 分析中扩增获得的 125 条带中，有 94 条为多态性，并且栽培苦瓜类型和野生苦瓜类型易于区分。高山等采用 RAPD 和 ISSR 分子标记技术对 38 份苦瓜种质进行遗传多样性分析，在 RAPD 标记聚类分析中，可将供试种质分为 3 个类群 6 组，分类结果与苦瓜瓜瘤的表型分类比较相似；在 ISSR 标记聚类分析中，可将供试种质分为 3 个类群 7 组，ISSR 标记划分类群与形态上的颜色分类比较接近。而印度学者 Dey 等研究认为，苦瓜在瓜型大小和瓜色上存在很大差异，RAPD 标记的聚类结果与苦瓜 14 个农艺性状的聚类结果不一样。DNA 分子标记在苦瓜遗传育种上可解决传统育种上对差异细微的近缘种或近似种的区分比较困难，可以针对形态特征极其相似的近缘种、复合种及亚种、生态型、地理种群进行精确鉴定区分，现为广大科研工作者所普遍采用，但应避免因操作熟练程度不高、仪器精密性差以及中间环节较多所引起的误差问题。

第三节　苦瓜的性别分化与授粉受精

一、性别分化的概念

植物的性别分化是一种特殊的器官发生现象，性别分化决定雌雄器官的发育程序，影响繁殖器官的发生和发育，它与蔬菜的产量、熟期品质、不育系的选育及种子的形成有密切的关系。苦瓜的花为雌雄同源花，当植株真叶长到 3~5 片时开始花芽分化，不同品种花芽分化的早晚不同，早熟品种花芽分化较早，主蔓第一（雄）雌花节位也低。

二、性别分化过程

瓜类植物的性别分化过程中一般要经过一个两性期。先形成雄蕊原基，接着出现雌蕊原基，之后就按照雄或雌的不同分化程序进行分化。但也有一些瓜类（如西葫芦和丝瓜）的雄花花芽分化过程中没有雌花原基的分化，成熟的雄蕊中没有雌蕊的痕迹。

苦瓜幼蕾在肉眼可见的 5 天之内尚处于两性期，性别没有明显分化，从第 7 天开始雌、雄花开始明显分化、雄花在发育过程中雄蕊不断伸长并分化，而雌蕊原基处则从偏平到下陷。成熟雄花中不能看到雌蕊原基的痕迹。雌花在发育过程中雌蕊不断伸长并成熟，雄蕊停止发育但不退化，成熟的雌花中仍可见雄蕊原基，有些品种如蓝山类苦瓜的部分雌花在发育过程中雄蕊也继续发育，形成两性花。

三、影响性别分化的外界因素

1. 温度

在日平均温度比较接近的情况下，昼夜温差较大，对苦瓜雌花的形成可能是有利的。例如，相同的苦瓜品种，秋季种植的主蔓雌花率往往比春季高。

2. 日照

南瓜、丝瓜、苦瓜等均是短日照作物。仓田等证实"白菊座"南瓜从第一片真叶半展开时开始进行 6~7 天的每天 8~10 小时短日照处理，可使雌花提前发生。丝瓜是对短日照要求较严格的品种，尤其是有棱丝瓜，需要 10 天以上每天 9 小时以下的短日照，能明显地促进开雌花。苦瓜也和南瓜、丝瓜一样，但没有丝瓜敏感，例如，福建省平和县冬春大棚种植的新翠、如玉 5 号等苦瓜品种在 1~3 月份的低温短日照条件下，主侧蔓的雌花率从春秋正季栽培的 20%~25% 提高到 40% 左右。

日照长度和温度都能影响瓜类雌雄花的形成，同时二者之间又相互作用。通常在低温短日照情况下，苦瓜第一雌花节位及连续雌花节都较低；在同一日照长度下，低温会明显降低第一雌花及连续雌花节位，在日照长度能满足瓜类雌花分化的前提下，温度的影响远大于日照长度。

有试验认为，温度和日照这两个条件中，日照长度决定花芽的产生，而温度则决定花芽分化的趋向，特别是夜间低温有利于雌花的分化。

3. 整枝打顶

苦瓜进行适当的整枝、摘叶、摘心处理，可使植株的雌花数增加，雌雄比值显著提高。

四、影响性别分化内在因素

1. 遗传基因

苦瓜在自交纯化过程中，经常会出现全雌系、强雌系、雌花率 10% ~25% 的普通系和雌花率低于 5% 的强雄系等，雌性的强弱是受多基因支配的。

2. 内源激素

苦瓜植物体内的吲哚-3-乙酸（IAA）、乙烯利和赤霉素（GA_3）等含量的高低对苦瓜雌花的分化都有积极的作用。

3. 核酸和蛋白质

苦瓜在性别尚未确定的幼蕾中产生雄蕊的组织部位 RNA 和蛋白质含量都明显高于产生雌蕊的组织部位。如果向雄花方向发育，雄蕊原基及以后的发育过程中 RNA 和蛋白质含量始终均显著高于雌蕊原基部位的 RNA 和蛋白质含量。相反，如果向雌花方向发育，雄蕊原基组织的 RNA、蛋白质含量急剧下降。伴随雌蕊的发育，雄蕊原基及其以后发育过程中 RNA、蛋白质含量不断上升，显著高于相应时期的雄蕊原基含量。性别分化方向与雌花分化或雄花分化的特异蛋白质的出现有关。其中的一种或几种可能是性别分化的"关键蛋白"。

五、苦瓜的结实生理

1. 雌花与雄花的开花关系

苦瓜和西瓜等瓜类一样，雌花的发育比雄花快，在同一条蔓上的雌花开放比雄花早，通常在雄花节位的前端 2 ~3 节开放。花的寿命通常只有半天左右，下午闭花，特别在温暖的晴天，昆虫授粉活动早，谢花的时间也会提早，但低温或阴雨授粉不良时谢花的时间会延迟。

2. 授粉与受精

苦瓜雌花从开花前 2 天到花后 1 天都具有受粉能力，但以开花当天受粉能力最强。而苦瓜的雄花为半日花，一般以上午 6 ~11 时授粉为宜，苦瓜花粉的活力会随气温的升高而降低，所以杂交制种人工授粉时要根据环境温湿度决定最佳授粉时间，一般温度高的晴天授粉时间宜早不宜迟。不同苦瓜品种花粉萌发对温度要求稍有不同。苦瓜同其他的瓜类一样，授粉后花粉的萌发、花粉管的伸长比较快。一般授粉后 20 ~30 分钟开始萌发，2 ~3 小时后，进入花柱，第二天完成受精过程。

3. 外界环境条件对授粉受精的影响

（1）温度

最适宜温度为 24 ~ 28℃，一般低于 17℃ 或超过 35℃ 会妨碍受精。据陈小风等人研究表明，不同苦瓜花粉萌率随着温度的降低而快速下降。当温度为 25℃ 和 18℃ 时，10 个苦瓜材料花粉萌发率分别达 80% 和 60% 以上；当温度降至 15℃ 时，10 个苦瓜花粉萌发率明显降至 50% 以下，为 23.61% ~ 48.86%；当温度降至 12℃ 时，所有材料萌发率在 0% ~ 15%；当温度为 9℃ 时，所有材料萌发率均为 0。据此，初步推断多数苦瓜品种在 13 ~ 25℃ 之间，花粉萌发率是随着温度的上升呈直线上升，其关系为 $Y = 6.2X ~ 60$（Y 为发芽率，X 为温度）。发芽率为 0% 的温度是 9 ~ 12℃，发芽率为 50% 左右的必要温度是 15 ~ 17℃，比西瓜花粉的萌发温度稍高，且温度每提高 1℃，花粉的萌发率可提高 6.2% 左右，最高萌发率的温度为 25 ~ 26℃。苦瓜早春栽培时，早春棚室最低温度在 12 ~ 17℃ 时，为了提高苦瓜雄花花粉的质量，可在傍晚将翌日待开的雄花蕾连花柄剪下，扎成束，取回家插在有水的容器中，25℃ 左右保温，第二天上午棚室温度上升到 18℃ 左右开始授粉，可大大提高苦瓜的坐果率和苦瓜果实的膨大速度。

（2）湿度

适宜的相对湿度为 70% ~ 80%。

（3）硼素营养对苦瓜花粉萌发和花粉管生长的影响

据陈小风等人研究，硼素对苦瓜花粉萌发和花粉管生长的影响因浓度不同而异，液体培养基中硼酸浓度小于或等于 25 毫克/升时花粉萌发率随着浓度的增加而呈上升趋势。并在 H_3BO_3 浓度为 25 毫克/升时达到最大值（花粉萌发率为 90%）且为对照的 2.6 倍；对花粉管生长速率影响作用的最佳浓度为 25 毫克/升，在此浓度下苦瓜花粉管的生长速率约为 109.9 微米/小时，是对照的 40.8 倍；在南方土壤多数存在缺硼或潜在性缺硼的情况下，苦瓜生产上可以通过基施硼砂和在苦瓜初花期喷施 0.2% H_3BO_3 来提高坐果率。

第四节　留种与采种

一、常规采种

1. 农户小批量选留种

随着人们生活水平的提高以及膳食结构的变化，苦瓜已成为消费者喜食的瓜类蔬菜。苦瓜为虫媒花，属常异交作物，在 20 世纪 80 年代前，各地苦瓜种植多为当地的常规品种，品种间的流动性较少，当时的苦瓜选留种，多结合商品瓜生产在大田里进行选择。在相对隔离较好的计划留种地块里，栽培同一品种的苦瓜，一般要求品种间相对隔离 1 000 米以上。首先要在苦瓜初花期进行田间调查观察，选择植株生长健壮、雌花多、无病虫害，其茎、叶、花、果实均具该品种特征的植株，并做好标记，同时拔除一些明显变异的植株；其次是在植株选择的基础上，进行严格果选。选留苦瓜种果，必须在已定的种株上进行，应选留植株中部所结的瓜，并从中选择生长发育快，比较粗长，果形端正，无病虫害，果实的瘤状突起粗细、稀密、颜色、形状等均具有该品种特征的瓜，并做出标记。每棵植株上可留 3 ~ 5 个种瓜。除选定留种的瓜外，多余的瓜全部摘除，以集中营养供给种果生长发育。

通过株选和果选的种瓜，达到生理成熟时，即可采收。直观表现为苦瓜表皮光亮、种瓜的顶部开始由绿色转为橘红色或橘黄色达种瓜长 2/3 以上、种瓜发绵时为适收期。如采收过早，种子未充分发育完熟，种衣与种子粘连较紧，要一粒一粒拨开，洗种费工麻烦，有时还会影响种子的发芽力，尤其是种子的贮藏性。补救的办法是，将种瓜放在室温下后熟 1 ~ 3 天，然后掏洗籽。采收过迟，则瓜的顶部自然开裂，瓜瓤和种子会自动掉落。将适时采收的种瓜，用刀纵向切为两半，取出里面的瓜瓤和种子，将种衣揉烂，用清水冲洗去瓤肉，将沉于水底的种子晾干。晾晒时不准放在水泥地面上，不准强光直射和烈日暴晒，否则会降低甚至丧失种子发芽力。一般每个种瓜可收到种子十多粒到数十粒，多数在 20 ~ 30 粒之间。晾晒干的苦瓜种子宜在冷晾干燥、通风良好、无鼠害和虫害的房内保存。

2. 种子公司商业化苦瓜采种

20 世纪 90 年代后，苦瓜种植面积在华中和华南各地迅速增加，苦瓜的规模化和商业化运作模式在国内初步形成，苦瓜品种间的流动逐渐增大，育—繁—推一体化的公司形成与发展壮大，蔬菜等经济作物的种苗以公司经营的形式逐步取代了个体小摊贩的经营方式。苦瓜种子生产进入了规模化采种时代，其采种技术实现了标准化和规范化，品种间要求相对隔离 1 000 米以上。

（1）育苗

在种苗生产上采用育苗技术。苦瓜采种在中国一年可采 1 ~ 2 次，无需赶早，一般是安排最适宜苦瓜生长的季节里进行种子生产，春夏采种时的育苗多采用在大棚或小拱棚内进行；南方的夏秋采种时育苗以防雨、降温和营养袋（钵）或育苗盘育苗为主。播种前，种子先用 50 ~ 55℃温水浸种 10 ~ 15 分钟，使种皮软化并杀灭种子所带的病菌，然后在常温下浸 8 ~ 10 小时；取出种子，洗去种子表面的胶粘物，用湿纱布包好，在 28～32℃ 温度条件下催芽，催芽期间种子露白前每 1～2 天用 35～40℃ 的温水淋洗一次，同时纱布也水洗一次。营养土可用菜园土或塘泥加蘑菇土加 0.5% 复合肥或 1.0% 的过磷酸钙或 2% 钙镁磷混匀配制而成，播前先淋透营养钵，每钵播露白种子 1 粒，播种后覆盖基质 1.5 厘米左右，再浇足水。尽量保持棚内温度在 30℃ 左右，若温度太低，可在播种后的育苗钵上再覆盖一层薄膜，待出苗时揭开薄膜。正常温度下，5～7 天可齐苗，齐苗后 10～15 天 2～3 片真叶完全展开时定植（夏秋采种），春夏采种在苗龄 25～45 天，真叶 4～5 片前定植。在育苗期，营养土加化肥的一般无需另外追肥，营养土肥力少的，须在齐苗后 5～7 天施 1 次提苗肥，用复合肥溶解淋施，浓度为 0.2%～0.5%。

（2）整地与施基肥

苦瓜根系发达，耐肥力强，应选择土层深厚，有机质丰富的壤土或轻壤土较为适宜。栽前深翻，充分晒白，并结合整地施足基肥，过磷酸钙可和有机肥撒施后整地作畦，复合肥一般沟施。每 667 平方米施 600～800 千克充分腐熟的鸡粪或猪、牛粪 1 000～1 500 千克，复合肥 30～50 千克，过磷酸钙 50 千克。南方雨水多，要起高畦，畦高 25～30 厘米，畦包沟宽 1.4～2 米（与采种环境和搭架方式有关）。种植地排灌水要方便，防止积水和土壤过干。

（3）栽培方式

苦瓜常规采种主要采用篱笆架、人字架和平架栽培，架材可就地取材，用竹子或其他杂木等，棚架式栽培时平架上可用 0.25 米×0.25 米网眼的尼龙网，每张面积为 2 米×30 米或订制规格，竹子长度为 2～2.2 米。种植密度要根据栽培季节、采种地的环境特点、品种特性而定，一般每 667 平方米定植 800～2 500 株。

（4）肥水管理

苦瓜对肥料要求较高，若有机肥充足，植株生长粗壮、茎叶繁茂，结果多，瓜肥大、品质好，种子质量也好。在定植后 7～10 天进行第 1 次追肥。每 667 平方米施 10% 腐熟的人粪尿、猪粪水等农家肥或 0.5% 的尿素或用浓度为 0.5%～0.8% 复合肥液浇施。苦瓜开花结果前，一般半个月左右施 1 次肥，浓度由稀到浓，若用化肥，浓度为 0.5%～0.8%；开花结果后每隔 10 天左右施肥 1 次。一般每 667 平方米追施复合肥 15～20 千克。苦瓜定植时要浇足定根水，开花结果期间需要大量的水，尽量使栽培田块保持湿润，尤其是高温、晴天时在深沟里保持少量的水层，对苦瓜的正常生长很有利。同时，由于苦瓜耐涝性较差，栽培田块要有良好的排灌设施，在暴雨和连续阴雨天需要及时排水，保持田块不积水。若是在早春温度比较低时种植，即平均温度在 18℃ 以下，前期需要控水以增强植株的抗寒能力。

（5）植株管理

苦瓜在上架前（主蔓 0.8 ~ 1.2 米以内）不留侧蔓或稀植时留 2 ~ 3 条粗壮的侧蔓。上棚架后一般可放任生长，但要使藤蔓分布均匀，叶片重叠控制低于 50% 以下。为提高坐果率，根据植株的载果量在部分侧蔓雌花后 1 ~ 2 节摘心，并适当摘除一些弱小侧枝，以利通风采光，生长后期应适当摘去病叶和老叶。

（6）病虫害防治

在新地种植，病虫害发生较轻。苦瓜虫害主要有蚜虫、瓜实蝇、瓜绢螟等。病害主要有白粉病、霜霉病、炭疽病等。防治害虫可用敌敌畏、快灵、乐果、灭蝇安、农地乐等。防治病害可用可杀得、晴菌唑、三唑酮、乙膦铝锰锌、甲霜灵锰锌、施宝功、甲基托布津、代森锰锌等。一般情况下，每隔 7 ~ 10 天打药一次，防虫与防病的药可混合使用，一种农药用一两次后，同类农药要交替使用。

（7）采收

采收与后熟，当种瓜的顶部由绿色转成黄色或橘黄色，瓜皮光亮时采收，一般南方春播夏收的种瓜于授粉后 26 ~ 32 天可采收，未熟透的种瓜后熟 1 ~ 2 天可提高洗籽效率，后熟应放在阴凉的地方。

（8）剖瓜洗籽

经过后熟熟透的种瓜，用刀纵切成两半，取出里面的瓜瓤和种子，揉去种衣，用清水冲洗去瓤肉，将沉于水底的种子晾干。晾晒最好放在尼龙筛网上，中午应避免烈日强光暴晒，同时要经常翻动，否则会降低甚至丧失种子的发芽力。

二、杂交一代采种

1. 东南地区苦瓜采种

苦瓜杂交一代采种主要是利用母本强雌系或母本主侧蔓 2 米之内容易出现雌花，利用优势互补等原理，杂交后会明显提高苦瓜的产量、增强抗病性或改变苦瓜外观性状，提高商品性。

（1）选地与施肥

首先，苦瓜的采种地应选择温暖湿润的地域，开花结果期要求平均温度以 25℃ 左右为适宜，高温不超过 35℃，昼夜温差要大。平均气温高于 30℃ 或低于 18℃ 则对苦瓜生长和结果都不利。开花结果期遇高温或持续阴雨天气，容易引起结实不良、死株、烂果，种子产量低、质量差。其次，要求土层肥沃疏松、排灌方便，保水保肥力强的壤土为宜。苦瓜生长期长，需肥量大，以追肥为主，且氮肥需要量多。苗期植株如果缺氮、植株黄化，有利于雌花往雄花方向发育，尤其是采用主蔓一条龙苦瓜杂交采种时，从育苗期就必须保证土壤有充足的氮素供应，杂交采种由于植株挂果时间长，且人为控制单株挂果量，与青果栽培略有差异。一般整个生长期每 667 平方米需纯氮 20～25 千克，磷钾各为纯量的 40%～50%。基肥占全生育的比例：纯氮占 10%，磷和钾分别占 30% 左右为宜，不过各地的土壤地力不同，施肥量和比例仅供参考。南方多雨水，要求整高畦，畦沟要有 20～25 厘米的高差。最后，品种间要求相对隔离 1 000 米以上。

（2）栽培方式

省力化苦瓜杂交一代采种是利用空间隔离无需套袋的一种杂交采种方法。其特点是母本第一雌花一般为 8～15 节，第一雌花出现后的主蔓雌花节率往往较高，所以在采种上采用主蔓一条龙采种法，采用篱笆式或人字架栽培。篱笆式株行距：春季为 1.4 米 ×（0.35～0.40）米；秋季为 1.3 米 ×0.3 米。人字架株行距：春季 2.2 米 ×（0.4～0.45）米；秋季为 2.2 米 ×0.3 米，植 2 列。

（3）种子处理与育苗

苦瓜种子用 50～55℃ 的温水浸种 15～20 分钟，自然冷却后续浸种至 8～10 小时，在 28～32℃ 条件下，保湿催芽。种子露芽后移入 10 厘米 ×10 厘米的营养钵上，子叶出土前土温控制在 25～30℃，出苗后温度控制在 18～25℃，同时苗期管理要控水，培育壮苗。在温暖的地方可采用露地或大棚直接育苗，株行距为 10 厘米 ×10 厘米，父本最好暖地提前 7～10 天，冷凉地提前 8～15 天育苗。父本：母本以 1∶（10～15）为宜。

（4）定植与管理

真叶 3～4 片时定植，母本应根据季节和地域的要求决定栽培株距 0.3 米～0.45 米，父本按株距 0.6 米～0.8 米定植，无需整枝。要浅植，可有效防止根茎部病害。在主蔓长 50 厘米以上时进行搭架，采用 2.0 米长的竹竿，每株立 1 根竹竿，在 1.6 米高度横一根竹竿捆紧，并在一定间隔加固一根斜立竹竿，形成三角架，人字架双列定植时也在 1.6 米高度横 1 根竹竿扎成人字形。主蔓第一雌花出现后开始整蔓上架，从第 10 节左右第一次捆扎，以后每隔 3～4 节捆扎一次，并清除主蔓上的侧枝和雄花的花蕾，在主蔓上架 1.5 米左右内，选留 4～6 个发育良好的雌花，保证每株留瓜 2～3 条。1.5 米以上主蔓摘心，在接近摘心处的顶端留两个侧芽，授粉后放任生长。

（5）去杂与清花

杂交授粉开始前，必须对父母本进行一次彻底去杂，根据品种茎叶等形态特征、拔除杂异株，特别是父本中混有杂株对制种纯度影响极大，授粉过程中都要留心观察，发现异株立刻停止取粉，同时在母本引蔓整枝过程中随手摘除母本所有已开和未开的雄花（蕾），并摘除已开放未人工授粉的雌花（瓜）。以后每天下午至少巡查 1 次，摘除遗漏的母本雄花蕾。及时、彻底、干净地摘除母本雄花，使授粉期间母本无雄花开放，以确保杂交种子的纯度。

（6）授粉

采用自然隔离人工辅助授粉的非套袋采种法。可省去人工套袋、夹花等花工较大的工序。每天上午6时前下地采摘将要开放的父本雄花，授粉时间从上午6时30分到9时为宜。授粉方法为反卷父本雄花花瓣，于雌花柱头上轻轻涂上一层花粉，一般每朵雄花可授粉1~3朵雌花，雄花充足时可采用1对1授粉，以提高单瓜种子数。杂交授粉结束后应做好标记。

（7）病虫害防治

苦瓜在新区病虫害很少，但在老区虫害主要有蚜虫、瓜实蝇、菜青虫等，病害主要有白粉病、霜霉病、病毒病、炭疽病、根茎部细菌性软腐病等。防治害虫可用快灵、灭蝇安、农地乐、锐劲特、阿维菌毒、安打等。防治病害可用甲基托布津、腈菌唑、乙嘧酚、安克、乙膦铝锰锌或甲霜灵锰锌、施宝功、代森锰锌、速效病毒A（病毒–Z_n）、病毒K（0.3%）+高锰酸钾（0.2%）+硫酸铜（0.01%）、小叶敌（0.3%）+磷酸二氢钾（0.2%）+硫酸亚铁（0.2%）等。

（8）收获

①采收与后熟：当种瓜的顶部由绿色转成黄红色或橘红色、瓜皮光亮时采收，一般春播夏收的种瓜于授粉后26~32天可采收，未熟透的瓜可后熟1~2天后瓜瓤熟透容易搓洗种子。

②剖瓜洗籽：经过熟透的种子，用刀纵切成两半、取出里面的瓜瓤和种子，不能发酵直接揉去种衣，用清水冲洗瓤肉、秕子、将沉于水底的种子晾干，晾晒最好放在尼龙筛网上、中午应避免烈日强光暴晒，同时要经常翻动，否则会降低甚至丧失种子的发芽力。注意苦瓜种子高温晒种和未干放置，发芽率比西瓜降得快。晒干种子的含水量在7.0%以下，正常发芽率可达95%以上。

2. 西北地区苦瓜采种

（1）选地

苦瓜的采种地应选择温暖湿润的地域，土层肥沃疏松、排灌方便，保水保肥力强的地块，前茬以小麦、洋葱或玉米为宜。

（2）播前准备与播种育苗

①基质的准备：把不含油脂的木屑，如杉木屑、杂木屑等，用开水烫或在锅中煮开后，用清水漂洗1遍后晒干备用，可除去木屑中的挥发性物质。播种前把木屑和水调拌均匀，木屑的含水量以手捏紧木屑时，手指间稍有水分流出，手一放开木屑就松开为度。播种至定植的田间管理：种子播于大棚中的基质内，发芽前3~5天在基质上加盖地膜保湿增温+小拱棚。部分苦瓜出苗后取掉基质上加盖的地膜，一般7天左右可齐苗，播后10天左右移入育苗盘（钵）假植，在大棚内喷水增湿，假植缓苗10~15天，炼苗7~10天，之后定植。

②播前的种子处理：西北瓜类采种，由于光照充足、湿度低蚜虫多，病毒病比南方更易发生，所以必要时对种子进行处理，防止种子带毒引发的田间植株病毒病。具体操作如下：苦瓜种子用 0.2% 的高锰酸钾溶液浸种 25 分钟（注意最长应不超过 30 分钟），稍洗净药液，再用 50~55℃ 的温水浸种 15 分钟，其间搅拌数次，使种子受热均匀，之后加冷水至 30℃ 左右，继续浸种至 8~10 小时，直接播于大棚的发芽基质中。父本最好提前播种 15~20 天。父本：母本以 1：（10~15）为宜。

（3）基肥与追肥

①基肥：每 667 平方米全层撒施土杂肥 1.5~2.0 立方米后犁地，开沟整畦时于膜内侧开沟条施硝酸磷钾（16－10－10）或磷二铵＋硝酸磷钾（1：1 混合），用量每 667 平方米 30~40 千克，覆土后再铺膜。

②追肥：土壤地力较高且施足有机肥的农户，整个采种过程追肥 3~4 次就可以。一般第一次追肥于 6 月上旬（第 4 次灌水前）进行，在定植垄内侧不间隔打洞穴施，每 667 平方米用硝酸磷钾 25 千克，第二次和第三次追肥于杂交授粉中期和后期的 7 月上旬和下旬进行，在定植垄水塘沟壁 10 厘米处打洞，每株打 1 洞，洞深 10~15 厘米，每洞放入复合肥 10~12 克，每 667 平方米用量 30~36 千克。复合肥可使用硝酸磷钾＋磷二铵，按 2：1 混合，也可以用磷二铵＋磷酸二氢钾，按 4：1 混合。若地力较差的地块，于 6 月上旬至中旬灌水时用碳酸氢铵或尿素于灌水口化水追施 1~2 次，也可直接把氮肥撒施在水塘沟里后灌水，每次用碳酸氢铵 10~15 千克或尿素 5~8 千克。

（4）定植与管理

①定植密度：经过多年的采种，实践证明以水塘 40 厘米，旱塘 110~120 厘米（于水塘边各植一列）较合理，旱塘过小不利于摘雄蕾和杂交授粉的人工操作，过宽土地和光能利用率低。株距根据母本长势的强弱，稍有差异，白皮系母本为 25~30 厘米，而青皮系母本为 30~32 厘米为宜；父本统一按株距 60 厘米定植，无需整枝。

②定植：各地气候条件不同，播种定植的时间也不同，甘肃某地苦瓜采种定植时间为，父本于 5 月上旬，母本于 5 月下旬，真叶 4 片左右时的晴暖天气进行。

③搭架：由于 6 月上中旬劳动力较闲余，所以，多在主蔓长 30 厘米以前就搭好架。具体做法是采用 2.0 米长的竹竿、每株立 1 根竹竿、在水塘沟的 1.8 米高度横一条固定铁线，两头及中间加桩，两垄之间的竹竿在 1.8 米处扎成人字形。

（5）灌水

灌水是西北苦瓜采种非常关键的一个环节，水分不足就无法取得较高的采种量。

（6）扎蔓、整枝

主蔓第一雌花出现后开始整蔓上架，从主蔓 15 节左右（即蔓长 40 厘米左右）第一次捆扎，以后每隔 3～4 节捆扎一次，并摘除主蔓上所有侧枝和主蔓上的雄花蕾，在主蔓上架 1.8 米内，选留 4～6 个发育良好的雌花，保证每株留果 3～4 条。主蔓 2～2.2 米摘心，保证白皮系苦瓜主蔓上有 35～40 个叶片，青皮苦瓜有 30～35 个叶片，授粉结束后，在不影响周边苦瓜杂交纯度的前提下，可在接近摘心处的顶端留 1～2 个侧芽，授粉后放任生长，可提高采种量。

（7）去杂与清花

杂交授粉开始前，必须对父母本进行一次彻底去杂，根据品种茎叶等形态特征、拔除杂异株，特别是父本中混有杂株对制种纯度影响极大，授粉过程中都要留心观察，发现异株立刻停止取粉，同时在母本引蔓整枝过程中随手摘除母本所有已开和未开的雄花（蕾），并摘除已开放未人工授粉的雌花（瓜）。以后每天下午至少巡查 1 次，摘除遗漏的母本雄花蕾。及时、彻底、干净地摘除母本雄花，使授粉期间母本无雄花开放，以确保杂交种子的纯度。

（8）授粉

母本采用空间隔离、人工辅助授粉的非套袋采种法。每天上午 6～7 点前下地采摘将要开放的父本雄花，或于前一天的下午 7 点后采摘第二天待开的雄蕾，取回家保湿保温。授粉时间从上午 7 点半到 10 点为宜。授粉方法为反卷父本雄花花瓣，于雌花柱头上轻轻涂上一层花粉，一般每朵雄花可授粉 1～3 朵雌花，雄花充足时可采用 1 对 1 授粉，以提高单瓜种子数。杂交授粉后应作好标记。

（9）病虫害防治

苦瓜一般较抗病，在西北新区病虫害很少，虫害主要是蚜虫，病害主要有叶斑病、病毒病等。防治害虫可用啶虫脒、一遍净、敌敌畏等。防治病害可用甲基托布津、百菌清、杀毒矾、代森锰锌、福美双、速效病毒 A、0.1% 的高锰酸钾溶液、病毒 K 等。

（10）根外追肥

苦瓜采种单株挂果量大，时间长，尤其是授粉后期的 7 月下旬至 8 月中旬，果实快速膨大、种子中干物质大量形成阶段需要叶片保持旺盛的光合作用，为此，在叶面喷洒 0.2% 磷酸二氢钾＋0.1% 尿素液或农用氨基酸等根外追肥，延长叶片功能期，显得非常重要。在微碱性地块上，由于铁的有效性很低，苦瓜容易出现缺铁现象造成减产，严重地块苦瓜叶片黄化明显，需要在 7 月上旬至下旬喷 0.1% ~ 0.2% 的硫酸亚铁溶液 2 ~ 3 次。

（11）收获

①采收与后熟：当种瓜的顶部由绿色转成黄红色或橘红色时采收，一般春播秋收的种瓜于授粉后 28 ~ 35 天可采收，未熟透的种瓜可后熟 1 ~ 2 天以提高种子的发芽率，同时瓜瓤熟透后容易搓洗种子。

②剖瓜洗籽：经过后熟的熟透种瓜，用刀纵切成两半、取出里面的瓜瓤和种子，不能发酵直接揉去种衣，用清水冲洗瓤肉、秕籽，将沉于水底的种子晾干，晾晒最好放在尼龙筛网上，中午应避免烈日强光暴晒，同时要经常翻动，否则会降低甚至丧失种子的发芽力。晒干种子的含水量在 7.0% 以下，正常发芽率可达95% ~ 100%。

第八章　苦瓜贮藏保鲜与加工技术

近几年来，随着人们对苦瓜营养价值和药用功效的重新认识，全国掀起了"苦瓜热"，在广东省、海南省等地生产的苦瓜除供应本地和南菜北运外，还远销中国香港、澳门特别行政区和新加坡、马来西亚等国家，速冻苦瓜食品也开始进入日本等国市场，苦瓜已成为中国南方一些地区出口创汇的主要蔬菜之一。其他地区苦瓜生产的经济效益也很好，市场对苦瓜的需求量不断增加，即使在供应旺期，苦瓜的价格也居高不下，种植的区域由南方向北方扩展，栽培季节由春夏向四季栽培转变，栽培方式由单一的露地转向露地、大棚、温室等多种栽培方式。许多地方开始采用丝瓜和南瓜中的苦瓜专作砧木与苦瓜接穗进行嫁接，以提高产量和抗病性。这些转变都为苦瓜的周年供应提供了可能性，苦瓜的贮藏保鲜也成为影响其效益的一个重要因素，7~8 月份是南方平原或低海拔地区苦瓜生产供应的淡季，高海拔种植的苦瓜需要长途运输才能到达批发市场，此时气温高，苦瓜采收后老熟黄化加快，需要低温等贮藏保鲜措施来降低运输过程的消耗和延长苦瓜货架期；冬季和早春是苦瓜的淡季，苦瓜种植地主要在海南省、福建省、广东省、广西壮族自治区和四川省，产品销往外地需要长距离的运输，所以苦瓜的贮藏保鲜技术在苦瓜周年供应中是不可缺少的一环。目前，苦瓜贮存保鲜技术的研究和推广都还比较薄弱，深入开展这方面的研究和普及苦瓜的贮藏保鲜技术是当务之急。目前，苦瓜采摘之后的生理生化和保鲜技术研究还鲜有报道，在此，笔者根据瓜类的一些共性及苦瓜南菜北调过程中的一些保鲜做法加以整理。

第一节　苦瓜贮藏保鲜的原理

苦瓜果实膨大，是根系吸收的水分、矿质元素和茎叶光合作用合成的有机物通过果柄连续输送到果实中积累的结果。采摘后，物质的输送被中断了，但苦瓜果实仍作为一个活着的有机体，继续进行一系列呼吸代谢活动。果面的水分蒸发，果实内部的维生素 C、糖类等营养物质被不断分解，随着时间的推移，瓜体重量减轻，光泽消失，果实发黄、变软、皱缩，抗菌能力下降，继而由于机械损伤或病害而导致腐烂。因此，苦瓜贮藏保鲜的根本，是最大限度地抑制果实的呼吸作用和蒸腾作用，以减少自身的物质消耗、延缓成熟和衰老进程、延长采后寿命和货架期。

一、影响苦瓜呼吸作用因素

1. 温度

低温可减弱呼吸作用，但苦瓜低温贮藏容易发生冷害。夏向东等人研究认为，苦瓜在6℃时贮藏6天会发生冷害；11℃贮藏15天的苦瓜果实表现出明显冷害症状；13℃贮藏15天苦瓜没有发生冷害，所以，苦瓜贮藏10~15天时，适宜的贮藏温度为13℃左右，低于10℃时苦瓜在后熟过程会释出乙烯，苦瓜对乙烯十分敏感，即使有极微量的乙烯存在，也会激发苦瓜迅速老熟，加快苦瓜冷害发生，阻碍正常的后熟过程，造成生理损伤。贮藏温度要恒定，因为温度的起伏变化会加快呼吸作用进程，增加物质消耗。郑学立研究发现，苦瓜的呼吸较强，在采后第6天就达到呼吸高峰，以后趋于平缓，维持在一定水平。乙烯峰在不同的温度下出现的时间不一样，随着温度降低，乙烯峰来得越晚，这是由于低温抑制了乙烯的合成。认为苦瓜保鲜效果最佳组合是13℃ + 6-BA 100毫克/千克（注：6-BA为6-苄氨基嘌呤，细胞分裂素）。

2. 环境气体

在有条件的地方，可通过合理调节环境气体来保鲜苦瓜，其方法是合理控制苦瓜贮藏环境中的氧浓度（3%~4%）和适当提高二氧化碳浓度（1%~10%），可以抑制苦瓜果实的呼吸作用，从而延缓后熟、衰老过程。另外，较低温度和低氧、高二氧化碳也会抑制果蔬乙烯的合成并抑制已有乙烯对果蔬的影响。

3. 机械损伤

受到机械损伤的果实，呼吸作用会显著增强，贮藏寿命缩短，还容易受病菌侵染而引起腐烂。因此，在采收、分级、包装、运输和贮藏过程中要避免机械损伤，这是苦瓜长期贮藏的重要前提。所以外运的商品苦瓜要求生理成熟7~8成时就应采摘，保证瓜身青绿色；操作要格外小心，把严格挑选好的瓜用纸张或蕉叶等包好，放入硬质的纸箱或箩筐，立即运走。如果超过2天的路程，须把装好苦瓜的纸箱或箩筐放入4~5℃的冷库进行一定时间的预冷处理，使苦瓜果肉温度达到13℃左右或加入乙烯吸收剂。

4. 化学调节物质

主要是指植物激素类物质，包括乙烯、2,4-D、萘乙酸、脱落酸、青鲜素、矮壮素、B9（N-二甲基琥珀酰胺）等。生长素和激素对苦瓜主要作用是抑制呼吸、延缓后熟。乙烯和脱落酸主要作用是促进呼吸、加速后熟。当然，由于浓度和种类的不同，各种植物对激素的反应也是不一的。

二、影响果实蒸腾作用的因素

影响果实蒸腾作用的因素有：品种特性、成熟度、温度、相对湿度、风速和包装。

1. 品种特性

不同苦瓜品种的果皮组织的厚薄不一，果皮上所具有的角质层、果脂、皮孔的大小也都不同，因而具有不同的蒸腾特性。一般肉质较硬、纵条瘤、果皮光亮的品种，果实采摘后的失水相对会慢些。

2. 成熟度

随着苦瓜成熟度的提高，其蒸腾速度变小。这是因为随着苦瓜不断成熟其果皮组织的生长发育逐渐完善，角质层、蜡层逐步形成，蒸腾量就会减少。

3. 温度

蒸腾作用与温度的高低密切相关。高温促进蒸腾，低温抑制蒸腾，这是贮藏运输各个环节强调低温的重要原因之一。

4. 相对湿度

贮藏环境的相对湿度越大，水分越不容易蒸腾。因此，采用泼水、喷雾等方法保持库房较高的相对湿度可以抑制果蔬的蒸腾，以利保鲜。

5. 风速

蒸腾作用的水蒸气覆盖在苦瓜表面形成蒸发面，可以降低蒸气压差，起到抑制蒸腾的作用。如果风吹散了水蒸气膜，就会促进蒸腾作用。

6. 包装

包装对于贮藏、运输中苦瓜水分蒸发具有十分明显的影响。现在常用的瓦楞纸箱与木箱和竹筐相比，用纸箱包装的果实蒸发量最小。若在纸箱内衬塑料薄膜，水分蒸发可以大大降低。果实包纸、装塑料薄膜袋、涂蜡、涂保鲜剂等都有防止或降低水分蒸发的作用。

第二节　苦瓜采收及贮前处理

近来在农村调查时发现，菜农在采收苦瓜时随意性很大，严重影响苦瓜的产量和品质。现将苦瓜采收标准和注意事项介绍如下。

一、采收标准

苦瓜老嫩均可食用，但一般为了保证食用品质，提高产量，多采收中等成熟的果实。一般自开花后 14 ~ 18 天为适宜采收期，即果实的条瘤突起比较饱满，果皮有光泽，果顶颜色开始变淡时采收。过早采收，苦瓜内腔壁较硬，果面光泽度差，果肉维生素 C 含量还处在上升阶段，产量低；过晚采收瓜瓤已开始转红色，果肉维生素 C 含量开始下降，食用品质降低，贮藏期缩短，并容易在贮藏中转红开裂。要求采收后，尽快置于阴凉处。有条件的地方可在 4 ~ 5℃ 的冷库中预冷，使苦瓜温度接近贮运的适宜温度 13℃ 左右。

二、注意事项

苦瓜的采收应考虑到苦瓜的品种特点、生长季节、采后用途、运输时间的长短及运输方式、贮藏时间的长短及贮藏方式、销售时间的长短及销售方式等。采收时主要应注意以下 7 个问题。

1. 采前控水

需要长途运输和贮藏的苦瓜，在收获前 2 ~ 3 天停止浇水，可有效增强其耐藏性，减少腐烂，延长苦瓜的采后保鲜期。

2. 安全间隔期

苦瓜生产过程中会使用一些无公害蔬菜允许使用的农药，为了消费安全，只有达到了农药安全间隔期时才可以采收。

3. 适时采收

采收要及时，过早采收产量低，产品达不到标准，而且风味、品质和色泽也不好；过晚采收，不但影响后续瓜的膨大，而且产品不耐贮藏和运输。一般就地销售的苦瓜，可以适当晚采收；长期贮藏和远距离运输的苦瓜，则要适当早采收；冬天收获的苦瓜可适当晚采收；夏天收获的苦瓜要适当早采收；有冷链流通的苦瓜可适当晚采收；常温流通的苦瓜要适当早采收；在市场价格较贵的冬、春季，可适当早采收。

4. 防止损伤

苦瓜采收时要轻拿轻放，避免机械损伤。机械损伤是采后贮藏、流通保鲜的大敌，其不仅会引起蔬菜呼吸代谢升高、降低抗性、降低品质，还会引起微生物的侵染，导致腐烂。

5. 避雨、露水

不要在雨后和露水较大时采收，否则苦瓜难保鲜，极易引起腐烂。

6. 低温采收

尽量在一天中温度最低的清晨采收，可减少苦瓜所携带的田间热量，降低苦瓜自身的呼吸作用，有利于采后品质的保持。忌在高温、暴晒时采收。

7. 采收方法

一手托住瓜，一手用剪刀将果柄轻轻剪断，果柄留 1 厘米长左右，并拭去果皮上的污物。

第三节　苦瓜贮藏保鲜的方法

凡可提供适宜贮藏条件的冷库、半地下式菜窖或土窖均可作为苦瓜的贮藏场所。贮藏用包装袋贮量不宜过大，如采用聚乙烯薄膜袋做包装，需用折口贮藏法，以防止乙烯的过多积累。贮运时不宜与释放乙烯较多的果蔬混藏或混运。在适宜条件下，苦瓜可贮藏 2～3 周。

一、速冻贮藏

选鲜嫩、无病虫害的苦瓜放到清水中洗净。去籽去瓤切成瓜圈、瓜块或瓜片，盛于竹筐内，连筐浸入沸水中烫漂 0.5～1 分钟，切的形状不同，烫漂时间也不同。烫漂时要不停地搅匀。烫漂后迅速捞出，并浸入冷水中冷却，使瓜温在短时间内降至 5～8℃后捞出放入竹筐内沥干。再立即放入冷库内速冻，库内温度应控制在 -30℃，以菜体温度达 -18℃为宜。在速冻过程中翻动 2～3 次，促进冰晶形成和防止菜体间冻成坨。用食品袋装好封口，再装入纸箱。装箱后的苦瓜放入彻底清洁和消毒过的 -18℃冷却库内贮存，速冻苦瓜一般可保存 6～8 个月。

二、地窖贮藏

选地下库、地窖、防空洞等作贮藏库，并采取必要的通风措施。将预贮后的苦瓜装箱、装筐或堆放在菜架上作短期贮藏。贮藏温度宜稳定在 13～15℃，相对湿度控制在 85%～90%，可随捡随卖。

三、鲜瓜冷库贮藏

将经预处理的苦瓜果实盛于经漂白粉洗涤消毒后的竹筐或塑料筐中，放入冷库中贮藏。苦瓜贮藏时，库温通常都应控制在 10～13℃范围内，相对湿度 85% 左右。但不同的栽培地、品种和采收成熟度均会影响苦瓜的贮藏温度及冷害敏感性。冷库内苦瓜贮存时间相对较长。其中，10~12℃下10~14天苦瓜仍保持新鲜，低于10℃时发生严重冷害，高于13℃时苦瓜的后熟衰老迅速。

四、鲜瓜气调贮藏

该方法是人为改变贮藏产品周围的大气组成，使氧气和二氧化碳浓度保持一定比例，以创造并维持产品所要求的气体组成。气调可与冷藏配合进行，也可在常温下进行。苦瓜是易发生冷害的蔬菜，冷害引起苦瓜升温后呼吸强度的显著升高，所以，气调贮藏温度不能过低，一般控制在10~18℃，同时以氧气分压控制在2%~3%，二氧化碳分压在5%以下为宜。气调与非气调苦瓜贮藏相比，在前两周差别不明显，在第三周气调的苦瓜则表现比非气调苦瓜更低的腐烂、裂果和失重。气调贮藏中比较简单的是薄膜封闭贮藏，其中，又分为塑料帐封闭贮藏和薄膜包装袋封闭贮藏。它们均可用于运输途中，成本低，易推广。

五、其他贮藏方法

有一些新兴的贮藏保鲜方法，但目前基本上都还处于试验阶段，由于技术要求高或成本方面的制约，没有大量投入生产应用中，还有待进一步研究并推广。

1. 电离辐射技术的应用

利用电离辐射贮藏瓜类是一种发展很快的新技术，经过辐射处理可以延缓果实成熟，并具有杀虫、杀菌、消毒及防腐作用，既不破坏外形，又能保持瓜类原有色、香、味及营养成分，并且在常温下保存期长，不仅节约能源，更没有化学药剂的残留。

2. 静电技术的应用

近年来，静电技术已被越来越多地应用于果蔬保鲜，很多试验都证明应用静电场处理果蔬，不仅能起到对其消毒灭菌的作用，而且可保持其原色泽、原品味，并不降低其维生素C及氨基酸等的含量。

3. 减压贮藏

又称低压贮藏，通常压力只有正常大气压的1/15~1/6，此大气压可以加速气体交换，有利于有害气体的去除。同时，各气体的绝对含量大大下降，起低氧气调的作用，但减压条件下果蔬水分极易丧失，减压库必须安装高性能的增湿装置。减压贮藏成本高，出库产品缺乏浓郁芳香，且对品质有一定的影响。

4. 臭氧处理贮藏

臭氧易分解产生原子氧，原子氧氧化果蔬表面的微生物使其死亡或生长受抑。同时，臭氧分解产生的原子氧可氧化分解乙烯，有利于果蔬的贮藏，经常与其他贮藏方式结合使用。

5. 运输、包装贮藏要求

苦瓜对运输和包装的具体要求，与采收地至集散地或销售地的距离及气候条件等因素有关。地产地销及中短途运输可采用常温运输；炎热天气或遇雨，要有遮阴和遮雨设施，防止日晒、雨淋；严冬季节要采用防寒措施，如盖棉被、稻苦等。短途运输以加衬筐装为宜，若用散装，则要码放牢固并加铺垫，以免造成损失。如长途运输则应采用低温运输，以加内衬的纸箱、竹筐等做包装，严禁与释放乙烯较多的果蔬混运。

第四节　苦瓜加工方法

苦瓜营养丰富，据研究发现，它具有明显的降血糖作用，对糖尿病有一定疗效，还有一定的抗病毒能力和防癌的功效。随着人们生活水平的不断提高，苦瓜除作为鲜食蔬菜食用外，还有水果型生吃苦瓜品种和药用型苦瓜品种。为了调节鲜食苦瓜市场盈缺状况，苦瓜深加工应运而生，随着苦瓜各种深加工工艺的不断成熟完善，目前，可以将苦瓜加工成保健酒、苦瓜茶、蜜饯、果酱、饮料等产品来满足消费者的需要。现将苦瓜加工技术简单介绍如下。

一、苦瓜酒制作技术

苦瓜酒是近年来中国南方市场上出现的一种保健药酒，具有清热解毒、怡心明目、养血滋肝、润脾补肾等多种功效。常饮苦瓜酒，可促进食欲、清热解毒、泄热通便，而且还具有预防和治疗感冒、扁桃体炎、咳嗽等作用。

1. 工艺流程
选料→清洗→选瓶洗涤→装瓶→注酒→封盖→贮存→成品。

2. 加工技术
（1）选料
选择瓜形较长的品种，要求瓜条充分伸长发粗、果皮青绿色、瓜体中种子开始发育、但种皮尚未木质化的苦瓜。

（2）清洗
用流动的清水充分洗净，沥干水备用。

（3）选瓶
自制苦瓜酒，可根据自身条件，任意选择瓶子大小。一般以密封性好的旋口罐头瓶为好。空瓶首先用碱水洗净，再用沸水杀菌 15～20 分钟，备用。若加工量大，也可选择密封性好的大型容器。

（4）装瓶

最好整瓜装瓶，如瓶小瓜长可用手掰开，或用不锈钢刀具切割。禁止用铁制刀具，以免污染酒质。

（5）注酒

瓶中最好注入高浓度的白酒或高浓度的大曲酒。因为在这样的酒中，苦瓜甙溶解快，饮用功效高，酒与瓜的体积以1∶1为佳。

（6）贮存

将密封的盛酒容器置于阴凉干燥处存放，最好放在地下室。一般经过40～60天时间，当瓜条变成土黄色浸渍状，酒体有混浊感，摇动酒瓶，瓜条表皮上有粉状物脱落，打开酒瓶，气味浓烈，苦味爽口，即可饮用。

3. 产品特点

酒中含有丰富的氨基酸和苦瓜甙。酒味甘苦适宜，醇香可口，风味独特，回味悠长。

二、苦瓜茶加工技术

1. 工艺流程

原料选择→洗涤→纵切→去籽→切片→鼓风烘烤→包装→成品。若用加工型专用苦瓜如玉45可不用纵切去籽，直接洗涤后切片烘烤。

2. 操作要点

（1）原料选择

选新鲜6～7成熟、无病虫、无腐烂的苦瓜为原料。

（2）洗涤

用流动清水将苦瓜洗净。

（3）切分去籽

将苦瓜纵向切开去掉瓤籽。

（4）切片

用切片机将苦瓜切成5～10毫米的薄片。

（5）干燥

可用TYS-6CHG-6型茶叶烘焙机或其他干制机进行干燥，温度为60℃左右的热空气；也可用自然干燥法，将苦瓜铺在网上，太阳下晒约3天，使重量减少到刚切时重量的5%～10%为宜，成品保持原有瓜色。

（6）烘烤

将干燥后的半成品铺在70～120℃铁板上逐步烘烤，也可用TYS-6CHG-6型茶叶烘焙机于110～120℃的热空气烘烤，成品为暗褐色，冲泡时有浓香味，口感更佳。

（7）包装

烘烤后经冷却的苦瓜片即为苦瓜茶，可用食品袋等防潮包装。

3. 产品特点

颜色呈暗褐色，有一种芳醇味道，并有香气，类似于一般饮用茶饮用，具有降血压降血糖之功能，是高血压和糖尿病患者理想的饮用茶。

4. 用法

取 5～7 克成品放入茶杯中，初次一定用刚浇开的开水冲泡，之后用 90℃左右开水冲泡，3～5 分钟后即可品饮，可连续冲泡 5～8 次。

三、苦瓜果酱加工技术

苦瓜性味苦寒，营养丰富，具有消热祛暑、明目清心、通便、养神等功效。以苦瓜和苹果为主要原料，加以砂糖、琼脂等为辅料制成的风味苦瓜果酱，不仅风味独特，市场畅销，深受消费者喜爱，而且可通过深加工，延长产业链，使普通农产品增值若干倍，从而有效地增加农业收入。其加工技术如下。

1. 工艺流程

苦瓜处理→苹果处理→原料配比→浓缩出料→装罐密封→杀菌冷却。

2. 加工要点

（1）苦瓜处理

择个大、肉厚、无病虫害、八成熟的新鲜苦瓜，放入洗涤槽中，用流动清水清洗掉表面的泥土和杂物。然后用不锈钢刀对半剖开，挖去籽、瓤，切成 3 厘米长的段，在 95～100℃的沸水中烫 2 分钟（烫时水中要添加 0.2％的柠檬酸），用打浆机打成浆备用。

（2）苹果处理

选择成熟度高、无病虫害的苹果，清洗干净后去皮、对半切开，立即浸入 1％～2％的食盐水中进行 1 小时护色处理。然后挖净果肉中的籽巢及梗蒂，修除斑疤及残留果皮，用清水洗涤 1～2 次。将处理后的果肉 100 千克，加水 20～25 千克，煮沸 30 分钟，用打浆机打成浆备用。

（3）原料配比

苦瓜浆 35 千克，苹果浆 15 千克，琼脂 200 克（加水溶解成液体），砂糖 5 千克（配成 75％的糖液），其中，20％的砂糖用淀粉糖浆代替。

（4）浓缩出料

糖液及苦瓜浆、苹果浆、琼脂液等逐步吸入真空浓缩锅内，在 0.006 兆帕以上的真空度下浓缩至可溶性固形物含量达 65.5％～66％，关闭真空泵，破坏真空。至浆温达95℃以上时停止加热，立即出锅。注意真空解除后适当搅拌，防止糊锅。

（5）装罐密封

浓缩完成后应立即装罐。装罐后浆体温度不得低于90℃，一般采用776型马口铁罐或玻璃罐罐装，装罐后要立即封罐。

（6）杀菌冷却

装好罐送入杀菌釜中进行杀菌。

3. 产品特点

果酱呈天然清亮的浅黄色，具有苦瓜的清香和苹果的香气，带有少许苦瓜特有的苦味。

四、苦瓜加工低糖蜜饯技术

本工艺用淀粉糖浆替代部分白砂糖，降低制品含糖量；添加海藻酚钠，保持制品透明饱满；不加防腐剂，采用真空包装，延长制品保质期；采用真空煮制方法，保持苦瓜原有的营养和风味。此产品符合现代食品发展方向，市场前景十分广阔。现将其生产技术介绍如下。

1. 原料与设备

（1）主要原、辅料

主要原辅料为苦瓜、淀粉糖浆、白砂糖、柠檬酸、海藻酸钠、碳酸钠、醋酸铜、氯化钙，均为食品级。

（2）主要仪器设备

主要仪器设备包括 GT6J6 型不锈钢夹层锅、手持糖量计、ZSG 型多用渍渗罐、ZGH-0.5 型果品烘干机、DZQ500/2SB 型真空包装机。

2. 工艺流程

原料选择→清洗→对剖→去瓤去籽切端→切片→清洗→硬化处理→漂洗→护色→热烫→冷却→浸胶→浸糖→真空煮制→烘烤→真空包装→检验→成品。

3. 技术操作

（1）原料选择

选用市售肉质肥大、成熟度适中、表皮青绿色、无病虫害、无机械损伤的鲜苦瓜。用清水洗净其表面的杂质。

（2）对剖去瓤籽

用刀将苦瓜纵向切成两半，除去瓤和籽，截去两头。

（3）切片

将切端后的苦瓜用刀切成5毫米左右厚的薄片，用清水冲洗一遍。要求苦瓜蜜饯坯大小基本一致，不能有连刀，外形整齐美观，便于后续工序操作。

（4）硬化处理

目的是防止苦瓜坯加热过程中烂损，改善制品品质。瓜坯放入0.5%氯化钙溶液中室温下浸泡6~8小时，再用清水漂洗，除去涩味。否则影响制品的色泽和风味。

（5）护色与热烫

为了软化苦瓜细胞组织，便于胶体物质和糖液渗入，同时防止苦瓜坯在加热中褐变，将瓜坯放入0.008%醋酸铜和0.2%碳酸钠护液中，90℃温度下加热2分钟，瓜与溶液的比例为1:2，并缓慢搅拌，热烫以苦瓜坯煮至半生不熟、组织较透明为宜，清水冷却。在微碱性护色液中，铜离子取代叶绿素中的镁离子，将苦瓜中的叶绿素皂化为叶绿素铜钠，利用叶绿素铜钠对光、酸、热的稳定性达到防止苦瓜褐变目的。

（6）浸胶

热烫冷却后的瓜坯沥干水分，放入配好的0.5%海藻酸钠水溶液中，浸渍10~15小时，使其渗透瓜组织内，增加制品透明感和饱和度。

（7）浸糖

按白砂糖与淀粉糖浆1:1的比例配制40%的糖溶液，并加入0.5%柠檬酸和0.1%亚硫酸钠，用4层棉白纱布过滤，将浸胶后的瓜坯放入糖液中浸渍20小时，瓜与糖液比例为1:3。

（8）真空煮糖

糖浸后，将瓜坯从糖液中捞出，进行真空煮制，真空度维持在640~660毫米汞柱，在50~60℃低温下煮糖，制品可保持苦瓜原有的风味，维生素C损失少。

（9）烘烤

从糖液中分离出来瓜坯，沥干糖液，送到烘干机内烘烤，烘烤温度80~85℃，烘烤时间5~6小时，当蜜饯呈半透明状、不粘手时，即可拿出包装。采用高温短时烘烤，既防止苦瓜褐变，又减少营养损失。

（10）包装检验

烘烤后蜜饯去除杂质，进行整理分级，使其外观一致，定量装入食品塑料袋中，用真空包装机封口，制品检验合格入库即为成品。

4. 产品特点

呈绿色或黄绿色，色泽基本一致，有透明感。甜酸略带清苦，爽口，具有苦瓜蜜饯的风味和滋味，无异味。

五、苦瓜口含片

1. 工艺流程

苦瓜→清洗→切分、去籽→真空冷冻干燥→粗粉碎→超微粉碎到 100 目以上→加入蛋白糖等调配→压片→包装→成品。

2. 产品特点

是糖尿病人保健良品，服用方便，空腹含服效果最佳。清凉爽口，最大限度地保留了苦瓜的有效成分及天然风味。

六、苦瓜饮料的制作工艺

苦瓜是一种有较高保健作用的食品。开发食用方便、风味独特的天然苦瓜饮品，符合人们对保健食品的需求。其最佳配比制作工艺如下。

1. 材料

原料要求选用无腐败、无病斑、七八成熟的绿色苦瓜；主要配料有甜菊甙、柠檬酸、软化水。主要仪器设备有蒸煮锅、胶体磨、离心机、配料桶、高速均质机、真空脱气机、灌装封盖机、饮料泵、过滤器、榨汁机、手持糖量计、酸度计。

2. 工艺流程

苦瓜→选瓜→清洗→切片→煎煮→胶磨→过滤→澄清→分离→配料→过滤→脱气→灌装→封口→灭菌。

3. 操作要点

（1）选瓜洗瓜

新鲜苦瓜采收后，应及时挑选去除烂瓜、病斑、虫穴及杂质，然后对半割开，去瓤去籽去蒂。用流水洗去泥土及污物，沥干水分，称重计量。挑选时应注意选用七八成熟的绿色苦瓜，剔除红色已经成熟的苦瓜、小苦瓜、烂苦瓜以及虫咬瓜。

（2）切片

将苦瓜切成约 0.5 厘米厚的片，以利榨汁。为防止榨汁时汁中成分氧化，可以适量加入维生素 C。

（3）胶磨

将苦瓜片放于胶体磨中加水磨细，磨盘间距调至 80～100 微米。

（4）过滤

将浆液经过 120 目的离心过滤机过滤，以除去纤维等物质。

（5）澄清分离

将胶体磨磨出的液汁加入适量的果胶酶，用搅拌机搅拌，静置 12 小时，吸取上清液。

（6）保存

制备好的苦瓜原汁应尽快使用。如不能立即使用，必须在低温 4℃ 以下冷藏，以防变质。

（7）调配

将 36% 苦瓜汁加适量调配用水，加热至 80℃，并依次加入 0.5% 柠檬酸、7% 甜菊甙、0.2% 食盐及适量的山梨酸钾，边加边搅拌，充分拌匀，加水定量。

（8）过滤、脱气

将配好的料液用硅藻土过滤机精滤后，用真空泵脱气，保持真空度 0.07 兆帕 20 分钟。

（9）灌装、封口

经脱气后的饮料应立即灌装，真空封口，真空度为 0.05 兆帕。灌装所用容器及容器盖要求事先清洗消毒。

（10）灭菌冷却

封口后的饮料进行高压灭菌，120℃，25～30 分钟。将产品冷却至 10℃ 以下，然后迅速置于 0～4℃ 下保存 12 小时，经检验合格后即为成品。

4. 产品特点

该苦瓜饮品清澈透明，淡黄绿色。质地均匀、细腻，无气泡产生，具有苦瓜特有的风味，略带苦味，酸甜适宜，清爽润喉，无异味。

七、苦瓜提取物含片

利用苦瓜皂甙含量和干物质含量双高的福建省农业科学院新选育的苦瓜杂交一代品种如玉 45 药用苦瓜品种分别提取苦瓜皂甙和苦瓜素，根据每片苦瓜皂甙和苦瓜素的设计含量，分别添加微晶纤维素辅料和 β 环糊精辅料后，两种物质混合均匀，再按物料重的 15% 添加 80% 乙醇制粒，过 14 目筛，60℃ 烘干后，20 目整粒，再加总重量 0.2% 的硬脂酸镁，混合均匀，用冲压片机压片。

1. 工艺流程

（1）备料

原料选择→洗涤→切片→鼓风烘烤（备用）。

（2）苦瓜皂甙提取物

苦瓜干片→加入乙醇提取→过滤→滤液浓缩→烘干并加入微晶纤维素辅料

（3）苦瓜素提取物

醇提取后的苦瓜渣→加水提取→过滤→滤液浓缩→烘干并加入 β 环糊精辅料。

2. 产品特点

是糖尿病人的保健良品，苦瓜素和皂甙含量比苦瓜粉含片提高了数倍，服用方便，效果更佳，最好空腹含服。

八、其他苦瓜加工产品

苦瓜还可以加工成其他多种制品，例如，苦瓜啤酒、苦瓜素胶囊、苦瓜粉胶囊等。

附录A 苦瓜资源评价及杂交组合评比试验时的主要观测内容及标准

1. 试验地点

试验种植的地点。省—市（县）—乡—村—自然村或组。

2. 试验地的基本情况

如土壤质地（沙壤、黏壤、壤土等）、排灌条件、四周的植被、前茬作物等。

3. 物候期观察

（1）播种日期

进行苦瓜种质形态特征和生物学特性鉴定时的实际种子播种日期。以"年月日"表示，格式"YYYYMMDD"。

（2）齐苗期

指75%的苗出土且子叶展平的日期。以"年月日"表示，格式"YYYYMMDD"。

（3）定植期

育苗移栽时，实际定植幼苗的日期。直播时，在备注栏内记载"直播"。以"年月日"表示，格式"YYYYMMDD"。

（4）雌雄花始花期

进行苦瓜种质形态特征和生物学特性鉴定时，种质群体中30%植株第一朵雌花开放的日期。耐低温品种还要在冬春大棚记载雄花始花期，标准同上。以"年月日"表示，格式"YYYYMMDD"。

（5）雌花盛花期

50%植株第一朵雌花开放的日期。以"年月日"表示，格式"YYYYMMDD"。

（6）始收期

进行苦瓜种质形态特征和生物学特性鉴定时，种质群体中30%植株商品瓜第一次采收的日期。以"年月日"表示，格式"YYYYMMDD"。

（7）盛收期

进行苦瓜种质形态特征和生物学特性鉴定时，种质群体中50%植株商品瓜第一次采收的日期。以"年月日"表示，格式"YYYYMMDD"。

（8）终收期

进行苦瓜种质形态特征和生物学特性鉴定时，最后一次采收商品瓜的日期。以"年月日"表示，格式"YYYYMMDD"。

（9）延续采收期

进行苦瓜种质形态特征和生物学特性鉴定时，始收到终收的天数。

（10）全生育期

进行苦瓜种质形态特征和生物学特性鉴定时，从播种到终收的天数。

4. 生物学特性

（1）第一雌花节位

结果初期，植株主蔓第一对真叶到第一朵雌花的节位，调查种质群体中所有定植株数，最少10株，计算平均值，作为该种质群体中第一雌花节位。

（2）雌花节率

结果盛期，主蔓上35节内着生雌花的节位数占总节位数的百分率。以%表示。

（3）生长势

用目测法分别调查植株苗期、盛花期、盛收期的生长势，分强、中、弱3个等级。

（4）抗逆性

包括耐低温性、耐高温性、耐涝性及耐旱性。记载特殊天气的情况及持续天数。分强、中、弱3级。

①强：受害后生长正常；

②中：受害后生长受阻，对产量有一定影响；

③弱：受害后生长不良，产量明显降低。

（5）分枝能力

分枝长到20厘米以上时计数，每品种调查10株，分强、中、弱3级。同时说明在主蔓上分枝的部位及分枝最多级次。

①强：分枝节数占全株总节数61%以上；

②中：分枝节数占全株总节数31%～60%；

③弱：分枝节数占全株总节数30%以下。

（6）叶色

结果盛期，植株中部生长正常的成熟叶片正面的颜色，可分为深绿、绿、浅绿和黄绿。

（7）叶缘

结果盛期，植株中部生长正常的成熟叶片先端边缘波纹的种类，可分为全缘、波状和锯齿。

（8）叶裂刻

结果盛期，植株中部生长正常的成熟叶片边缘缺刻的有无及深浅，可分为无裂刻、浅裂和深裂。

（9）裂片数

结果盛期，植株中部生长正常的成熟叶片的裂片数目。单位为片。

（10）叶片长

结果盛期，每个小区随机抽取 10 株，调查植株中部最大叶片下延基部至叶先端的长度。单位为厘米，精确到 0.1 厘米。

（11）叶片宽

结果盛期，每个小区随机抽取 10 株，调查植株中部最大叶片最宽处的宽度。单位为厘米，精确到 0.1 厘米。

（12）叶柄长

结果盛期，每个小区随机抽取 10 株，调查植株中部最大叶片叶柄的长度。单位为厘米，精确到 0.1 厘米。

（13）主蔓长

从子叶节到顶部的长度，小区调查 10 株。单位为厘米。

（14）主蔓色

结果盛期，植株主蔓表面的颜色，分为黄绿、浅绿、绿和深绿。

（15）主蔓粗

结果末期，植株主蔓基部土面 10 厘米处横径。单位为厘米，精确到 0.1 厘米。

（16）节间长

结果盛期，每个小区随机抽取 10 株，调查植株主蔓第一至第十节节间的平均长度，取其平均值。单位为厘米，精确到 0.1 厘米。（注：在西北苦瓜生长前期温度低，节间短，无代表性，应调查植株主蔓第十至第二十节节间的平均长度，取其平均值）。

5. 考种

一般在采收盛期，摘取花后 16 天左右的商品瓜，观察记载果形，皮色和瘤状，测量瓜纵径、横径、肉厚、每个组合（品种）观测代表果 5 个。

（1）瓜形参考标准

①短棒（筒状）：瓜长 20 厘米以上，两头较平，果形指数 2 以上；

②长棒：瓜长 30 厘米以上，果形指数 4 以上；

③短纺锤：瓜长 20 厘米以上，两头尖，果形指数 3 以上；

④长纺锤：瓜长 28 厘米以上，两头尖，果形指数 5 以上；

⑤长圆锥：瓜长 24～31 厘米，果形指数 3～3.9；

⑥圆锥形：瓜长 16～23 厘米，果形指数 2～2.9；

⑦短圆锥：瓜长 16 厘米以下，果形指数 1.3～1.9；

⑧近球形：指果实的纵径与横径相接近，果形指数 0.8～1.2。

（注：果形指数即果实纵横径之比。）

（2）瓜纵径

结果盛期，发育正常、达到商品成熟度的苦瓜近瓜蒂端瓜面至瓜顶的长度，取 10 个瓜的平均值。单位为厘米。

（3）瓜横径

结果盛期，发育正常、达到商品成熟度的苦瓜最大横切面的直径，取 10 个瓜的平均值。单位为厘米。

（4）瓜色

结果盛期，发育正常、达到商品成熟度的苦瓜表皮的颜色，可分为白、白绿、黄白、浅绿、黄绿、绿、青绿、深绿、墨绿等。

（5）瓜肉厚

结果盛期，发育正常、达到商品成熟度的苦瓜，在距瓜顶约 1/3 处的横切面的最大果肉厚度，取 10 个瓜的平均值。单位为厘米。

（6）心室数

结果盛期，发育正常、达到商品成熟度的苦瓜心腔的心室数。单位为个。

（7）瓜肉色

结果盛期，发育正常、达到商品成熟度的苦瓜肉颜色，可分为白、绿白、浅绿、绿。

（8）瓜瘤类型

结果盛期，发育正常、达到商品成熟度的苦瓜表面瘤的有无和种类，可分为无瘤、粒瘤、条瘤、粒条相间瘤和刺瘤 5 种类型。

（9）平均单瓜重

结果盛期，随机取 10 个有代表性瓜的平均重量。单位为克。

（10）最大单瓜重

结果盛期，调查小区内最大单果重。单位为克。

（11）棱瘤稀密

结果盛期，发育正常、达到商品成熟度的苦瓜表面棱瘤的有无和稀密，可分为无棱瘤、稀棱瘤、中棱瘤和密棱瘤。

（12）瓜瘤大小

结果盛期，发育正常、达到商品成熟度的苦瓜表面瓜瘤的有无和大小，可分为无瘤、小瘤、中瘤、大瘤 4 种。

（13）瓜面光泽

结果盛期，发育正常、达到商品成熟度的苦瓜表面有无光泽，可分为有光泽和无光泽 2 种类型。

（14）近瓜蒂端瓜面形状

结果盛期，发育正常、达到商品成熟度的苦瓜近瓜蒂端瓜面的形状，可分为凹、平、凸 3 种。

（15）瓜顶形状

结果盛期，发育正常、达到商品成熟度的苦瓜顶部的形状，可分为锐尖、钝尖和近圆 3 种类型。

（16）熟性

在一定环境条件下，苦瓜种质商品瓜成熟的早晚不同，按照播种期到始收期的不同天数，将苦瓜种质的熟性分为极早熟、早熟、中熟、晚熟、极晚熟 5 级。

6. 产量

登记各组合或品种每批次采收的商品瓜质量和条数，一般采收前、后期 4 ~ 5 天采一批，盛期每 3 天采一批，一般全期采摘 18 ~ 22 批。

（1）前期产量

是指以对照品种作为计算标准，从对照品种始收当日计起至第 20 天内（4 ~ 5 批）所收获产量总和，单位为千克/公顷。

（2）总产量

从始收至末收的产量总和，单位为千克/公顷。

（3）单株产量

总产量除以总株数后的质量，单位为千克/株。

（4）单株瓜数

整个采收期收获的商品瓜的条数除以总株数后的瓜数，单位为条。

（5）单产

整个采收期内收获商品瓜的总质量除以单位面积，单位为千克/公顷。

（6）畸形瓜

生长发育不正常，不具商品价值的瓜为畸形瓜。

（7）商品率

商品率 =（总产量 − 畸形瓜重量总和）/总产量×100，单位为%。

7. 病虫害调查

病害主要有枯萎病、白粉病、炭疽病、霜霉病、病毒病。查这些病发生的有无，若有，可分轻、较重、重。

8. 品质特性

(1) 感观品质

满分100分，其中外观品质占60%，食味品质占40%。分4级：感观品质≥85分为优，75≤感观品质<85分为良，60≤感观品质<75分为中，感观品质<60分为差。其中，外观品质是指同一品种规格，形状、色泽一致，瓜条均匀，无疤点，无断裂，不带泥土，无畸形瓜、病虫害瓜、烂瓜，无明显机械伤等。

(2) 苦味

发育正常、达到商品成熟度的苦瓜果肉苦味的有无和强弱，可分为无苦味、微苦、苦、极苦4种。

(3) 肉质

发育正常，达到商品成熟度的苦瓜果肉的质地，可分为致密和松软2种。

(4) 水分含量

达到商品成熟度的新鲜苦瓜果肉的水分含量，以%表示。

(5) 维生素C含量

100克新鲜商品瓜果肉所含维生素C的毫克数，单位为10^{-2}毫克/克。

(6) 可溶性糖含量

1千克达到商品成熟度的新鲜苦瓜果肉中所含可溶性糖的克数，单位为克/千克。

(7) 耐贮藏性

在一定贮藏条件下，商品瓜保持新鲜状态且原有品质不发生明显劣变的特性。可分为强、中和弱3级。

9. 抗逆性

(1) 芽期耐冷性

芽期耐冷性的发芽温度标准目前还在研究中，发芽温度新种暂定(18±0.5)℃，1年以上的陈种为(16±0.5)℃。具体做法是在光照培养箱中严格控制温度条件下进行。每份种质选饱满、整齐一致的种子200粒，每份种子50粒，重复4次，并设耐冷性强、中、弱3个对照品种。温汤浸种4小时，在恒温箱内保湿催芽，发芽温度新种(18±0.5)℃，1年以上的陈种为(16±0.5)℃。每24小时调查1次芽数，以胚根突破种2毫米为准，直到第15天，计算发芽率。以发芽起始计4天计算发芽势。

苦瓜种子在低温下的发芽能力，可分为强、中和弱3级。

①强：发芽势 >65%，发芽率 >75%；

②中：35% ≤发芽势≤65%，45% ≤发芽率≤75%；

③弱：发芽势 <35%，发芽率 <45%。

（2）耐冷性

苦瓜植株在低温下维持存活力，温度回升后恢复生长的能力，可分为强、中和弱 3 级。

（3）耐热性

苦瓜植株在高温下维持存活力，温度正常后恢复生长的能力，可分为强、中和弱 3 级。

10. 抗病性

品种或种质材料的主要抗病性参照下列方法进行。

（1）霜霉病（参照黄瓜）

①病原菌的制备：采集田间发病严重的苦瓜霜霉病病叶，经清水略微冲洗后，分层摆入保湿盒中并对每层叶片喷适量清水进行保湿，之后将保湿盒置于 24℃左右的黑暗条件下培养一夜，次日刷下叶片产生的霉层，调配成浓度为 1×10^6 个/毫升的孢子悬液。

②接种方法：在苦瓜第 1 对真叶完全展开后采用喷雾接种法。用小型手持喷雾器将上述接种液均匀地喷于苦瓜的叶片上。接种后于 23 ~ 25℃的温室内保湿培养 48 小时。后转入白天 25 ~ 30℃，夜晚 18℃左右的温室内正常管理。

③病情调查与分级标准：接种后 7 ~ 12 天调查发病情况，记录病株及病级。病情分级标准如表 A - 1。

表 A - 1　霜霉病病情分级标准

病　级	病　情
0　级	无病症
1　级	病斑面积占叶面积的 1/10 以下
3　级	病斑面积占叶面积的 1/10 ~ 1/4
5　级	病斑面积占叶面积的 1/4 ~ 1/2
7　级	病斑面积占叶面积的 1/2 ~ 3/4
9　级	病斑面积占叶面积的 3/4 以上，以至干枯

④计算病情指数　　$DI = \dfrac{\sum (s_i) \times n_i}{9N} \times 100$

式中　DI——病情指数；

S_i——发病级别；

n_i——相对病级级别的株数；

i——病情分级各个级别；

N——调查总株数。

种质群体对霜霉病的抗性依苗期病情指数分 4 级（表 A−2）。

表 A−2　对霜霉病抗性的分级

级　别	病情指数
1　高抗（HR）	$DI \leqslant 10$
2　抗病（R）	$10 < DI \leqslant 30$
3　中抗（MR）	$30 < DI \leqslant 50$
4　感病（S）	$DI > 50$

（2）白粉病

①播种育苗：设置适宜的感病和抗病对照品种。各参试种子经 5% 次氯酸钠溶液消毒 10 分钟后，用清水冲洗，续浸种至 8～10 小时，30℃ 保湿催芽。待胚根长至 0.5 厘米时播入消毒的育苗基质里，在日光温室里育苗，室内温度为 20～30℃，每份参试苗 10 株，重复 3 次。

②接种液的制备：田间采集自然发病的早期病叶，掸掉叶面上的老孢子，置于底部铺有湿滤纸的白瓷盘上，24℃ 左右的室温内保湿 16 小时，用毛笔刷取叶片上长出的新鲜孢子于盛有无菌水的烧杯中，再滴加 Tween-20（使之浓度为 0.05%），搅拌均匀即得孢子悬浮液。用血球计数板计数分生孢子数。接种浓度为 10^5 个孢子/毫升。

③接种方法：在苦瓜第 1 对真叶完全展开后采用喷雾接种法。用小型手持喷雾器将上述接种液均匀地喷于苦瓜的叶片上。接种后于 22～25℃ 的温室内黑暗保湿 12～16 小时。后转入白天 25～28℃，夜晚 18℃ 左右的温室内正常管理。

④病情调查与分级标准：接种后 7～10 天调查发病情况，记录病株及病级。病情分级标准如表 A−3。

表 A−3　白粉病病情分级标准

病　级	病　情
0　级	无病斑
1　级	病斑面积占整个叶片面积的 1/3 以下，白粉模糊不清
2　级	病斑面积占整个叶片面积的 1/3～2/3，白粉较为明显
3　级	病斑面积占整个叶片面积的 2/3 以上，白粉层较厚、连片
4　级	白粉层浓厚，叶片开始变黄、坏死
5　级	叶片坏死斑面积占叶片面积的 2/3 以上

⑤计算病情指数 $DI = \dfrac{\sum (s_i) \times n_i}{5N} \times 100$

式中 DI——病情指数；

　　　S_i——发病级别；

　　　n_i——相对病级级别的株数；

　　　i——病情分级各个级别；

　　　N——调查总株数。

种质群体对白粉病的抗性依苗期病情指数分5级（表A-4）。

表A-4 对白粉病抗性的分级

级　别	病情指数
1 高抗（HR）	$0 < DI < 15$
2 抗（R）	$15 \leqslant DI < 35$
3 中抗（MR）	$35 \leqslant DI < 55$
4 感病（S）	$55 \leqslant DI < 75$
5 高感（HS）	$DI > 75$

必要时，计算相对病情指数，用以比较不同批次试验材料的抗病性。

（3）枯萎病

①播种育苗和接种液的制备略。

②接种方法：待苦瓜幼苗长至4片真叶时，小心挖出，经清水洗净根部后，在 1×10^6 的孢子悬浮液中浸30分钟，再植入无菌土营养钵中。

③病情调查与分级标准：接种后12~15天调查发病情况，记录病株及病级。病情分级标准如表A-5。

表A-5 枯萎病病情分级标准

病　级	病　情
0 级	无病症
1 级	第1对真叶中的1片真叶开始变黄
2 级	第1对真叶中的1片或1对真叶明显变黄
3 级	3片以上真叶明显变黄，植株轻度萎蔫，维管束褐变
4 级	全株萎蔫或枯死，维管束褐变

④计算病情指数 $DI = \dfrac{\sum (s_i) \times n_i}{4N} \times 100$

式中　DI——病情指数；

　　　S_i——发病级别；

　　　n_i——相对病级级别的株数；

　　　i——病情分级各个级别；

　　　N——调查总株数。

种质群体对枯萎病的抗性依苗期病情指数分 6 级（表 A–6）。

表 A–6　对枯萎病抗性的分级

级　别	病情指数
0　免疫（I）	$DI=0$
1　高抗（HR）	$0<DI<15$
2　抗（R）	$15\leq DI<30$
3　中抗（MR）	$30\leq DI<50$
4　感病（S）	$50\leq DI<70$
5　高感（HS）	$DI>70$

必要时，计算相对病情指数，用以比较不同批次试验材料的抗病性。

11. 自交选育时的种子调查

（1）种瓜皮色

达到生理成熟度时，种瓜表皮的颜色，可分为橙黄和橙红 2 种。

（2）种瓜重量

达到生理成熟度时，单个种瓜的质量，单位为克。

（3）单瓜种子数

达到生理成熟度时，单个种瓜内成熟的种子粒数，单位为粒。

（4）种子皮色

成熟苦瓜种子的表皮颜色，可分为棕、深棕和黑 3 种。

（5）种子千粒重

含水量 8% 以下的 1 000 粒成熟苦瓜种子的质量，单位为克。

（6）形态一致性

种子群体内，单株间形态的一致性，可分为一致、连续变异和不连续变异 3 种类型。

参考文献

［1］陈佳．苦瓜花药培养诱导愈伤组织及器官分化的研究［D］．雅安：四川农业大学，2007.

［2］陈清华，赫新洲，卓齐勇，等．苦瓜一代杂种绿宝石的选育［J］．中国蔬菜，2002（4）：23－24.

［3］邓俭英，张玲玲，张曼，等．苦瓜花芽不同分化期的形态学及糖含量变化研究［J］．广西农业科学，2006，37（4）：422－425.

［4］陈小凤，黄如葵，刘杏连，等．苦瓜辐射花粉短期保存方法的初步研究［J］．长江蔬菜，2010（2）：50－52.

［5］陈亚雪，陈前程，许玉琴，等．农优1号苦瓜的选育［J］．福建热作科技，2008，33（3）：21－28.

［6］褚维元．制作低糖苦瓜蜜饯［J］．农家之友，2002（6）：44.

［7］董炳炎，黄妙贞，关雁桃，等．优良组合新科3号苦瓜的选育［J］．上海蔬菜，2005（4）：26－27.

［8］方锋学，李文嘉，黄如葵，等．大肉1号苦瓜的选育［J］．中国蔬菜，2001（5）：25－26.

［9］黄亚杰，运广荣，李梅，等．苦瓜遗传育种研究进展［J］．中国蔬菜，2012（8）：11－19.

［10］高山，林碧英，许端祥，等．苦瓜遗传多样性的RAPD和ISSR分析［J］．植物遗传资源学报，2010，11（1）：78－83.

［11］龚浩，罗少波，罗剑宁，等．碧绿二号苦瓜的选育［J］．广东农业科学，2002（6）：20－21.

［12］龚秋林，刘上信．杂交苦瓜果实发育状况研究［J］．安徽农业，2004（12）：18.

［13］郭堂勋，莫贱友．几个苦瓜品种对枯萎病的抗性测定［J］．广西农业科学，2007，38（4）：408－411.

［14］何艳．苦瓜花药离体培养初探［D］．雅安：四川农业大学，2008.

［15］胡开林，付群梅，汪国平，等．苦瓜果色遗传的初步研究［J］．中国

蔬菜，2002（6）：11 - 12.

[16] 胡开林，付群梅. 苦瓜主要经济性状的遗传效应分析 ［J］. 园艺学报，2001，28（4）：325 - 326.

[17] 黄如葵，陈振东，梁家作，等. 苦瓜新品种桂农 1 号和桂农 2 号的选育 ［J］. 广西农业科学，2010，41（3）：207 - 209.

[18] 黄贤贵，张伟光，张玉灿，等. 福州地方优良苦瓜品种——南屿苦瓜［J］. 蔬菜，2007（1）：6.

[19] 黄贤贵，张玉灿，张伟光，等. 优质高产苦瓜新品种"如玉 5 号"的选育 ［J］. 江西农业学报，2007，19（6）：55 - 56.

[20] 黄贤贵，张玉灿，张伟光，等. 苦瓜几个主要经济性状的配合力与遗传效应分析 ［J］. 福建农业学报，2008（3）：392 - 296.

[21] 黄勇，汤青林，宋明. 苦瓜组织培养体系的研究 ［J］. 西南农业学报，2007，20（4）：860 - 863.

[22] 孔亮亮，杨跃华，刘俊峰. 强雌系在苦瓜育种中的发展与利用 ［J］. 长江蔬菜，2010（10）：6 - 8.

[23] 赖正锋，张少平，张玉灿，等. 闽南大棚苦瓜生产现状与发展对策［J］. 中国园艺文摘，2011，27（12）：54 - 55.

[24] 赖正锋，张少平，张玉灿，等. 山苦瓜栽培技术 ［J］. 现代农业科技，2013（1）：39.

[25] 李爱江，张敏，辛莉. 苦瓜汁保健饮料的研制 ［J］. 中国乳业，2007（7）：40，42.

[26] 李大忠，温庆放，康建坂，等. 嫁接防治苦瓜枯萎病研究 ［J］. 西南农业学报，2008，21（3）：888 - 890.

[27] 李祖亮，陈阳，张玉灿，等. 如玉 5 号苦瓜高产栽培技术 ［J］. 福建农业科技，2009（1）：34 - 35.

[28] 李祖亮，张武君，张玉灿，等. 瓜实蝇的为害及其防治方法 ［J］. 福建农业科技，2009（4）：73 - 74.

[29] 李祖亮，陈阳，张玉灿，等. 苦瓜杂交新组合比较试验初报 ［J］. 福建农业科技，2009（6）：30 - 32.

[30] 李祖亮，潘仰星，张玉灿，等. 苦瓜新品种如玉 11 号的选育 ［J］. 福建农业学报，2010，25（1）：58 - 60.

[31] 李祖亮，张伟光，张玉灿，等. 苦瓜新品种"新翠"的选育 ［J］. 福建农业学报，2012（2）：153 - 156.

[32] 刘鹍. 苦瓜单倍体诱导的初步研究 ［D］. 武汉：华中农业大

学，2010.

[33] 刘阳华，肖昌华，刘志华．苦瓜枯萎病残体上病菌的存活力及其传病作用［J］．植物保护，2009，35（3）：133－136.

[34] 刘政国，龙明华，秦荣耀，等．苦瓜主要品质性状的遗传变异、相关和通径分析［J］．广西植物，2005，25（5）：426－429.

[35] 刘政国．苦瓜产量杂种优势与配合力研究［J］．广西农业生物科学，2002（4）：238－241.

[36] 饶雪琴，李人柯．苦瓜枯萎病菌滤液鉴定苗期抗病性的初步探讨［J］．江西农业大学学报，1999，21（3）：367－369.

[37] 粟建文，胡新军，袁祖华，等．苦瓜白粉病抗性遗传规律研究［J］．中国蔬菜，2007（9）：24－26.

[38] 邱乐忠，张雄，张玉灿，等．苦瓜嫁接试验研究［J］．福建农业科技，2010（2）：24－26.

[39] 沈镝，李锡香，等．苦瓜种质资源描述规范和数据标准［M］．北京：中国农业出版社．2007.

[40] 苏明星，肖荣凤，朱育菁，等．苦瓜枯萎病病原的鉴定及植株体内菌量测定［J］．中国蔬菜，2010（16）：62－66.

[41] 孙妮，胡开林，张长远．RAPD 技术鉴定黄瓜杂种一代的研究［J］．广东农业科学，2005（1）：40－42.

[42] 万新建，陈学军，缪南生，等．苦瓜强雌系"Q11－2"的选育及利用研究初报［J］．江西农业学报，2004，16（2）：57－59.

[43] 王博．苦瓜花药培养愈伤组织诱导和分化研究［D］．雅安：四川农业大学，2007.

[44] 夏向东，于梁，赵瑞平．苦瓜适宜贮藏温度的研究［J］．食品科学，2001（8）：77－79.

[45] 肖昌华，余席茂，何玉英，等．苦瓜枯萎病菌的生物学特性研究［J］．植物保护，2008，34（2）：83－86.

[46] 薛大煜，黄炎武．早熟苦瓜新品种湘苦瓜 1 号的选育［J］．中国蔬菜，1996（6）：3－5.

[47] 杨叶，周琴，稽豪，等．苦瓜枯萎病病菌的分离与鉴定［J］．浙江农业学报，2010，22（3）：354－357.

[48] 张长远，罗少波，罗剑宁，等．早绿苦瓜的选育［J］．中国蔬菜，2004（4）：27－28.

[49] 张长远，罗少波，罗剑宁，等．苦瓜主要农艺性状的相关及通径分析

[J]．中国蔬菜，2002（3）：11-13．

[50] 张凤银，陈禅友，胡志辉，等．苦瓜种质资源的形态学性状和营养成分的多样性分析［J］．中国农学通报，2011，27（4）：183-188．

[51] 张菊平，张兴志，张长远．碧绿3号苦瓜种子纯度的RAPD检测研究［J］．种子，2004，23（1）：25-26．

[52] 张丽，李玉锋，代娟．苦瓜愈伤组织的诱导及培养条件优化［J］．食品与生物技术学报，2007，26（3）：116-120．

[53] 张少平，赖正锋，张玉灿，等．CPPU在冬季大棚苦瓜生产运用上的探讨［J］．热带作物学报，2011（9）：1645-1647．

[54] 张素平，吴九根．优质苦瓜品种青翠1号的选育［J］．广东农业科学，2001（5）：14-15．

[55] 张爽罡，成明扬．苦瓜果酱的加工［J］．福建农业，2009（6）：23．

[56] 张武君，张玉灿，邓昌琳，等．苦瓜种子发芽相关技术研究［J］．中国农学通报，2010，26（7）：181-185．

[57] 张彦平，刘海河．苦瓜优质高产栽培［M］．北京：金盾出版社，2010：65~242，247-256．

[58] 张玉灿，韩立芬，李洪龙．杂交苦瓜采种技术［J］．福建农业科技，2003（3）：16-17．

[59] 张玉灿，张伟光，黄贤贵，等．苦瓜果实膨大与干物质的分配规律［J］．福建农业学报，2005，20（s）：109-112．

[60] 张玉灿，李洪龙，黄贤贵，等．苦瓜若干经济性状的遗传特点观察［J］．福建农业学报，2006，21（4）：350-353．

[61] 张玉灿，黄贤贵，李祖亮，等．苦瓜新品种翠玉的选育［J］．中国瓜菜，2007（1）：16-18．

[62] 张玉灿，黄贤贵，李祖亮，等．苦瓜新品种如王5号的选育［J］．长江蔬菜，2007（2）：58-59．

[63] 张玉灿，李祖亮，邓珺琳．福建西瓜、苦瓜嫁接栽培的发展过程及苦瓜嫁接育苗技术［J］．长江蔬菜，2009（4）：71-73．

[64] 张玉灿．苦瓜嫁接栽培与病虫害防治技术［J］．福建农业科技，2011（3）：108-110．

[65] 张玉灿，李祖亮，张伟光．新翠苦瓜品种选育与栽培要点［J］．农业科技通讯，2012（2）：156-158．

[66] 张玉灿，张武君，陈阳，等．丝瓜砧木对苦瓜产量及品质的影响［J］．福建农业学报．2012，27（4）：337-342．

［67］张玉灿，赖正锋，张少平，等. 丝瓜砧木对夏秋连作苦瓜产量及品质影响［J］. 中国农学通报，2013，29（4）：189 – 194.

［68］郑庆韵，黄邦海. 穗新 2 号苦瓜的选育［J］. 中国蔬菜，1994（6）：4 – 5.

［69］郑学立. 苦瓜贮藏保鲜及其生理生化研究［D］. 福州：福建农林大学，2004.

［70］郑岩松，刘艳辉，张华，等. 苦瓜新品种早优苦瓜的选育［J］. 广东农业科学，2007（2）：30 – 31.

［71］周微波，申齐勇，温鉴. 苦瓜杂种优势利用初报［J］. 中国蔬菜，1989（6）：30 – 31.

［72］卓根. 用苦瓜酿造保健酒. 农村实用科技信息［J］. 2006（11）：29.

［73］Adkins S，Webb S E，Baker C A，Kousik C S. Squash vein yellowing virus detection using nested polymerase chain reaction demonstrates that the cucurbit weed *Momordica charantia* is a reservoir host［J］. *Plant Dis*，2008，92：1119 – 1123.

［74］Ali L，Malik A H，Mansoor S. First report of tomato leaf curl Palampur virus on bitter gourd in Pakistan［J］. *Plant Disease*，2010，94（2）：276.

［75］Banerjee S，Basu P S. Hormonal regulation of flowering and fruit development：effect of gibherellic acid and ethrel on fruit setting and development of *Momordica charantia* L［J］. *Biologia Plantarum*，1992，34（1~2）：63 – 70.

［76］Behera T K，Gaikward A B，Singh A K，Staub J E. Relative efficiency of DNA markers（RAPD，ISSR and AFLP）in detecting genetic diversity of bitter gourd（*Momordica charantia* L. ）［J］. *Journal of the Science of Food and Agriculture*，2008，88：733 – 737.

［77］Behera T K，Singh A K，Sraub J E. Comparative analysis of genetic diversity in Indian bitter gourd（*momordica charantia* L. ）using RAPD and ISSR markers for developing crop improvement strategies［J］. *Scientia Horticulture*，2008，115（3）：209 – 217.

［78］Chin M，Ahmad M H，Tennant P. Momordica charantia is a weed host reservoir for Papaya ringspot vtrus type P in Jamaira［J］. *Plant Dis*，2007，91：1518.

［79］Dey S S，Sing A K，Chande L D，Behera T K. Genetic diversity of bitter gourd（*Momordica charantia* L. ）genotypes revealed by RAPD marks and agronomic traits［J］. *Scientia Horticulture*，2006，109：21 – 28.

[80] Fan Z, Robhins M D, Staub J E. PopulaUon development by phenotypic selection with subsequent marker-assisted selection for line extraction in cucumber (*Cucumis sativus* L.) [J]. *Theor Appl Cenet*, 2006, 112 : 843 – 855.

[81] Guevara A P, Lim-Sylianco C, Dayrit F, Finch P. Anti-mutagens from *Momordica charantia* [J]. *Mutation Research*, 1990, 230 (2): 121 – 126.

[82] Huyskens S, Mendlinger S, Benzioni A, Ventura M, Optimization of agrotechniques for cultivating *Momordica charaniia* (karela) [J]. *Journal of Horticultural Science*, 1992, 27 (2): 259 – 264.

[83] Khan J A, Siddiqui M K, Singh B P. The association of hegomovirus with hitter melon in India [J]. *Plam Dis*, 2002, 86: 328.

[84] Ram D, Kalloo G, Major Singh. Genelic analysis in bitter gourd (*Momordica charantia*) using modified tripletest cross [J]. *Indian Journal of Agricultural Scienccs*, 2000, 70 (10): 671 – 673.

[85] Thomas T D. The effect of in vivo and in vitro applications of ethrel and GA$_3$ on sex expression in bitter melon (*Afomordtca charantia* L.) [J]. *Euphytica*, 164 (2): 317 – 323.

[86] Tsao S W, Ng T B, Yeung H W. Toxicities of trichosanthin and alpha-momorcharin, abortifacient proteins from Chinese medicinal plants on cultured rumor cell lines [J]. *Toxicon*, 1990, 28 (10): 1183 – 1192.

[87] Xu Jun, Wang Hualin, Fan Jianming. Expression of a ribosome-inactivating protein gene in bitter melon is induced by Sphaerotheca fuliginea and abiotic stimuli [J]. Biotechnol L. ett. 2007, 29 (10): 1605 – 1610.

苦瓜优良品种

如玉 5 号苦瓜 　　如玉 11 号苦瓜 　　如玉 33 号苦瓜

新翠苦瓜 　　如玉 41 号苦瓜 　　如玉 45 苦瓜

新翠苦瓜示范田

苦瓜嫁接方法

苦瓜顶插接法　　　　　　　　　　苦瓜贴接法

苦瓜套管接法　　　　　　　　　　苦瓜靠接法

苦瓜劈接法

苦瓜非侵染性病害

除草剂为害

重度缺铁 轻度缺铁

低温障碍 盐碱地

苦瓜侵染性病害

苦瓜枯萎病

苦瓜白粉病

苦瓜霜霉病

苦瓜炭疽病

苦瓜叶枯病

苦瓜蔓枯病

苦瓜病毒病

苦瓜白斑病

苦瓜疫病

苦瓜灰霉病

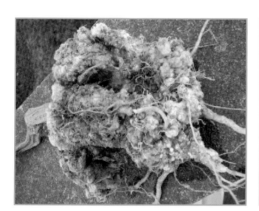

根结线虫

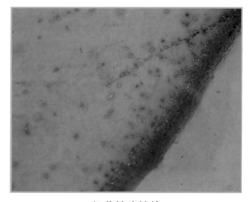

苦瓜细菌性叶斑病　　　　　　　细菌性病镜检

苦瓜栽培模式

平架式栽培　　　　　　篱笆架栽培　　　　　　人字架栽培

拱架式栽培